高等学校材料成形类专业规划教材

金属材料与热处理

第 2 版

JINSHUCAILIAO YU RECHULI

● 叶 宏 主编　　沟引宁　张春艳　副主编

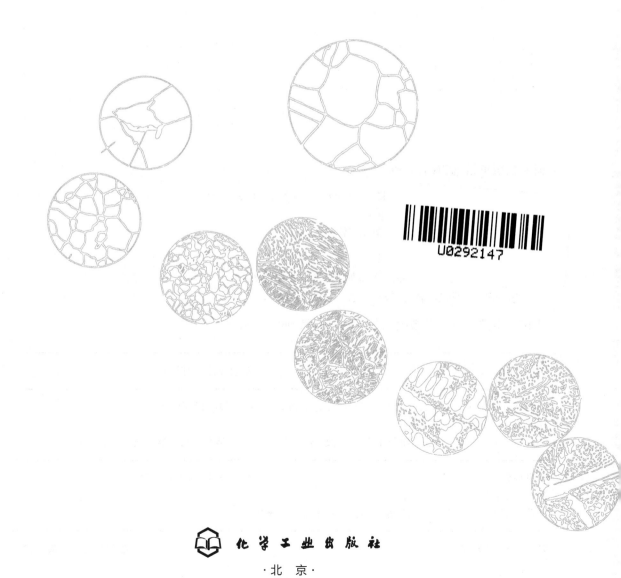

U0292147

化学工业出版社

·北京·

本书着重介绍了金属材料及热处理的知识，也介绍了一些常用的非金属材料和新型材料，同时介绍了当前工程材料的新工艺、新进展。全书共分 3 篇 12 章。第 1 篇讲述了金属的热处理，简要介绍了金属材料基础知识，重点介绍了钢的热处理原理与工艺。第 2 篇讲述了金属材料，在介绍钢合金化原理的基础上，分别介绍了常用金属材料的性能、成分、热处理及用途，包括结构钢、工具钢、不锈钢与耐热钢、铸铁和有色金属及合金。第 3 篇讲述了其它材料，简要介绍了高分子材料、陶瓷材料、复合材料以及新型材料。

本书适用于材料成型与控制工程专业、冶金工程专业及表面工程专业方向的本科教学，也可供相关专业的工程技术人员参考。

图书在版编目（CIP）数据

金属材料与热处理/叶宏主编 . —2 版 . —北京：化学工业出版社，2015.6（2024.8重印）
高等学校材料成形类专业规划教材
ISBN 978-7-122-23533-6

Ⅰ. ①金⋯　Ⅱ. ①叶⋯　Ⅲ. ①金属材料-高等职业教育-教材②热处理-高等职业教育-教材　Ⅳ. ①TG14②TG15

中国版本图书馆 CIP 数据核字（2015）第 066615 号

责任编辑：陶艳玲　　　　　　　　　　　　装帧设计：刘剑宁

出版发行：化学工业出版社（北京市东城区青年湖南街 13 号　邮政编码 100011）
印　　装：北京天宇星印刷厂
787mm×1092mm　1/16　印张 13¾　字数 356 千字　　2024 年 8 月北京第 2 版第 9 次印刷

购书咨询：010-64518888　　　　　　　　　售后服务：010-64518899
网　　址：http://www.cip.com.cn
凡购买本书，如有缺损质量问题，本社销售中心负责调换。

定　　价：39.00 元

前　言

《金属材料与热处理》自 2009 年 1 月出版以来，由于内容简练、重点突出、理论联系实际，满足了材料类专业的要求，受到了广大使用者和读者的欢迎和好评，已先后印刷 4 次。

本次修订，保持第 1 版的教材体系，力求结构更加合理，知识更趋于完善。同时，进一步简练内容，突出重点，理论联系实际；增加了"塑料模具用钢"内容，进一步深化了热处理工艺的应用；规范了专业名词术语；更新了金属力学性能、耐热钢、不锈钢等有关国家标准；增加了各章节习题，更利于掌握知识重点和难点。

本书分为三篇，共 12 章。其中第 5～9 章由叶宏编写；第 2～4 章由沟引宁编写；第 11～12 章由张春艳编写；第 1 章、第 10 章由闫忠琳编写。全书由叶宏教授统稿。

本书修订过程中，得到了重庆理工大学材料科学与工程学院及教务处的大力支持，在此也表示感谢。

由于新材料、新工艺及新技术的发展日新月异，加之编者水平有限，不足之处在所难免，敬请读者批评指正。

编者

2015 年 4 月

第 1 版前言

"金属材料与热处理"课程是材料科学与工程一级学科专业的一门专业技术课，是全面介绍金属材料的成分、热处理工艺、组织结构与性能之间关系的一门课程，它对金属材料的研究、应用和发展起着重要作用。随着教学改革的不断深入，本课程也进行了适当的调整，我们根据新的教学大纲和学时的要求，编写了本教材。本书可作为高等院校材料类及相关专业的教材和主要参考书，也可供有关专业的工程技术人员自学与参考。

本书着重介绍了钢的热处理原理与工艺，在详细介绍金属合金化原理的基础上，对钢、铸铁、有色合金的成分、热处理工艺、组织结构、性能及应用作了介绍。同时，简要介绍了常用非金属材料及新型材料。

本书在内容上精练和压缩了传统的热处理和金属材料方面的内容，力求内容简练、重点突出、理论联系实际，同时又注意到新材料、新工艺的发展方向。

全书由重庆工学院叶宏担任主编，沟引宁和张春艳担任副主编。其中第 5～9 章由叶宏编写；第 2～4 章由沟引宁编写；第 11 章、第 12 章由张春艳编写；第 1 章、第 10 章由闫忠琳编写。全书由叶宏教授统稿。

在编写过程中，本书参阅并引用了部分国内外相关教材、科技著作及论文内容，在此特向有关作者深表感谢！此外，本书在编写过程中得到武汉理工大学孙智富教授的指导，并得到了重庆工学院材料科学与工程学院及教务处的大力支持，在此也表示感谢。

由于新材料、新工艺及新技术的发展日新月异，加之编者水平有限，错误及不足之处在所难免，敬请读者批评指正。

编者
2008 年 9 月

目　　录

第1篇　金属的热处理

第2篇　金属材料

第3篇　其它材料简介

第1篇 金属的热处理

第1章 金属材料基础知识

金属材料是由金属元素或以金属元素为主要材料构成的，并具有金属特性的工程材料。金属材料种类繁多，用途广泛，按化学组成分类，金属材料分为黑色金属和有色金属两大类。黑色金属主要是指以铁或以铁为主形成的金属材料，即钢铁材料，如钢和生铁。有色金属是指除钢铁材料以外的其它金属，如金、银、铜、铝、镁、钛、锌、锡、铅等。

1.1 金属材料的性能

材料的性能一般分为使用性能和工艺性能两大类。使用性能是指材料在使用过程中所表现的性能，包括力学性能、物理性能和化学性能。工艺性能是指材料在加工过程中所表现的性能，包括铸造、锻压、焊接、热处理和切削性能等。这里主要介绍金属材料的使用性能。

1.1.1 金属材料的力学性能

材料在加工和使用过程中，总要受到外力作用。材料受外力作用时所表现的性能称为力学性能，如强度、塑性、硬度、韧性及疲劳强度等。合理的力学性能指标，为零件的正确设计、合理选用、工艺路线制订提供了主要依据。

（1）强度

材料在外力作用下抵抗变形和破坏的能力称为强度。根据外力作用的方式，强度有多种指标，如屈服强度、抗拉强度、抗压强度、抗弯强度、抗剪强度等。

测定金属材料强度的基本方法是拉伸试验。在试验中，试样通常为光滑圆柱状，其两端被拉伸试验机的夹头夹紧，然后缓慢而均匀地施加轴向拉力。如图 1-1 所示，随拉力的增大，试样开始被拉长，直至断裂为止。自动记录装置将负荷-拉长过程绘出拉伸曲线图。

在应力-应变曲线上，OA 段为弹性阶段，其变形称为弹性变形。当应力超过 A 点时，试样除了弹性变形外，还产生塑性变形。在图 1-1 中，在 BC 阶段，应力几乎不增加，但应变继续增加，称为屈服阶段。CD 段称为大量变形阶段。在此阶段，因产生加工硬化，欲使试样继续变形必须加大载荷。DE 阶段称为局部变形阶段。D 点以后，试样产生"颈缩"，应力明显下降，试样继续伸长，直至 E 点断裂。

① 屈服强度 在应力-应变曲线上，B 点应力称为屈

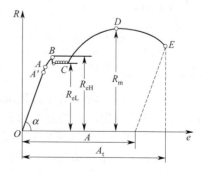

图 1-1 低碳钢应力-应变曲线

服强度，用 R_e 表示。屈服强度分为上屈服强度（R_{eH}，即试样发生屈服而力首次下降前的最大压力）和下屈服强度（R_{eL}，即在屈服期间，不计初始瞬时效应时的最小应力）。有些材料没有明显屈服现象，因此规定拉伸时产生 0.2% 残余变形所对应的应力为条件屈服强度，用 $R_{p0.2}$ 表示。

屈服强度表示材料抵抗微量塑性变形的能力。在大多数情况下，材料不允许产生塑性变形，故屈服强度是零部件设计的主要依据。

② 抗拉强度 在应力-应变曲线上，D 点应力称为抗拉强度，用 R_m 表示。抗拉强度反映材料抵抗断裂破坏的能力，也是零件设计和材料评价的重要指标。

（2）塑性

塑性是指材料受力破坏前承受最大塑性变形的能力，指标为伸长率（A）和断面收缩率（Z）。

伸长率的数值和试样的标距长度有关，标准圆形试样有长试样（$l_0 = 10d_0$，d_0 为试样直径）和短试样（$l_0 = 5d_0$）两种，分别用 A_{113} 和 A 表示。

断面收缩率的数值不受试样尺寸的影响，所以用 Z 表示塑性更接近材料的真实应变。

A 与 Z 值越大，材料的塑性越好。良好的塑性是材料进行压力加工的必要条件。

（3）硬度

材料表面局部区域抵抗更硬物体压入的能力称为硬度。硬度越高，表示材料抵抗局部塑性变形的能力越大。在一般情况下，硬度高耐磨性就好。根据测量方法不同，常用的硬度指标有布氏硬度、洛氏硬度和维氏硬度等。

① 布氏硬度 用一定直径的钢球或硬质合金球，在一定载荷的作用下压入试样表面，保持一定时间后卸除载荷，所施加的载荷与压痕表面积的比值即为布氏硬度。布氏硬度值可通过测量压痕平均直径 d 查表得到。当压头为钢球时，布氏硬度用符号 HBS 表示，适用于布氏硬度值在 450 以下的材料。压头为硬质合金时用符号 HBW 表示，适用于布氏硬度在 650 以下的材料。

布氏硬度的优点是测量误差小，数据稳定；缺点是压痕大，不能用于太薄件或成品件。最常用的钢球压头适于测定退火钢、正火钢、调质钢、铸铁及有色金属的硬度。

② 洛氏硬度 利用一定载荷将夹角为 120° 的金刚石圆锥体或直径为 1.588mm 的淬火钢球压入试样表面，保持一定时间后卸除载荷，根据压痕深度确定的硬度值称为洛氏硬度。洛氏硬度用符号 HR 表示，根据压头类型和主载荷不同，分为 9 个标尺，常用的标尺为 A、B、C，如表 1-1 所示。

表 1-1 常用洛氏硬度的符号、试验条件及应用

硬度标尺	硬度符号	压头类型	初载荷 P_0/N	主载荷 P_1/N	K	表盘刻度颜色	硬度范围	应用举例
A	HRA	金刚石圆锥	98.07	490.3	100	黑色	20~88	碳化物、硬质合金、表面淬火钢等
B	HRB	1.588mm 钢球	98.07	882.6	130	红色	20~100	软钢、退火钢、铜合金等
C	HRC	金刚石圆锥	98.07	1373	100	黑色	20~70	淬火钢、调质钢等

实际测量时，硬度值可直接从洛氏硬度计的表盘上读出；洛氏硬度的优点是操作简便，压痕小，适用范围广；缺点是测量结果分散度大。

③ 维氏硬度 维氏硬度其测定原理基本与布氏硬度法相同，但使用的压头是锥面夹角为 136° 的金刚石正四棱锥体。维氏硬度保留了布氏硬度和洛氏硬度的优点，既可测量由极软到极硬的材料的硬度，又能互相比较。既可测量大块材料、表面硬化层的硬度，又可测量

金相组织中不同相的硬度。

（4）冲击韧性

材料抵抗冲击载荷作用而不被破坏的能力称为冲击韧性。通常用冲击功来度量，用 K 表示（V 型和 U 型缺口试样分别用 KV 和 KU 表示）。K 是冲击试样在摆锤冲击试验机上一次冲击试验时所消耗的冲击功。K 值越大，表示材料的韧性越好。K 值对材料的缺陷（如晶粒大小、夹杂物等）十分敏感，其大小不仅决定于材料本身，而且还随试样尺寸、形状和试验温度的不同而变化。

（5）疲劳强度

实际工作中的构件常常是在受交变载荷的作用。所谓交变载荷是指大小或方向随时间而变化的载荷。在这种载荷的作用下，材料常常在远低于其屈服强度的应力下发生断裂，这种现象称为疲劳。如发动机的轴、齿轮等均受交变载荷作用。实际服役的金属材料有 90% 是因为疲劳而破坏。疲劳破坏是脆性破坏，它的一个重要特点是具有突发性，因而更具灾难性。

材料在规定次数（钢铁材料为 10^7 次，有色金属为 10^8 次）的交变载荷作用下，不发生断裂时的最大应力称为疲劳强度，用 σ_D 表示。

提高零件的疲劳抗力，除应合理选材外，还应注意其结构形状，避免应力集中，减少缺陷，降低表面粗糙度和进行表面强化等。

1.1.2　金属材料的物理性能

（1）密度

单位体积材料的质量称为材料的密度。对于运动构件，材料的密度越小，消耗的能量越少，效率越高。材料的抗拉强度与密度之比称为比强度。在航空航天领域，选用高比强度的材料就显得尤为重要。元素周期表中原子序数越小的元素，其密度越小。

（2）熔点

熔点是指材料的熔化温度。一般来说，材料的熔点越高，材料在高温下保持高强度的能力越强。在设计高温条件下工作的构件时，需要考虑材料的熔点。

（3）热膨胀性

大部分固体材料在加热时都发生膨胀，材料的热膨胀性通常用线膨胀系数表示。它是温度升高 1℃ 时单位长度材料的伸长量。对于特别精密的仪器，应选择热膨胀系数低的材料。在材料热加工和热处理过程中更要考虑其热膨胀行为，如果表面和内部热膨胀不一致，就会产生内应力，导致材料变形或开裂。

（4）导热性

材料导热性的常用热导率表示。热导率是指在单位温度梯度下，单位时间内通过垂直于热流方向单位截面积上的热流量。材料的导热性越差，在加热和冷却时表面和内部的温差越大，内应力越大，越容易发生变形和开裂。金属中，导热性最好的是银，铜和铝次之。

（5）导电性

材料的导电性与材料的电阻密切相关，常用电阻率表示。金属通常具有较好的导电性，其中最好的是银，铜和铝次之。金属具有正的电阻温度系数，即随温度升高，电阻增大。含有杂质或受到冷变形会导致金属的电阻上升。

1.1.3　金属材料的化学性能

（1）耐蚀性

　　腐蚀是指材料在外部介质作用下发生逐渐破坏的现象。材料抵抗各种介质腐蚀破坏的能力称为耐蚀性。在金属材料中，碳钢、铸铁的耐蚀性较差，而不锈钢、铝合金、铜合金、钛及其合金耐蚀性较好。

　　（2）抗氧化性

　　材料抵抗高温氧化的能力称为抗氧化性。抗氧化的金属材料常在表面形成一层致密的保护性氧化膜，阻碍氧的进一步扩散，这类材料的氧化一般遵循抛物线规律，而形成多孔疏松或挥发性氧化物材料的氧化则遵循直线规律。

　　耐蚀性和抗氧化性统称为材料的化学稳定性。高温下的化学稳定性称为热化学稳定性。在高温下工作的设备或零部件，如锅炉、汽轮机和飞机发动机等应选择热化学稳定性高的材料。

1.2　金属材料的晶体结构

　　金属材料的性能主要由其化学成分和内部组织结构决定。金属材料在固态下通常是晶体。研究金属材料的内部结构即研究其晶体结构，是了解金属材料性能、正确选用材料的基础。

1.2.1　晶体与非晶体

　　物质都是由原子组成的，根据原子排列的特征，固态物质可分为晶体与非晶体两类。晶体是其内部原子在空间呈一定的有规则排列［图 1-2（a）］，具有固定熔点和各向异性的特征，如金刚石、石墨及一般固态金属与合金等均是晶体。非晶体是指其内部原子在空间上排列没有规则性，如玻璃、沥青、石蜡、松香等都是非晶体。

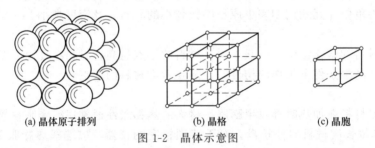

　　(a) 晶体原子排列　　　　　(b) 晶格　　　　　(c) 晶胞

图 1-2　晶体示意图

　　（1）金属的晶体结构

　　① 晶格　为了便于描述和理解晶体中原子在三维空间排列的规律性，可以用一些假想的直线将各原子中心连接起来，形成一个空间格子［图 1-2（b）］。这种抽象地用于描述原子在晶体中排列形式的几何空间格子，称为晶格。

　　② 晶胞　根据晶体中原子排列规律性和周期性的特点，通常从晶格中选取一个能够充分反映原子排列特点的最小几何单元进行分析。这个最小的几何单元称为晶胞［图 1-2（c）］。

　　（2）常见金属的晶格类型

　　在已知的 80 多种金属元素中，大部分金属的晶体结构分别属于下述三种类型。

　　① 体心立方晶格　这种晶格的晶胞是立方体，立方体的八个顶角和中心各有一个原子，如图 1-3 所示。具有这种晶格的金属有钨（W）、钼（Mo）、铬（Cr）、钒（V）、α-铁（α-Fe）等。

　　② 面心立方晶格　这种晶格的晶胞也是立方体，立方体的八个顶角和六个面的中心各有一个原子，如图 1-4 所示。具有这种晶格的金属有金（Au）、银（Ag）、铝（Al）、铜

（Cu）、镍（Ni）、γ-铁（γ-Fe）等。

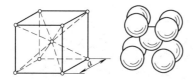
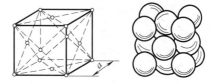

图 1-3　体心立方晶格示意图　　　　　　　　图 1-4　面心立方晶格示意图

③ 密排六方晶格　这种晶格的晶胞是密排六方柱体，在六方柱体的十二个顶角和上下底面中心各有一个原子，另外在上下面之间还有三个原子，如图 1-5 所示。具有此种晶格的金属有镁（Mg）、锌（Zn）、铍（Be）、α-钛（α-Ti）等。

1.2.2　金属的实际晶体结构

如果一块晶体内部的晶格位向（即原子排列的方向）完全一致，称这块晶体为单晶体。只有采用特殊方法才能获得金属单晶体。实际使用的金属材料即使体积很小，其内部仍包含了许多颗粒状的小晶体，各小晶体中原子排列的方向不尽相同，如图 1-6 所示。这些外形不规则的小晶体称为晶粒。晶粒与晶粒之间的界面称为晶界。这种实际上由许多晶粒组成的晶体称为多晶体。

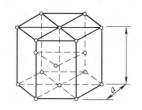

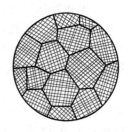

图 1-5　密排六方晶格示意图　　　　　　图 1-6　金属的多晶体结构示意图

由于一般金属是多晶体结构，故通常测出的性能是各个位向不同的晶粒的平均性能，结果使金属显示出各向同性。

晶界原子的排列不像晶粒内部那样有规则性，这种原子排列不规则的部位称为晶体缺陷。根据晶体缺陷的几何特点，可将晶体缺陷分为以下三种。

（1）点缺陷

点缺陷是指在晶体中长、宽、高尺寸都很小的一种缺陷。最常见的缺陷是晶格空位和间隙原子。原子空缺的位置叫空位；存在于晶格间隙位置的原子叫间隙原子，如图 1-7 所示。

（2）线缺陷

线缺陷是指在晶体中呈线状分布（在一维方向上的尺寸很大，而别的方向则很小）原子排列不均衡的晶体缺陷，如图 1-8 所示。这种缺陷主要是指各种类型的位错。所谓位错是指晶格中一列或若干列原子发生了某种有规律的错排现象。由于位错存在，造成金属晶格畸变，并对金属的性能，如强度、塑性、疲劳性能及原子扩散、相变过程等产生重要影响。

（3）面缺陷

面缺陷是指在二维方向上尺寸很大，在第三个方向上的尺寸很小，呈面状分布的缺陷，如图 1-9 所示。通常面缺陷是指晶界。在晶界处，由于原子呈不规则

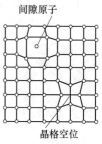

图 1-7　晶格空位和间隙原子示意图

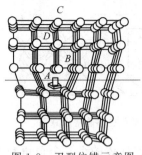

图 1-8 刃型位错示意图

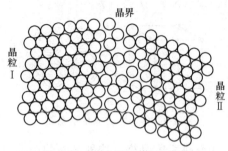

图 1-9 晶界过渡结构示意图

排列，使晶格处于畸变状态，它在常温下对金属的塑性变形起阻碍作用，从而使金属材料的强度和硬度有所提高。

1.2.3 合金的相结构

纯金属因强度、硬度等力学性能较低，在应用上受到一定限制。所以工程上使用的金属材料大多是合金。合金是指由两种或两种以上的金属元素（或金属与非金属元素）组成的，具有金属特性的一类物质。组成合金的最基本独立单位叫做组元。由两个组元组成的合金称为二元合金，由三个组元组成的合金称为三元合金。以此类推。

组成合金的元素相互作用会形成各种不同的相。相是指合金中具有同一化学成分、同一结构和原子聚集状态，并以界面互相分开的、均匀的组成部分。由于形成条件不同，各相可以不同数量、形状、大小和分布方式组合，构成了我们在显微镜下观察到的不同组织。所谓组织是指用肉眼或显微镜观察到的不同组成相的形状、尺寸、分布及各相之间的组合状态。

由于合金的性能取决于组织，而组织又首先取决于合金中的相，所以，为了掌握合金的组织和性能，首先必须了解合金的相结构。合金的相结构是指合金中相的晶体结构。根据合金中各元素间的相互作用，合金中的相可以分为固溶体和金属化合物两大类。

（1）固溶体

合金在固态下一种组元的晶格内溶解了另一组元的原子而形成的晶体相，称为固溶体。在固溶体中晶格类型保持不变的组元称为溶剂。因此，固溶体的晶格类型与溶剂相同，固溶体中的其它组元称为溶质。根据溶质原子在溶剂晶格中所占位置，可将固溶体分为置换固溶体和间隙固溶体两种类型。

① 置换固溶体　溶质原子替换了一部分溶剂原子而占据溶剂晶格部分结点位置而形成的固溶体称为置换固溶体，如图 1-10（a）所示。按溶质溶解度不同，置换固溶体又可分为有限固溶体和无限固溶体两种。其溶解度主要取决于组元间的晶格类型、原子半径和原子结构。实践证明，大多数合金只能有限固溶，且溶解度随着温度的升高而增加，只有两组元晶格类型相同，原子半径相差很小时，才可以无限互溶，形成无限固溶体。

○ 溶剂原子　　● 溶质原子

● 溶质原子　　○ 溶剂原子

(a) 置换固溶体

(b) 间隙固溶体

图 1-10　固溶体的类型

② 间隙固溶体　溶质原子在溶剂晶格中不占据溶剂结点位置，而是嵌入各结点之间的间隙而形成的固溶体称为间隙固溶体。如图 1-10（b）所示。

　　由于溶剂晶格的间隙有限，所以间隙固溶体只能有限溶解溶质原子，同时只有在溶质原子与溶剂原子半径的比值小于 0.59 时，才能形成间隙固溶体。间隙固溶体的溶解度与温度、溶剂溶质原子半径比值和溶剂晶格类型等有关。

　　无论是置换固溶体，还是间隙固溶体，异类原子的溶入都将使固溶体晶格发生畸变。增加位错运动的阻力，使固溶体的强度、硬度提高。这种通过溶入溶质原子形成固溶体、从而使合金强度、硬度升高的现象称为固溶强化。固溶强化是强化金属材料的重要途径之一。同时，只要适当控制固溶体中溶质的含量，就能在显著提高金属材料强度的同时仍然使其保持较高的塑性和韧性。

　　（2）金属化合物

　　金属化合物是指合金组元间发生相互作用而形成的具有金属特性的合金相。例如铁碳合金中的渗碳体就是铁和碳组成的化合物 Fe_3C，金属化合物具有与其构成组元晶格截然不同的特殊晶格，熔点高，硬而脆。合金中出现金属化合物时，通常能显著地提高合金的强度、硬度和耐磨性，但合金的塑性和韧性则会明显地降低。

1.3　铁碳合金的基本组织与铁碳相图

1.3.1　纯铁的同素异构转变

　　大多数金属结晶完成后晶格类型不会再发生变化。但也有少数金属如铁、锰、钴等，在结晶成固态后继续冷却时晶格类型还会发生变化。这种金属在固态下晶格类型随温度发生变化的现象，称为同素异构转变，如图 1-11 所示。由纯铁的冷却曲线可以看出，液态纯铁在结晶后具有体心立方晶格，称为 δ-Fe，当其冷却到 1394℃时，发生同素异构转变，由体心立方晶格的 δ-Fe 转变为面心立方晶格的 γ-Fe；再冷却到912℃时，原子排列方式又由面心立方晶格转变为体心立方晶格，称为 α-Fe。上述转变过程可由下式表示：

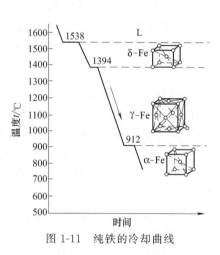

图 1-11　纯铁的冷却曲线

$$\delta\text{-Fe} \underset{}{\overset{1394℃}{\rightleftharpoons}} \gamma\text{-Fe} \underset{}{\overset{912℃}{\rightleftharpoons}} \alpha\text{-Fe}$$

　　纯铁同素异构转变的特性决定了钢和铸铁固态的组织转变，它是钢铁能够进行热处理的理论依据，也是钢铁材料性能多样化、用途广泛的主要原因之一。

1.3.2　铁碳合金的基本相

　　铁碳合金中，因铁和碳在固态下相互作用不同，所以可以形成固溶体和金属化合物，其基本相有铁素体、奥氏体和渗碳体。

　　（1）铁素体

　　铁素体是碳溶于 α-Fe 中形成的间隙固溶体，为体心立方晶格，用符号 F（或 α）表示。

　　碳原子较小，在 α-Fe 晶格中碳处于间隙位置。铁素体溶碳量很小，在 727℃时溶碳量最大 $w_C=0.0218\%$，随着温度的下降其溶碳量逐渐减少，其性能几乎和纯铁相同，即强度和硬度（$\sigma_b=180\sim280MPa$，$50\sim80HBS$）较低，而塑性和韧性（$\delta=30\%\sim50\%$，$A_{ku}=128\sim160J$）较高。铁素体在 770℃（居里点）有磁性转变，在 770℃以下具有铁磁性，在

770℃以上则失去铁磁性。

（2）奥氏体

奥氏体是碳溶于 γ-Fe 中形成的间隙固溶体，为体心立方晶格，常用符号 A（或 γ）表示。

奥氏体溶碳能力较大，在 1148℃时溶碳量最大 $w_C = 2.11\%$，随着温度下降，溶碳量逐渐减少，在 727℃时的溶碳量为 $w_C = 0.77\%$。奥氏体具有一定的强度和硬度（$\sigma_b \approx$ 400MPa，160～220HBS），塑性好（$\delta \approx 40\% \sim 50\%$），在压力加工中，大多数钢材要加热至高温奥氏体状态进行塑性变形加工。

稳定的奥氏体属于铁碳合金的高温组织，当铁碳合金缓冷到 727℃时，奥氏体发生转变，转变为其它类型的组织。奥氏体是非铁磁性相。

（3）渗碳体

渗碳体是铁和碳的金属化合物，具有复杂的晶体结构，用化学式 Fe_3C 表示。渗碳体的晶格形式，与碳和铁都不一样，是复杂的晶格类型。渗碳体碳的质量分数是 6.69%，熔点为 1227℃。渗碳体的结构比较复杂，其硬度高，脆性大，塑性与韧性极低。渗碳体在钢和铸铁中与其它相共存时呈片状、球状、网状。

渗碳体没有同素异构转变，但有磁性转变，在 230℃以下具有弱铁磁性，而在 230℃以上则失去磁性。渗碳体是碳在铁碳合金中的主要存在形式，是亚稳定的金属化合物，在一定条件下，渗碳体可分解成石墨，这一过程对于铸铁的生产具有重要意义。

1.3.3　铁碳合金相图

铁碳合金相图是铁碳合金在极缓慢冷却（或加热）条件下，不同化学成分的铁碳合金，在不同温度下所具有的组织状态的图形。碳的质量分数 $w_C > 5\%$ 的铁碳合金，尤其当 w_C 增加到 6.69% 时，铁碳合金几乎全部变为金属化合物 Fe_3C。这种化学成分的铁碳合金硬而脆，机械加工困难，在机械制造方面很少应用。所以，研究铁碳合金相图时，只需研究 $w_C \leqslant 6.69\%$ 这部分。而 $w_C = 6.69\%$ 时，铁碳合金全部为亚稳定的 Fe_3C，因此，Fe_3C 就可看成是铁碳合金的一个组元，实际上研究铁碳合金相图，就是研究 $Fe-Fe_3C$ 相图部分，如图 1-12 所示。

（1）铁碳合金相图中的特性点

铁碳合金相图中主要特性点的温度、碳的质量分数及其含义见表 1-2。

表 1-2　铁碳合金相图中的特性点

特性点	温度/℃	$w_C/\%$	特性点的含义
A	1538	0	纯铁的熔点或结晶温度
C	1148	4.3	共晶点，发生共晶转变 $L_{4.3} \longrightarrow A_{2.11} + Fe_3C$
D	1227	6.69	渗碳体的熔点
E	1148	2.11	碳在 γ-Fe 中的最大溶碳量，也是钢与生铁的化学成分分界点
F	1148	6.69	共晶渗碳体的化学成分点
G	912	0	α-Fe $\Longleftrightarrow$ γ-Fe 同素异构体转变点
S	727	0.77	共析点，发生共析转变 $A_{0.77} \longrightarrow F_{0.0218} + Fe_3C$
P	727	0.0218	碳在 α-Fe 中的最大溶解量

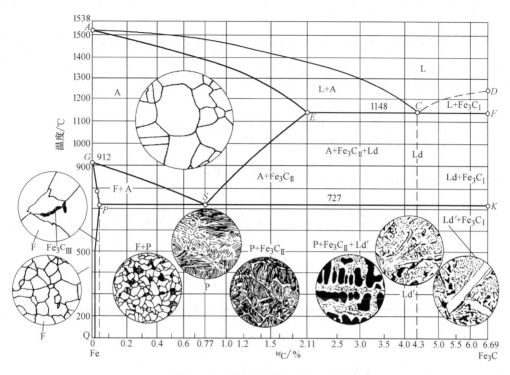

图 1-12　简化后的 Fe-Fe$_3$C 相图

（2）铁碳合金相图中的主要特性线

① 液相线 *ACD*　在液相线 *ACD* 以上区域，铁碳合金处于液态，冷却下来时碳的质量分数 $w_C \leqslant 4.3\%$ 的铁碳合金在 *AC* 线开始结晶出奥氏体（A）；碳的质量分数 $w_C > 4.3\%$ 的铁碳合金在 *CD* 线开始结晶出渗碳体，称一次渗碳体，用 Fe$_3$C$_I$ 表示。

② 固相线 *AECF*　在固相线 *AECF* 以下区域，铁碳合金呈固态。

③ 共晶线 *ECF*　*ECF* 线是一条水平（恒温）线，称为共晶线。在此线上液态铁碳合金将发生共晶转变，其反应式为：

$$L_{4.3} \underset{\longleftarrow}{\overset{1148℃}{\longrightarrow}} A_{2.11} + Fe_3C_{6.69}$$

共晶转变形成了奥氏体与渗碳体的机械混合物，称为莱氏体（Ld）。碳的质量分数 $w_C = 2.11\% \sim 6.69\%$ 的铁碳合金均会发生共晶转变。

④ 共析线 *PSK*　*PSK* 线也是一条水平（恒温）线，称为共析线，通常称为 A_1 线。在此线上固态奥氏体将发生共析转变，其反应式为：

$$A_{0.77} \underset{\longleftarrow}{\overset{727℃}{\longrightarrow}} F_{0.0218} + Fe_3C_{6.69}$$

共析转变的产物是铁素体与渗碳体的机械混合物，称为珠光体（P）。碳的质量分数 $w_C > 0.0218\%$ 的铁碳合金均会发生共析转变。

⑤ *GS* 线　*GS* 线表示铁碳合金冷却时由奥氏体组织中析出铁素体组织的开始线，通常称为 A_3 线。

⑥ *ES* 线　*ES* 线是碳在奥氏体中的溶解度变化曲线，通常称为 A_{cm} 线。它表示铁碳合金随着温度的降低，奥氏体中碳的质量分数沿着此线逐渐减少，多余的碳以渗碳体形式析出，称为二次渗碳体，用 Fe$_3$C$_{II}$ 表示，以区别于从液态铁碳合金中直接结晶出来的 Fe$_3$C$_I$。

⑦ GP 线　GP 线为铁碳合金冷却时奥氏体组织转变为铁素体的终了线或者加热时铁素体转变为奥氏体的开始线。

⑧ PQ 线　PQ 线是碳在铁素体中的溶解度变化曲线，它表示铁碳合金随着温度的降低，铁素体中的碳的质量分数沿着此线逐渐减少，多余的碳以渗碳体形式析出，称为三次渗碳体，用 Fe_3C_{III} 表示。由于 Fe_3C_{III} 数量极少，在一般钢中对性能影响不大，故可忽略。

（3）铁碳合金的分类和室温平衡组织

铁碳合金相图中的各种合金，按其碳的质量分数和室温平衡组织的不同，一般分为工业纯铁、钢、白口铸铁（生铁）三类，见表 1-3。

表 1-3　铁碳合金分类

合金类别	工业纯铁	钢			白口铸铁		
		亚共析钢	共析钢	过共析钢	亚共晶白口铸铁	共晶白口铸铁	过共晶白口铸铁
$w_C/\%$	$w_C \leq 0.0218$	$0.0218 < w_C \leq 2.11$			$2.11 < w_C \leq 6.69$		
		<0.77	0.77	>0.77	<4.3	4.3	>4.3
室温组织	F	F+P	P	P+Fe$_3$C	Ld′+P+Fe$_3$C$_{II}$	Ld′	Ld′+Fe$_3$C$_{I}$

思 考 题

1. 什么是强度？材料强度设计的两个重要指标分别是什么？

2. 什么是塑性？塑性对材料的使用有何实际意义？

3. 绘出简化后的 $Fe\text{-}Fe_3C$ 相图。

4. 根据 $Fe\text{-}Fe_3C$ 相图，说明下列现象的原因。

（1）含碳量 1% 的铁碳合金比含碳量 0.5% 的铁碳合金的硬度高。

（2）一般要把钢材加热到 1000～1250℃ 高温下进行锻轧加工。

（3）靠近共晶成分的铁碳合金的铸造性能好。

5. 随着含碳量的增加，钢的组织性能如何变化？

6. 铁碳相图中的几个单相分别是什么？其本质及性能如何？

第2章 钢的热处理原理

2.1 概述

2.1.1 热处理的作用

热处理是根据钢在固态下组织转变的规律，通过不同的加热、保温和冷却，以改变其内部组织结构，达到改善钢材性能的一种热加工工艺。热处理一般是由加热、保温和冷却三个阶段组成的，其基本工艺过程可以用热处理工艺曲线来表示，如图 2-1 所示。

通过热处理可以改变钢的内部组织结构，从而改善其工艺性能，提高钢的力学性能和使用性能，充分挖掘钢材的潜力，延长零件的使用寿命，提高产品质量，节约资源和能源。热处理是一种重要的强化钢材的工艺，它在机械制造工业中占有十分重要的地位。例如，现代机床工业中，$60\% \sim 70\%$ 的工件要经过热处理。汽车、拖拉机工业中，有 $70\% \sim 80\%$ 的工件要进行热处理。而滚动轴承和各种工模具等则几乎是百分之百地要

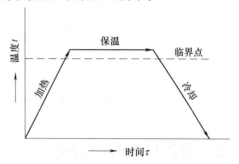

图 2-1 热处理工艺曲线

进行热处理。如果把预备热处理也包括进去，几乎所有的零件都需要进行热处理。

热处理之所以能使钢的性能发生变化，其根本原因就是由于纯铁具有同素异构转变，从而使钢在加热和冷却过程中，其内部组织结构发生了变化。因此，要了解各种热处理对钢组织与性能的影响，正确制订热处理工艺规范，必须首先了解在不同的加热、冷却条件下钢的组织变化规律。

2.1.2 钢的临界温度

根据 $Fe\text{-}Fe_3C$ 相图，钢在加热或冷却过程中，通过 PSK（A_1）线、GS（A_3）线、ES（A_{cm}）线时，组织将发生转变。A_1、A_3、A_{cm} 点是组织转变的平衡临界温度，即在非常缓慢加热或冷却条件下钢发生组织转变的温度，可根据钢的含碳量分别由 PSK 线、GS 线和 ES 线来确定。

实际热处理时，加热和冷却速度并非极其缓慢的，因此，钢的组织转变并不在平衡临界温度发生，大多数都有不同程度的滞后现象，即在加热时需要一定程度的过热，冷却时需要一定程度的过冷，组织转变才能充分进行。通常把实际加热时的临界温度加注下标"c"，分别以 A_{c1}、A_{c3}、A_{ccm} 表示；实际冷却时的临界温度加注下标"r"，分别以 A_{r1}、A_{r3}、A_{rcm} 表示，三者之间的相对位置如图 2-2 所示。必须指出，实际加热或冷却时的临界点不是固定不变的，而是随着加热或冷却速度不同而变化；加热或冷却速度愈大，实际临界点的偏离程度也愈大。

钢在加热和冷却时临界温度的意义如下：

A_{c1}——加热时珠光体向奥氏体转变的开始温度；

A_{c3}——加热时先共析铁素体全部溶入奥氏体的终了温度；

A_{ccm}——加热时二次渗碳体全部溶入奥氏体的终了温度；

A_{r1}——冷却时奥氏体向珠光体转变的开始温度；

A_{r3}——冷却时奥氏体开始析出先共析铁素体的温度；

A_{rcm}——冷却时奥氏体开始析出二次渗碳体的温度。

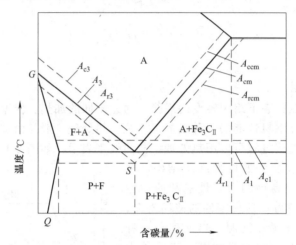

图 2-2　加热和冷却时 Fe-Fe$_3$C 相图上各临界点的位置

2.2　钢在加热时的转变

钢的热处理，一般都必须先将钢加热至临界温度以上，获得奥氏体组织，然后再以适当方式（或速度）冷却，以获得所需要的组织和性能。通常把钢加热获得奥氏体的转变过程称为奥氏体化过程。

2.2.1　奥氏体形成的热力学条件

根据热力学一般原理，一切自发过程的进行方向，总是从自由能高的状态向自由能低的状态过渡，这也是钢中发生各种转变所必需的热力学条件。

图 2-3 为珠光体和奥氏体的自由能随温度的变化曲线。由图可以看出，当温度等于 A_1 时，珠光体与奥氏体的自由能相等，即奥氏体与珠光体的平衡温度。这时奥氏体与珠光体之间不会发生相互转变。因为发生相变时新相晶核的形成是需要一定能量的，其中包括新相晶核界面的表面能以及新相形成所需克服的弹性能等。这些能量中的一部分需要由相变时释放的自由能来供给，而其余不足部分则靠系统内的能量起伏来补偿。当温度低于 A_1 时，珠光体的自由能低于奥氏体的自由能，珠光体为稳定状态，反之则奥氏体为稳定状态。因此，只有当温度高于 A_1（即一定的过热度）时，奥氏体才能自发形成。

2.2.2　奥氏体的形成过程

以共析钢为例说明奥氏体的形成过程。由 Fe-Fe$_3$C 相图可知，共析钢在室温时，其平衡组织为单一珠光体，是由含碳极微（$w_C = 0.02\%$）的具有体心立方晶格的铁素体和含碳量很高（$w_C = 6.69\%$）的具有复杂斜方晶格的渗碳体所组成

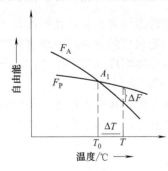

图 2-3　珠光体和奥氏体的
自由能随温度的变化曲线

的两相混合物，其中铁素体是基体相，渗碳体为分散相。珠光体的平均含碳量为 0.77%。当加热到 A_{c1} 以上温度保温，珠光体将全部转变为奥氏体。由于铁素体、渗碳体和奥氏体三者之间的含碳量和晶体结构都相差很大，因此，奥氏体的形成过程包括碳的扩散重新分布和 Fe 原子扩散使铁素体向奥氏体的晶格重组，是一个形核、长大和均匀化的过程。共析钢由珠光体向奥氏体的转变包括以下四个阶段：奥氏体形核、奥氏体晶核长大、剩余渗碳体溶解和奥氏体成分均匀化。如图 2-4 所示。

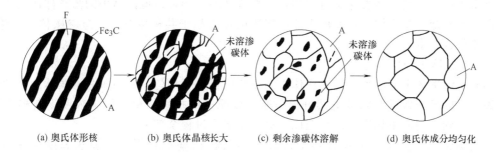

(a) 奥氏体形核　　(b) 奥氏体晶核长大　　(c) 剩余渗碳体溶解　　(d) 奥氏体成分均匀化

图 2-4　珠光体向奥氏体转变过程示意图

（1）奥氏体的形核

奥氏体晶核通常优先在铁素体和渗碳体的相界面上形成。这是因为在相界面上碳浓度分布不均匀，位错密度较高、原子排列不规则，晶格畸变大，处于能量较高的状态，容易获得奥氏体形核所需要的浓度起伏、结构起伏和能量起伏。

（2）奥氏体晶核的长大

奥氏体形核后便开始长大。在 A_{c1} 以上的某一温度 t_1 形成奥氏体晶核，奥氏体晶核形成之后，它的一面与渗碳体相邻，另一面与铁素体相邻。假定它与铁素体和渗碳体相邻的界面都是平直的，根据 Fe-Fe$_3$C 相图（图 2-5）可知，奥氏体与铁素体相邻的边界处碳浓度为 $C_{\gamma\text{-}\alpha}$，奥氏体与渗碳体相邻的边界处的碳浓度为 $C_{\gamma\text{-}C}$。此时，两个边界处界面平衡状态，这是系统自由能最低的状态。由于 $C_{\gamma\text{-}C}>C_{\gamma\text{-}\alpha}$，因此，在奥氏体中出现碳的浓度梯度，并引起碳在奥氏体中不断地由高浓度向低浓度的扩散。扩散的结果，奥氏体与铁素体相邻的边界处碳浓度升高，而与渗碳体相邻的边界处碳浓度降低。从而破坏了相界面的平衡，使系统自由能升高。为了恢复平衡，渗碳体势必溶入奥氏体，使它们相邻界面的碳浓度恢复到 $C_{\gamma\text{-}C}$，与此同时，另一个界面上，发生奥氏体的碳原子向铁素体的扩散，促使铁素体转变为奥氏体，使它们之间的界面恢复到 $C_{\gamma\text{-}\alpha}$，从而恢复界面的平衡，降低系统的自由能。这样，奥氏体的两个界面就向铁素体和渗碳体两个方向推移，奥氏体便长大。由于奥氏体中碳的扩散，不断打破相界面平衡，又通过渗碳体和铁素体向奥氏体转变而恢复平衡的过程循环往复地进行，奥氏体便不断地向铁素体和渗碳体中扩展，逐渐长大。另一方面，由于

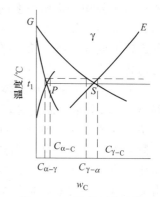

图 2-5　t_1 温度下奥氏体形核时各相的碳浓度

在铁素体内，铁素体与渗碳体和铁素体与奥氏体接触的两个界面之间也存在着碳浓度差 $C_{\alpha\text{-}C}\text{-}C_{\alpha\text{-}\gamma}$，因此，碳在奥氏体中扩散的同时，在铁素体中也进行着扩散。扩散的结果，促使铁素体向奥氏体转变，从而促进奥氏体长大。

实验研究发现，由于奥氏体的长大速度受碳的扩散控制，并与相界面碳浓度差有关。铁

素体与奥氏体相界面碳浓度差（$C_{\gamma-\alpha}-C_{\alpha-\gamma}$）远小于渗碳体与奥氏体相界面上的碳浓度差（$C_{C-\gamma}-C_{\gamma-C}$）。在平衡条件下，一份渗碳体溶解将促进几份铁素体转变。因此，铁素体向奥氏体转变的速度远比渗碳体溶解速度快得多。转变过程中珠光体中总是铁素体首先消失。当铁素体全部转变为奥氏体时，可以认为，奥氏体的长大即完成。但此时仍有部分渗碳体尚未溶解，剩余在奥氏体中。这时奥氏体的平均碳浓度低于共析成分。

（3）剩余渗碳体的溶解

铁素体消失以后，随着保温时间延长或继续升温，剩余在奥氏体中的渗碳体通过碳原子的扩散，不断溶入奥氏体中，使奥氏体的碳浓度逐渐趋于共析成分。一旦渗碳体全部溶解，这一阶段便告结束。

（4）奥氏体成分均匀化

当剩余渗碳体全部溶解时，奥氏体中的碳浓度仍是不均匀的。原来是渗碳体的区域碳浓度较高，继续延长保温时间或继续升温，通过碳原子的扩散，奥氏体碳浓度逐渐趋于均匀化，最后得到均匀的单相奥氏体。至此，奥氏体形成过程全部完成。

亚共析钢和过共析钢的奥氏体形成过程与共析钢基本相同，当加热温度仅超过 A_{c1} 时，只能使原始组织中的珠光体转变为奥氏体，仍保留一部分先共析铁素体或先共析渗碳体。只有当加热温度超过 A_{c3} 或 A_{ccm}，并保温足够长的时间，才能获得均匀的单相奥氏体。

2.2.3 影响奥氏体形成速度的因素

奥氏体的形成是通过形核和长大过程进行的，整个过程受原子扩散控制。因此，一切影响扩散、影响形核与长大的因素都影响奥氏体的形成速度。主要因素有加热温度、原始组织和化学成分等。研究这些因素，对制订热处理工艺具有重要意义。

（1）加热温度的影响

为了描述珠光体向奥氏体的转变过程，通常将钢试样迅速加热到 A_{c1} 以上各个不同的温度保温，记录各个温度下珠光体向奥氏体转变开始、铁素体消失、渗碳体全部溶解和奥氏体成分均匀化所需要的时间，绘制在转变温度和时间坐标图上，便得到钢的奥氏体等温形成图（见图2-6）。图中左边第一条曲线表示奥氏体开始形成线；第二条曲线表示奥氏体形成终了线；第三条曲线表示残余渗碳体溶解终了线；第四条曲线表示奥氏体已均匀化。

由图2-6可见，珠光体向奥氏体转变，要在 A_1 点以上温度才能进行。当共析钢加热到 A_1 点以上某一温度时，珠光体并不是立即开始向奥氏体转变，而是要经过一段时间才开始转变的，这段时间常称为"孕育期"。这是由于形成奥氏体晶核需要原子的扩散，而扩散需要一定的时间。加热温度越高，孕育期就越短，转变所需的时间也越短，即奥氏体化的速度越快。这是由两方面原因造成的。一方面，温度越高则奥氏体与珠光体的自由能差越大，转变的推动力越大；另一方面，温度越高则原子扩散越快，因而碳的重新分布与铁的晶格改组越快，所以，使奥氏体的形核、长大、残余渗碳体的溶解及奥氏体的均匀化都进行得越快。

在连续升温加热时，加热速度可用图中射线（v_1、v_2）表示。由图可知，连续加热时奥氏体的形成不是在恒温下进行的，而是在一个温度区间完成的。加热速度愈快（如 v_2），奥氏体形成的开始温度和终了温度愈高，而孕育期和转变时间愈短，奥氏体形成速度愈快。

（2）加热速度的影响

在连续升温加热时，加热速度对奥氏体化过程有重要影响，加热速度越快，则珠光体的过热度越大，转变的开始温度 A_{c1} 越高，终了温度也越高，但转变的孕育期越短，转变所需的时间也就越短。

（3）化学成分的影响

① 碳　钢中含碳量越高，奥氏体的形成速度越快。这是因为钢中的含碳量越高，原始组织中渗碳体的数量越多，从而增加了铁素体和渗碳体的相界面，使奥氏体的形核率增大。此外，碳的质量分数增加又使碳在奥氏体中的扩散速度增大，从而增大了奥氏体的长大速度。图 2-7 表示不同含碳量的钢中珠光体向奥氏体转变到 50% 所需要的时间。从图中看出，转变成 50% 的奥氏体所需的时间随含碳量增加而大大地降低，例如在 740℃ 时，$w_C0.46\%$ 时为 7min；在 $w_C0.85\%$ 时为 5min，在 $w_C1.35\%$ 时则只需 2min 左右。

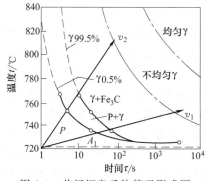

图 2-6　共析钢奥氏体等温形成图

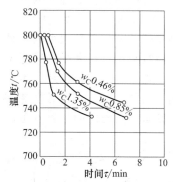

图 2-7　含碳量不同的钢中珠光体向
奥氏体转变 50% 时所需要的时间

② 合金元素　钢中加入合金元素，并不改变奥氏体形成的基本过程，但会显著影响奥氏体的形成速度。合金元素主要从以下几个方面影响奥氏体的形成速度。

首先，合金元素影响碳在奥氏体中的扩散速度。碳化物形成元素（如 Cr、Mo、W、V、Ti 等）大大减小了碳在奥氏体中的扩散速度，故显著减慢了奥氏体的形成速度。非碳化物形成元素（如 Co、Ni 等）能增大碳在奥氏体中的扩散速度，因而加快了奥氏体的形成速度。Si、Al、Mn 等元素对碳在奥氏体中的扩散能力影响不大，故对奥氏体的形成速度没有明显影响。

其次，合金元素会改变钢的平衡临界点，于是就改变了奥氏体转变时的过热度，从而改变了奥氏体与珠光体的自由能差，因此改变了奥氏体的形成速度。降低 A_1 点的元素，如 Ni、Mn、Cu 等，相对增大过热度，将增大奥氏体的形成速度。提高 A_1 点的元素，如 Cr、Mo、W、V、Si 等，相对降低过热度，将减慢奥氏体的形成速度。

第三，合金元素在珠光体中的分布是不均匀的，在平衡组织中，碳化物形成元素集中在碳化物中，而非碳化物形成元素集中在铁素体中。因此，奥氏体形成后碳和合金元素在奥氏体中的分布都是极不均匀的。所以，合金钢的奥氏体均匀化过程，除了碳在奥氏体中的均匀化外，还有一个合金元素的均匀化过程。在相同条件下，合金元素在奥氏体中的扩散速度远比碳小得多，仅为碳的万分之一到千分之一。因此，合金钢奥氏体化要比碳钢缓慢得多。所以，合金钢热处理时，加热温度要比碳钢高，保温时间也要延长。特别是高合金钢，如 W18Cr4V 高速钢的淬火温度需要提高到 1270～1280℃，超过 A_{c1}（820～840℃）数百度。

（4）原始组织的影响

当钢的化学成分相同时，原始组织愈细，相界面的面积愈多，形核率愈高，加速了奥氏体的形成。原始组织的粗细主要是指珠光体中碳化物的形态、大小和分散程度。例如，成分相同时，细片状珠光体的相界面面积大于粗片状珠光体；片状珠光体的相界面面积大于渗碳体和呈颗粒状的粒状珠光体，所以前者的奥氏体形成速度大于后者。

2.2.4 奥氏体的晶粒度及其影响因素

奥氏体的晶粒大小对钢冷却转变后的组织和性能有着重要的影响，同时也影响工艺性能。例如，细小的奥氏体晶粒淬火所得到的马氏体组织也细小，这不仅可以提高钢的强度与韧性，还可降低淬火变形、开裂倾向。因此，严格控制奥氏体晶粒的大小，是加热过程中的一个重要问题。为了获得所期望的合适的奥氏体晶粒尺寸，必须弄清楚奥氏体晶粒度的概念及影响奥氏体晶粒度的各种因素。

（1）奥氏体的晶粒度

晶粒度是表示晶粒大小的一种尺度。它由单位面积内所包含晶粒个数来度量，也可用直接测量晶粒平均直径大小（用毫米或微米）来表示。晶粒度级别越高，表明单位面积中包含晶粒个数越多，即晶粒越细。生产上通常根据冶金工业部部颁标准 YB 23—64 中晶粒度标准级别图（图2-8），用比较法来确定奥氏体晶粒的级别。通常根据奥氏体的形成过程及晶粒长大倾向，奥氏体的晶粒度可以用起始晶粒度、实际晶粒度和本质晶粒度等描述。

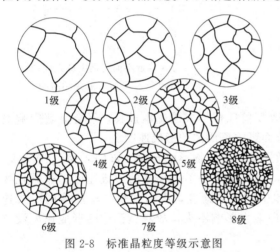

图 2-8 标准晶粒度等级示意图

① 起始晶粒度 起始晶粒度是指把钢加热到临界温度以上，奥氏体转变刚刚完成，其晶粒边界刚刚相互接触时的奥氏体晶粒大小。奥氏体起始晶粒的大小，取决于奥氏体的成核速度和长大速度。一般说来，增大成核速度或降低长大速度是获得细小奥氏体晶粒的重要途径。一般情况下，起始晶粒总是十分细小均匀的，若温度提高或保温时间延长，晶粒便会长大。

② 实际晶粒度 实际晶粒度是指钢在某一具体的热处理或热加工条件下实际获得的奥氏体晶粒大小。它取决于具体的加热温度和保温时间。实际晶粒度一般总比起始晶粒度大。奥氏体的实际晶粒度的大小直接影响钢件热处理后的性能。细小的奥氏体晶粒可使钢在冷却后获得细小的室温组织，从而具有优良的综合力学性能。必须注意，这种奥氏体实际晶粒度的大小常被相变后的组织所掩盖，只有通过特殊腐蚀剂才能显示出来。

③ 本质晶粒度 本质晶粒度是表示在规定的加热条件下奥氏体晶粒长大的倾向。根据标准试验方法（YB 27—64），把钢加热到（930±10）℃，保温 3～8h，在室温下放大100倍显微镜观察其晶粒大小，1～4级为本质粗晶粒钢，5～8级为本质细晶粒钢。

不同成分的钢，在相同的加热条件下，随温度升高，奥氏体晶粒长大的倾向不同（图2-9）。有些钢在加热到临界温度以上，在930℃以下，随温度继续升高奥氏体晶粒便迅速长大，这类钢称为"本质粗晶粒钢"。若钢在930℃以下加热时，奥氏体晶粒长大很缓慢，一直保持细小晶粒，这种钢称为"本质细晶粒钢"。必须注意，本质细晶粒钢不是在任何温度下始终是细晶粒的。若加热温度超过930℃，奥氏体晶粒可能会迅速长大，晶粒尺寸甚至超过本质粗晶粒钢。

本质晶粒度是钢的工艺性能之一，对于确定钢的加热工艺有重要的参考价值。本质细晶粒钢淬火加热温度范围较宽，生产上易于操作。这种钢在 930℃ 高温下渗碳后直接淬火，而不致引起奥氏体晶粒粗化。而本质粗晶粒钢则必须严格控制加热温度，以免引起奥氏体晶粒粗化。

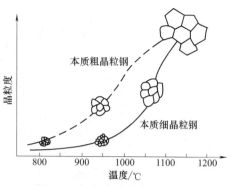

图 2-9　钢的本质晶粒度示意图

钢的本质晶粒度取决于钢的成分和冶炼条件。一般来说，用 Al 脱氧的钢都是本质细晶粒钢，用 Si、Mn 脱氧的钢则为本质粗晶粒钢。含有 Ti、Zr、V、Nb、Mo、W 等合金元素的钢也是本质细晶粒钢。这是因为 Al、Ti、Zr 等元素在钢中会形成分布在晶界上的超细弥散的化合物颗粒，如 AlN、Al_2O_3、TiC、ZrC 等，它们稳定性很高，不容易聚集，也不容易溶解，能阻碍晶粒长大。但是，当温度超过晶粒粗化温度以后，由于这些化合物的聚集长大，或者溶解消失，失去阻碍晶界迁移的作用，奥氏体晶粒便突然长大起来。在本质粗晶粒钢中不存在这些化合物微粒，晶粒长大不受阻碍，从而随温度升高而逐渐粗化。

（2）影响奥氏体晶粒长大的因素

由于奥氏体晶粒大小对钢件热处理后的组织和性能影响极大，因此必须了解影响奥氏体晶粒长大的因素，掌握各种条件下钢的奥氏体晶粒长大的规律，以便寻求控制奥氏体晶粒大小的方法。奥氏体晶粒长大基本上是一个奥氏体晶界迁移的过程，其实质是原子在晶界附近的扩散过程。所以一切影响原子扩散迁移的因素都能影响奥氏体晶粒长大。

① 加热温度和保温时间　由于奥氏体晶粒长大与原子扩散有密切关系，所以加热温度愈高，保温时间愈长，奥氏体晶粒愈粗大。图 2-10 表示加热温度和保温时间对奥氏体晶粒长大过程的影响。由图可见，加热温度越高，晶粒长大速度越快，最终晶粒尺寸越大。在每一个加热温度下，都有一个加速长大期，当奥氏体晶粒长大到一定尺寸后，再延长时间，晶粒将不再长大而趋于一个稳定尺寸。相比而言，加热温度对奥氏体晶粒长大起主要作用，因此，生产上必须严格控制加热温度，以避免奥氏体晶粒粗化。

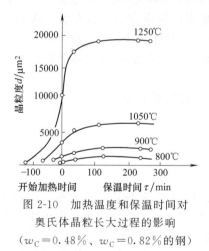

图 2-10　加热温度和保温时间对奥氏体晶粒长大过程的影响（$w_C = 0.48\%$、$w_C = 0.82\%$ 的钢）

② 加热速度　当加热温度一定时，加热速度越快，奥氏体转变时的过热度越大，奥氏体的实际形成温度越高，形核率的增长速度大于长大速度的增长，奥氏体起始晶粒越细小（见图 2-11）。在高温下短时保温，奥氏体晶粒来不及长大，因此可获得细晶粒组织。但是，如果在高温下长时间保温，晶粒则很容易长大。因此，实际生产中常采用快速加热、短时保温的方法获得细小的晶粒。

③ 钢的化学成分　不同含碳量的钢晶粒长大倾向是不一样的。在一定范围内，含碳量愈高的钢，晶粒愈容易长大。这是由于钢的含碳量增加，奥氏体的形核率也增加，起始晶粒度愈细小。由于晶界总面积的增加，能量升高，奥氏体晶粒长大倾向也愈大。但当含碳量超过该温度下奥氏体的饱和浓度时，将有未溶的残余渗碳体保存下来，它们分布在奥氏体晶界上，对晶界的迁移起着机械阻碍作用，从而限制了奥氏体晶粒的长大，使奥氏体晶粒长大倾

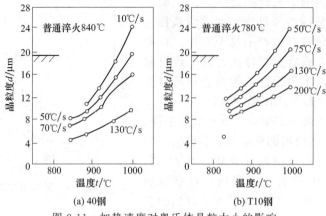

图 2-11 加热速度对奥氏体晶粒大小的影响

向减小。

钢中加入合金元素，明显地影响扩散速度，因此对奥氏体晶粒长大也会产生很大的影响。一般认为，Ti、V、Zr、Nb、W、Mo 等元素与碳作用将形成高熔点的稳定碳化物，而Al 则形成不溶于奥氏体的氧化物或氮化物。这些难熔化合物对奥氏体晶界的迁移具有强烈的机械阻碍作用，从而限制了奥氏体晶粒的长大。用 Al 脱氧的本质细晶粒钢之所以晶粒长大倾向较小，其原因就在于此。当加热温度超过（930±10）℃之后，随着温度升高，Al 的化合物逐渐溶解，因此，奥氏体晶粒便急剧长大。Mn、P、C、N 等元素溶入奥氏体后削弱了铁原子结合力，加速铁原子扩散，因而促进奥氏体晶粒的长大。

④ 原始组织　当成分一定时，原始组织愈细，碳化物弥散度愈大，则奥氏体晶粒愈细小。与粗珠光体相比，细珠光体总是易于获得细小而均匀的奥氏体晶粒度。这是由于珠光体片间距较小时，相界面积就大，形核率增加，同时，珠光体片间距愈小，愈有利于碳的扩散，因此，奥氏体的起始晶粒愈细小。在相同的加热条件下，和球状珠光体相比，片状珠光体在加热时奥氏体晶粒易于粗化，因为片状碳化物表面积大，溶解快，奥氏体形成速度也快，奥氏体形成后较早地进入晶粒长大阶段。

对于原始组织为非平衡组织的钢，如果采用快速加热、短时保温的工艺方法，或者多次快速加热-冷却的方法，便可获得非常细小的奥氏体晶粒。

2.3　钢在冷却时的转变

钢件在室温时的力学性能不仅与加热时奥氏体晶粒大小、化学成分均匀程度有关，而且在很大程度上取决于冷却时转变产物的类型和组织形态。冷却方式和冷却速度对奥氏体转变有很大的影响，所以冷却过程是热处理的关键工序，它决定着钢件热处理后的组织与性能。因此，研究不同冷却条件下钢中奥氏体组织的转变规律，对于正确制定钢的热处理冷却工艺、控制热处理后的组织与性能具有重要意义。

在热处理生产中，常用的冷却方式有两种：等温冷却和连续冷却，其冷却曲线如图2-12 所示。将奥氏体状态的钢迅速由高温冷却到临界点以下某一温度等温停留一段时间，使奥氏体在该温度下发生组织转变，然后再冷到室温，这种冷却方式称为等温冷却（图 2-12 中曲线 1），如等温退火、等温淬火。将奥氏体状态的钢以一定的速度连续从高温冷到室温，使奥氏体在一个温度范围内发生连续转变。这种冷却方式称为连续冷却（图 2-12 中曲线 2），如炉冷、空冷、油冷及水冷等。

对应于两种冷却方式，过冷奥氏体转变动力学曲线也有两种类型，按等温冷却所得到的动力学曲线称为过冷奥氏体等温转变动力学曲线，也常称"C"曲线，亦称"TTT"曲线；在连续冷却时测出的动力学曲线称为过冷奥氏体连续转变动力学曲线，也常称为"CCT"曲线。

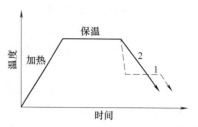

图 2-12　奥氏体不同冷却方式示意图
1—等温冷却；2—连续冷却

奥氏体冷至临界温度以下，处于热力学不稳定状态，经过一定孕育期后，才会发生分解转变。这种在临界点以下存在，尚未转变的处于不稳定状态的奥氏体称为过冷奥氏体。

2.3.1　过冷奥氏体的等温转变曲线

过冷奥氏体转变的温度不同，其转变机理、转变动力学、转变产物及其性能也均不相同，因而研究过冷奥氏体的等温转变，无论在理论上还是实践上都有十分重要的意义。

过冷奥氏体等温转变曲线可综合反映过冷奥氏体在不同过冷度下的等温转变过程：转变开始和转变终了时间、转变产物的类型以及转变量与时间、温度之间的关系等。因其形状通常像英文字母"C"，故俗称其为 C 曲线，亦称为 TTT（Time Temperature Transformation）图。

（1）过冷奥氏体等温转变曲线的建立

由于过冷奥氏体在转变过程中不仅有组织转变和性能变化，而且有体积膨胀和磁性转变，因此可以采用膨胀法、磁性法、金相-硬度法等来测定过冷奥氏体等温转变曲线。现以金相-硬度法为例介绍共析钢过冷奥氏体等温转变曲线的建立过程。

将共析钢加工成圆片状试样（$\Phi 10 \times 1.5mm$），并分成若干组，每组试样 5～10 个。首先选一组试样加热至奥氏体化后，迅速转入 A_1 以下一定温度的盐浴中等温，停留不同时间之后，逐个取出试样，迅速淬入盐水中激冷，使尚未分解的过冷奥氏体变为马氏体，马氏体量即未转变的过冷奥氏体量。这样在金相显微镜下就可观察到过冷奥氏体的等温分解过程，记下过冷奥氏体向其它组织转变开始的时间和转变终了的时间；显然，等温时间不同，转变产物量就不同。一般将奥氏体转变量为 1%～3%（体积分数）所需的时间定为转变开始时间，而把转变量为 98%所需的时间定为转变终了的时间。由一组试样可以测出一个等温温度下转变开始和转变终了的时间，根据需要也可以测出转变量为 20%、50%、70%等的时间。多组试样在不同等温温度下进行试验，将各温度下的转变开始点和终了点都绘在温度-时间坐标系中，并将不同温度下的转变开始点和转变终了点分别连接成曲线，就可以得到共析钢的过冷奥氏体等温转变曲线，如图 2-13 所示。过冷奥氏体直接速冷至 230℃以下，转变为马氏体，这一温度称为马氏体转变开始温度用 M_s 表示。随着温度降低，马氏体量不断增加，直至马氏体转变终止温度 M_f 为止。M_s、M_f 常用磁性法或膨胀法测定。

（2）过冷奥氏体等温转变曲线的分析

图 2-13 中最上面一条水平虚线表示钢的

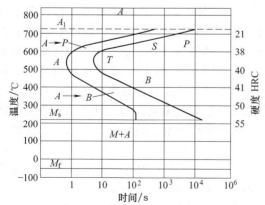

图 2-13　共析钢的过冷奥氏体等温转变曲线

临界点 A_1，即奥氏体与珠光体的平衡温度。图中下方的一条水平线 M_s（230℃）为马氏转变开始温度，M_s 以下还有一条水平线 M_f（−50℃）为马氏体转变终了温度。A_1 与 M_s 线之间有两条 C 曲线，左侧一条为过冷奥氏体转变开始线，右侧一条为过冷奥氏体转变终了线。

在 A_1 温度以下某一确定温度，过冷奥氏体转变开始线与纵坐标之间的水平距离为过冷奥氏体在该温度下的孕育期，孕育期的长短表示过冷奥氏体稳定性的高低。在 A_1 以下，随等温温度降低，孕育期缩短，过冷奥氏体转变速度增大，在 550℃ 左右共析钢的孕育期最短，转变速度最快。此后，随等温温度下降，孕育期又不断增加，转变速度减慢。在孕育期最短的温度区域，C 曲线向左凸，俗称 C 曲线的"鼻子"。过冷奥氏体转变终了线与纵坐标之间的水平距离则表示在不同温度下转变完成所需要的总时间。转变所需的总时间随等温温度的变化规律也和孕育期的变化规律相似。这主要是因为过冷奥氏体的稳定性同时由两个因素控制：一个是旧相与新相之间的自由能差 ΔF；另一个是原子的扩散系数 D。如图 2-14 所示。等温温度越低，过冷度越大，自由能差 ΔF 也越大，则加快过冷奥氏体的转变速度；但原子扩散系数却随等温温度降低而减小，从而减慢过冷奥氏体的转变速度。高温时，自由能差 ΔF 起主导作用；低温时，原子扩散系数起主导作用。处于"鼻尖"温度时，两个因素综合作用的结果，使转变孕育期最短，转变速度最大。

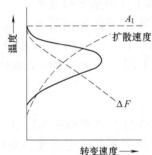

图 2-14　奥氏体的转变速度
与过冷度的关系

A_1 线以上是奥氏体稳定区。过冷奥氏体在 A_1 线以下不同的温度区间内，将发生不同类型的组织转变。在 $A_1\sim$ 550℃ 温度范围内，发生珠光体型转变，转变产物为珠光体型组织；在 550℃$\sim M_s$ 温度范围内，发生贝氏体转变，转变产物为贝氏体；M_s 线至 M_f 线之间的区域为马氏体转变区，过冷奥氏体连续冷却至 M_s 线以下将发生马氏体转变，转变产物为马氏体。A_1 线以下，M_s 线以上以及纵坐标与过冷奥氏体转变开始线之间的区域为过冷奥氏体区，过冷奥氏体在该区域内不发生转变，处于亚稳定状态。

（3）影响过冷奥氏体等温转变的因素

过冷奥氏体等温转变的速度反映过冷奥氏体的稳定性，而过冷奥氏体的稳定性可在 C 曲线上反映出来。因此，凡是影响 C 曲线位置和形状的一切因素都影响过冷奥氏体的等温转变。

① 含碳量的影响　亚共析钢与过共析钢的过冷奥氏体等温转变曲线如图 2-15、图 2-16 所示。与共析钢 C 曲线相比较，曲线形式基本上相同，其差别仅在于在共析钢 C 曲线的左上方多了一条先共析相析出线。过冷奥氏体在发生珠光体转变之前，亚共析钢要先析出铁素体，而过共析钢则要先析出二次渗碳体。将图 2-13、图 2-15、图 2-16 进行比较可看出，随着奥氏体中含碳量的增加，C 曲线逐渐右移，这说明过冷奥氏体的稳定性也增高，愈来愈不容易发生分解。当碳量增到共析成分左右时，奥氏体的稳定性最高。超过共析成分以后，随着含碳量的增加，C 曲线反而逐渐左移，即奥氏体的稳定性减小。另外还可看出，奥氏体中含碳量愈高，M_s 点愈低。

② 合金元素的影响　一般来说，除 Co 和 Al（$w_{Al}>2.5\%$）以外，钢中所有合金元素溶入奥氏体中均增大过冷奥氏体的稳定性，使 C 曲线右移，并使 M_s 点降低。

不形成碳化物的元素 Si、Ni、Cu 等或弱碳化物形成元素 Mn，只改变 C 曲线的位置，不改变 C 曲线的形状。图 2-17 为 Mn 对 $w_C 0.9\%$ 钢 C 曲线的影响。碳化物形成元素如 Cr、

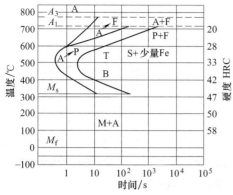

图 2-15　亚共析钢过冷奥氏体等温转变曲线

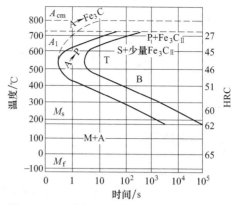

图 2-16　过共析钢过冷奥氏体等温转变曲线

Mo、W、V、Ti 等，当它们溶入奥氏体以后，不仅使 C 曲线的位置右移，而且还改变 C 曲线的形状。使 C 曲线呈上下两个"鼻子"，上部一个"鼻子"的 C 曲线相当于珠光体转变，下部一个"鼻子"的 C 曲线相当于贝氏体转变，中间出现一过冷奥氏体稳定性较大的区域。图 2-18 为 Cr 对 $w_C0.5\%$ 的钢 C 曲线的影响。

另外，Si、Ti、V、Mo、W 等合金元素使珠光体区"鼻子"的温度上升，而 Ni、Mn、Cu 等则使之下降。所有碳化物形成元素均使贝氏体区"鼻子"的温度下降。

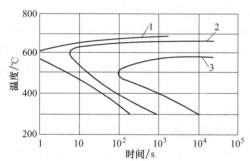

图 2-17　Mn 对 $w_C0.9\%$ 的钢 C 曲线的影响

1—$w_{Mn}0.52\%$；2—$w_{Mn}1.21\%$；3—$w_{Mn}2.86\%$

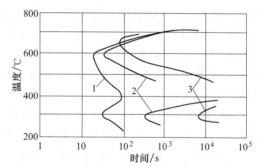

图 2-18　Cr 对 $w_C0.5\%$ 的钢 C 曲线的影响

1—$w_{Cr}2.2\%$；2—$w_{Cr}4.2\%$；3—$w_{Cr}8.2\%$

值得注意的是合金元素只有溶入奥氏体中才会对过冷奥氏体的转变产生重要影响。如碳化物形成元素未溶入奥氏体，不但不会增加过冷奥氏体的稳定性，反而由于存在未溶的碳化物起到非均匀晶核的作用，促进过冷奥氏体的转变，使 C 曲线向左移。

如果钢中同时含有几种合金元素时，其综合作用比单一元素的作用更加复杂。常见合金元素对过冷奥氏体等温转变曲线的形状、位置及 M_s 点的影响可用图 2-19 来概括表示。由图 2-19 可见，虽然碳化物形成元素均延缓珠光体和贝氏体转变，但其中 Cr 和 Mn 对珠光体转变的推迟作用远小于对贝氏体转变的影响，而其它元素的作用则恰好相反。

③ 加热温度和保温时间的影响　奥氏体化温度越高，保温时间越长，则形成的奥氏体晶粒越粗大，成分也越均匀，提高了过冷奥氏体的稳定性，使 C 曲线右移。反之，奥氏体化温度越低，保温时间越短，则奥氏体晶粒越细，未溶第二相越多，奥氏体越不稳定，使 C 曲线左移。

2.3.2　珠光体转变

珠光体转变是过冷奥氏体在临界温度 A_1 以下比较高的温度范围内进行的转变，共析碳

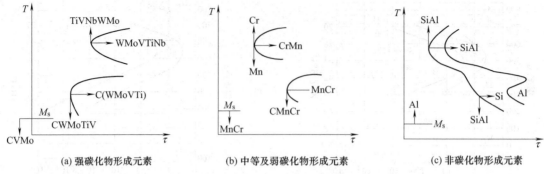

图 2-19 合金元素对过冷奥氏体等温转变曲线的影响

钢约在 $A_1 \sim 550\text{℃}$ 温度之间发生，又称为高温转变。珠光体转变是单相奥氏体分解为铁素体和渗碳体两个新相的机械混合物的相变过程，因此珠光体转变必然发生碳的重新分布和铁的晶格改组。由于相变在较高的温度下进行，铁、碳原子都能进行扩散，所以珠光体转变是典型的扩散型相变。

2.3.2.1 珠光体的组织形态和力学性能

（1）珠光体的组织形态

珠光体是过冷奥氏体在 A_1 以下的共析转变产物，是铁素体和渗碳体两相组成的机械混合物。通常根据渗碳体的形态不同，把珠光体分为片状珠光体、粒状珠光体两种。

① 片状珠光体 片状珠光体中渗碳体呈片状，它是由片层相间的铁素体和渗碳体紧密堆叠而成。若干具有相同位向的铁素体和渗碳体组成的一个晶体群，称为珠光体团（也叫珠光体群或珠光体晶粒）。在一个原奥氏体晶粒内可以形成若干位向不同的珠光体团。

珠光体组织的粗细程度（分散度或弥散度）是随转变温度而不同。这可以用珠光体的片间距（S_0）来表示。片间距的定义是相邻两片渗碳体或铁素体中心之间的距离。

S_0 的大小主要取决于珠光体形成时的过冷度，也就是说它与珠光体的形成温度有关，可用下面的经验公式表示：

$$S_0 = \frac{C}{\Delta T}$$

式中，$C = 8.02 \times 10^4$，$\text{Å} \cdot \text{K}$（$1\text{Å} = 10^{-10}\text{ m}$）；$\Delta T$ 为过冷度，K。过冷度越大，珠光体的形成温度越低，片间距越小。

除此之外，钢中含碳量及合金元素等对片间距也有一定的影响。在亚共析钢中，碳含量的降低会引起片间距的增大，但在过共析钢中，珠光体的片间距却稍小于共析钢。合金元素对片间距也有不同程度的影响。例如 Co、Cr 等，尤其是 Cr 能显著减小珠光体的片间距，而 Ni、Mn 和 Mo 则使片间距增大。这可能和它们对过冷度以及碳的扩散速度等的不同影响有关。

实验证明，奥氏体的晶粒度以及均匀化程度，基本上不影响珠光体的片间距。

根据珠光体片间距的大小，通常把珠光体分为普通珠光体（P）、索氏体（S）和屈氏体（T）。普通珠光体是指在光学显微镜下能清晰分辨出铁素体和渗碳体层片状组织形态的珠光体。它的片间距 S_0 为 $450 \sim 150\text{nm}$，形成于 $A_1 \sim 650\text{℃}$ 温度范围内。索氏体是在 $650 \sim 600\text{℃}$ 范围内形成的珠光体，其片间距较小，为 $150 \sim 80\text{nm}$，只有在高倍的光学显微镜下（放大倍数为 $800 \sim 1500$ 倍时）才能分辨出铁素体和渗碳体的片层形态。屈氏体是在 $600 \sim$

550℃范围内形成的珠光体，其片间距极细，为 80～30nm，在光学显微镜下根本无法分辨其层片状特征，只有在电子显微镜下才能分辨出铁素体和渗碳体的片层形态。上述三种片状珠光体的组织形态如图 2-20 所示。

 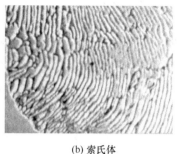 

　　　(a) 珠光体　　　　　　　　　　(b) 索氏体　　　　　　　　　(c) 屈氏体

图 2-20　片状珠光体的组织形态

　　无论珠光体、索氏体还是屈氏体都属于珠光体类型的组织。它们的本质是相同的，都是铁素体和渗碳体组成的片层相间的机械混合物。它们的界限也是相对的，它们之间的差别只是片间距不同而已。只是由于层片的大小不同，也就决定了它们的力学性能各异。

　　② 粒状珠光体　粒状珠光体是渗碳体呈颗粒状、均匀地分布在铁素体基体上的组织，它同样是铁素体与渗碳体的机械混合物，铁素体呈连续分布（如图 2-21 所示）。它一般是经过球化退火得到的或淬火后经中、高温回火得到的。

　　按渗碳体颗粒的大小，粒状珠光体可以分为粗粒状珠光体、粒状珠光体、细粒状珠光体和点状珠光体。

　　(2) 珠光体的力学性能

　　① 片状珠光体的力学性能　片状珠光体的力学性能主要取决于片间距和珠光体团的直径。珠光体的片间距和珠光体团的直径对强度和塑性的影响如图 2-22 和图 2-23 所示。由图可看出，珠光体团的直径和片间距越小，钢的强度和硬度越高。珠光体团和片间距的尺寸愈小，相界面愈大，对位错运动的阻碍也就愈大（亦即对

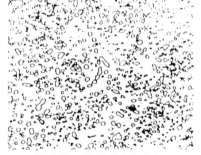

图 2-21　粒状珠光体组织

塑性变形的抗力愈大），因而钢的强度与硬度都增高。当片间距小于 150nm 时，随片间距减小，钢的塑性显著增加。其原因主要是由于渗碳体片很薄时，在外力作用下可以滑移产生塑性变形，也可以产生弯曲。此外，片间距较小时，珠光体中的层片状渗碳体是不连续的，层片状的铁素体并未完全被渗碳体所隔离，因此使塑性提高。

　　值得注意的是，如果钢中的珠光体是在连续冷却过程中形成时，转变产物的片间距大小不等，高温形成的珠光体片间距大，低温形成的珠光体片间距较小。这种片间距不等的珠光体在外力作用下，将引起不均匀的塑性变形，并导致应力集中，从而使钢的强度和塑性都降低。所以，为了获得片间距离均匀一致，强度高的珠光体，应采用等温处理。

　　② 粒状珠光体的力学性能　与片状珠光体相比，在成分相同的情况下，粒状珠光体的强度、硬度稍低，但塑性较好。粒状珠光体硬度、强度稍低的原因是，铁素体与渗碳体的相界面较片状珠光体的少，对位错运动的阻力较小。粒状珠光体的塑性较好，是因为铁素体呈连续分布，渗碳体颗粒均匀地分布在铁素体基体上，位错可以在较大范围内移动，因此，塑性变形量较大。

　　粒状珠光体的可切削性好，对刀具磨损小，冷挤压成型性好，加热淬火时的变形、开裂

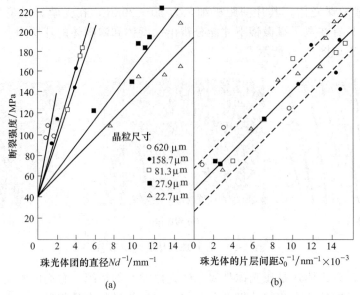

图 2-22　共析钢的珠光体团的直径和片间距对断裂强度的影响

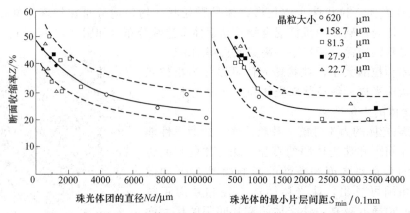

图 2-23　共析钢珠光体团的直径和片间距对断面收缩率的影响

倾向小。因此，高碳钢在机加工和热处理前，常要求先经球化退火处理得到粒状珠光体。而中低碳钢机械加工前，则需正火处理，得到更多的伪珠光体，以提高切削加工性能。低碳钢，在深冲等冷加工前，为了提高塑性变形能力，常需进行球化退火。

　　粒状珠光体的性能主要取决于渗碳体颗粒的大小、形态和分布。一般来说，当钢的化学成分一定时，渗碳体颗粒越细小，钢的强度、硬度越高；渗碳体越接近等轴状，分布越均匀，钢的塑韧性越好。

2.3.2.2　珠光体的形成过程

（1）珠光体形成的热力学条件

　　珠光体相变的驱动力同样来自于新旧两相的体积自由能之差，相变的热力学条件是"要在一定的过冷度下相变才能进行"。

　　奥氏体过冷到 A_1 以下，将发生珠光体转变。发生这种转变，需要一定的过冷度，以提供相变时消耗的化学自由能。由于珠光体转变温度较高，Fe 和 C 原子都能扩散较大距离，珠光体又是在位错等微观缺陷较多的晶界成核，相变需要的自由能较小，所以在较小的过冷度下就可以发生相变。

（2）片状珠光体的形成过程

片状珠光体的形成，同其它相变一样，也是通过形核和长大两个基本过程进行的。

由于珠光体是由两个相组成，因此成核存在领先相的问题，晶核究竟是铁素体还是渗碳体？这个问题争论很久，现已基本清楚，两个相都可能成为领先相。如果奥氏体很均匀，渗碳体或铁素体的核心大多在奥氏体晶界上形成。这是由于晶界上的缺陷多，能量高，原子易于扩散，有利于产生成分、能量和结构起伏，易于满足形核条件。

早期片状珠光体形成机制认为，首先在奥氏体晶界上形成渗碳体核心，核刚形成时可能与奥氏体保持共格关系，为减小形核时的应变能而呈片状，渗碳体晶核就造成了其周围奥氏体的碳浓度显著降低，形成贫碳区，于是，为铁素体的形核创造了有利条件。当贫碳区的碳浓度降低到相当于铁素体的平衡浓度时，就在渗碳体片的两侧形成两小片铁素体。铁素体形成以后随渗碳体一起向前长大，同时也横向长大。铁素体横向长大时，必然使其外侧形成奥氏体的富碳区，这就促进了另一片渗碳体的形成，出现了新的渗碳体片。如此连续进行下去，就形成了许多铁素体-渗碳体相间的片层，如图 2-24。珠光体的横向长大，主要是靠铁素体和渗碳体片不断增多实现的。这时在晶界的其它部分有可能产生新的晶核（渗碳体小片）。当奥氏体中已经形成了片层相间的铁素体与渗碳体的集团，继续长大时，在长大着的珠光体与奥氏体的相界上，也有可能产生新的具有另一长大方向的渗碳体晶核，这时在原始奥氏体中，各种不同取向的珠光体不断长大，而在奥氏体晶界上和珠光体-奥氏体相界上，又不断产生新的晶核，并不断长大，直到长大着的各个珠光体晶群相碰，奥氏体全部转变为珠光体时，珠光体转变结束，得到片状珠光体组织。

由上述珠光体形成过程可知，珠光体形成时，纵向长大是渗碳体片和铁素体片同时连续向奥氏体中延伸；而横向长大是渗碳体片与铁素体片交替堆叠增多。

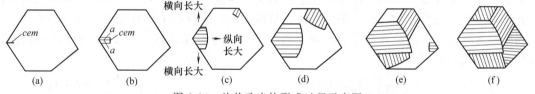

图 2-24　片状珠光体形成过程示意图

实验表明，珠光体形成时，成片形成机制并不是惟一的普遍规律。仔细观察珠光体组织形态发现，珠光体中的渗碳体，有些以产生枝杈的形式长大。渗碳体形核后，在向前长大过程中，不断形成分枝，而铁素体则协调在渗碳体分枝之间不断地形成。这样就形成了渗碳体与铁素体机械混合的片状珠光体。这种珠光体形成的分枝机制可解释珠光体转变中的一些反常现象。

（3）粒状珠光体形成过程

一般情况下奥氏体向珠光体转变总是形成片状，但是在特定的奥氏体化和冷却条件下，也有可能形成粒状珠光体。所谓特定条件是：奥氏体化温度低，保温时间较短，即加热转变未充分进行，此时奥氏体中有许多未溶解的残留碳化物或许多微小的高浓度碳的富集区，其次转变为珠光体的等温温度要高，等温时间要足够长，或冷却速度极慢，这样可能使渗碳体成为颗粒（球）状，即获得粒状珠光体。

粒状珠光体的形成与片状珠光体的形成情况基本相同，也是一个形核及长大的过程，不过这时的晶核主要来源于非自发晶核。在共析和过共析钢中，粒状珠光体的形成是以未溶解的渗碳体质点作为相变的晶核，它按球状的形式长大，成为铁素体基体上均匀分布粒状渗碳体的粒状珠光体组织。

　　粒状珠光体中的粒状渗碳体，通常是通过渗碳体球状化获得的。根据胶态平衡理论，第二相颗粒的溶解度与其曲率半径有关。靠近非球状渗碳体的尖角处（曲率半径小的部分）的固溶体具有较高的碳浓度，而靠近平面处（曲率半径大的部分）的固溶体具有较低的碳浓度，这就引起了碳的扩散，因而打破了碳浓度的胶态平衡。结果导致尖角处的渗碳体溶解，而在平面处析出渗碳体（为了保持碳浓度的平衡）。如此不断进行，最终形成各处曲率半径相近的球状渗碳体。

2.3.3 马氏体转变

　　钢从奥氏体状态快速冷却，抑制其扩散性分解，在较低温度下（低于 M_s 点）发生的转变为马氏体转变。马氏体转变属于低温转变，转变产物为马氏体组织。钢中马氏体是碳在 α-Fe 中的过饱和固溶体，具有很高的强度和硬度。马氏体转变是钢件热处理强化的主要手段。由于马氏体转变发生在较低温度下，此时，铁原子和碳原子都不能进行扩散，马氏体转变过程中的 Fe 的晶格改组是通过切变方式完成的，因此，马氏体转变是典型的非扩散型相变。

　　（1）马氏体的组织形态和晶体结构

　　研究表明，马氏体的组织形态有多种多样，其中板条马氏体和片状马氏体最为常见。

　　① 板条马氏体　板条马氏体是低、中碳钢及马氏体时效钢、不锈钢等铁基合金中形成的一种典型马氏体组织。图 2-25 是低碳钢中的板条马氏体组织，是由许多成群的、相互平行排列的板条所组成，故称为板条马氏体。

　　板条马氏体的空间形态是扁条状的。每个板条为一个单晶体，一个板条的尺寸约为 $0.5\mu m \times 5\mu m \times 20\mu m$，它们之间一般以小角晶界相间。相邻的板条之间往往存在厚度为 10～20nm 的薄壳状的残余奥氏体，残余奥氏体的含碳量较高，也很稳定，它们的存在对钢的力学性能产生有益的影响。许多相互平行的板条组成一个板条束，一个奥氏体晶粒内可以有几个板条束（通常 3～5 个）。采用选择性浸蚀时在一个板条束内有时可以观察到若干个黑白相间的板条块，块间呈大角晶界，每个板条块由若干板条组成。图 2-26 为板条马氏体显微组织构成的示意图。

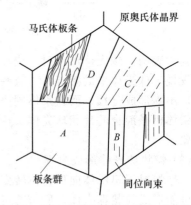

图 2-25　20CrMnTi 钢的淬火组织，板条马氏体
（1150℃加热，水淬）（400×）

图 2-26　板条马氏体显微组织构成示意图

　　板条马氏体的亚结构主要为高密度的位错，位错密度高达 $(0.3～0.9)\times 10^{12}\,cm^{-2}$，故又称为位错马氏体。这些位错分布不均，相互缠结，形成胞状亚结构，称为位错胞。

　　② 片状马氏体　片状马氏体是在中、高碳钢及 $w_{Ni} > 29\%$ 的 Fe、Ni 合金中形成的一种典型马氏体组织。高碳钢中典型的片状马氏体组织见图 2-27。

　　片状马氏体的空间形态呈双凸透镜状，由于与试样磨面相截，在光学显微镜下则呈针状或竹叶状，故又称为针状马氏体。如果试样磨面恰好与马氏体片平行相切，也可以看到马氏体的片状形态。马氏体片之间互不平行，呈一定角度分布。在原奥氏体晶粒中首先形成的马氏体片贯穿整个晶粒，但一般不穿过晶界，将奥氏体晶粒分割。以后陆续形成的马氏体片由于受到限制而越来越小，如图 2-28 所示。马氏体片的周围往往存在着残余奥氏体。片状马氏体的最大尺寸取决于原始奥氏体晶粒大小，奥氏体晶粒越粗大，则马氏体片越大，当最大尺寸的马氏体片小到光学显微镜无法分辨时，便称为隐晶马氏体。在生产中正常淬火得到的马氏体，一般都是隐晶马氏体。

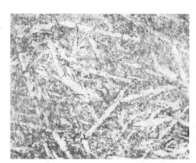

图 2-27　高碳钢的片状马氏体组织（500×）

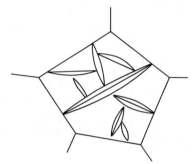

图 2-28　片状马氏体显微组织示意图

片状马氏体内部的亚结构主要是孪晶。孪晶间距为 5～10nm，因此片状马氏体又称为孪晶马氏体。但孪晶仅存在于马氏体片的中部，在片的边缘则为复杂的位错网络。片状马氏体的另一重大特点，就是存在大量显微裂纹。这些显微裂纹是由于马氏体高速形成时互相撞击，或马氏体与晶界撞击造成的。马氏体片越大，显微裂纹就越多。显微裂纹的存在增加了高碳钢的脆性。

③ 影响马氏体形态的因素　实验证明，钢的马氏体形态主要取决于马氏体的形成温度，而马氏体的形成温度又主要取决于奥氏体的化学成分，即碳和合金元素的含量。其中碳的影响最大。对碳钢来说，随着含碳量的增加，板条马氏体数量相对减少，片状马氏体的数量相对增加，奥氏体的含碳量对马氏体形态的影响如图 2-29 所示。由图可见，含碳量小于 0.2% 的奥氏体几乎全部形成板条马氏体，而含碳量大于 1.0% 的奥氏体几乎只形成片状马氏体。含碳量为 0.2%～1.0% 的奥氏体则形成板条马氏体和片状马氏体的混合组织。

一般认为板条马氏体大多在 200℃ 以上形成，片状马氏体主要在 200℃ 以下形成。含碳量为 0.2%～1.0% 的奥氏体在马氏体区较高温度先形成板条马氏体，然后在较低温度形成片状马氏体。碳浓度越高，则板条马氏体的数量越少，而片状马氏体的数量越多。

溶入奥氏体中的合金元素除 Co、Al 外，大多数都使 M_s 点下降，因而都促进片状马氏体的形成。Co 虽然提高 M_s 点，但也促进片状马氏体的形成。

如果在 M_s 点以上不太高的温度下进行塑性变形，将会显著增加板条马氏体的数量。

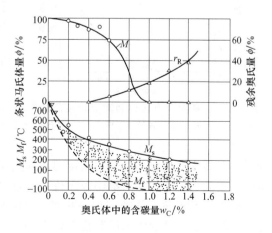

图 2-29　奥氏体的含碳量对马氏体形态的影响

④ 马氏体的晶体结构 根据 X 射线结构分析，奥氏体转变为马氏体时，只有晶格改组而没有成分变化，在钢的奥氏体中固溶的碳全部被保留到马氏体晶格中，形成了碳在 α-Fe 中的过饱和固溶体。碳分布在 α-Fe 体心立方晶格的 c 轴上，引起 c 轴伸长，a 轴缩短，使 α-Fe 体心立方晶格发生正方畸变。因此，马氏体具有体心正方结构，如图 2-30 所示。轴比 c/a 称为马氏体的正方度。随含碳量增加，晶格常数 c 增加，a 略有减小，马氏体的正方度则不断增大。c、a 和 c/a 与钢中的含碳量呈线性关系，如图 2-31 所示。合金元素对马氏体的正方度影响不大。由于马氏体的正方度取决于马氏体的含碳量，故马氏体的正方度可用来表示马氏体中碳的过饱和程度。

一般来说，含碳量低于 0.25% 的板条马氏体的正方度很小，$c/a \approx 1$，为体心立方晶格。

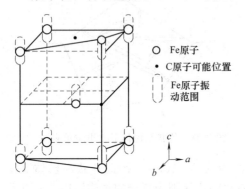

图 2-30 马氏体的体心正方晶格示意图

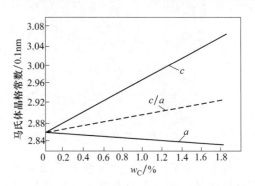

图 2-31 马氏体的晶格常数与含碳量的关系

（2）马氏体的性能

① 马氏体的硬度和强度 钢中马氏体力学性能的显著特点是具有高硬度和高强度。马氏体的硬度主要取决于马氏体的含碳量。如图 2-32 所示，马氏体的硬度随含碳量的增加而升高，当含碳量达到 0.6% 时，淬火钢硬度接近最大值，含碳量进一步增加，虽然马氏体的硬度会有所提高，但由于残余奥氏体数量增加，反而使钢的硬度有所下降。合金元素对马氏体的硬度影响不大，但可以提高其强度。

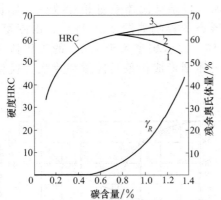

图 2-32 含碳量对马氏体和淬火钢硬度的影响
1—高于 A_{c3} 淬火；2—高于 A_{c1} 淬火；3—马氏体硬度

马氏体具有高硬度、高强度的原因是多方面的，其中主要包括固溶强化、相变强化、时效强化以及晶界强化等。

a. 固溶强化 首先是碳对马氏体的固溶强化。过饱和的间隙原子碳在 α 相晶格中造成晶格的正方畸变，形成一个强烈的应力场，该应力场与位错发生强烈的交互作用，阻碍位错的运动，从而提高马氏体的硬度和强度。

b. 相变强化 其次是相变强化。马氏体转变时，在晶体内造成晶格缺陷密度很高的亚结构，如板条马氏体中高密度的位错、片状马氏体中的孪晶等，这些缺陷都将阻碍位错的运动，使得马氏体强化。这就是所谓的相变强化。实验证明，无碳马氏体的屈服强度约为 284MPa，此值与形变强化铁素体的屈服强度很接近，而退火状态铁素体的屈服强度仅为 98～137MPa，这就是说相变强化使屈服强度提高了 147～186MPa。

c. 时效强化　时效强化也是一个重要的强化因素。马氏体形成以后，由于一般钢的 M_s 点大都处在室温以上，因此在淬火过程中及在室温停留时，或在外力作用下，都会发生"自回火"。即碳原子和合金元素的原子向位错及其它晶体缺陷处扩散偏聚或碳化物的弥散析出，钉轧位错，使位错难以运动，从而造成马氏体时效强化。

d. 原始奥氏体晶粒大小及板条马氏体束大小对马氏体强度的影响　原始奥氏体晶粒大小及板条马氏体束的尺寸对马氏体的强度也有一定的影响。原始奥氏体晶粒越细小、马氏体板条束越小，则马氏体强度越高。这是由于相界面阻碍位错的运动造成的马氏体强化。

② 马氏体的塑性和韧性　马氏体的塑性和韧性主要取决于马氏体的亚结构。片状马氏体具有高强度、高硬度，但韧性很差，其特点是硬而脆。在具有相同屈服强度的条件下，板条马氏体比片状马氏体的韧性好得多，即在具有较高强度、硬度的同时，还具有相当高的塑性和韧性。

其原因是由于在片状马氏体中孪晶亚结构的存在大大减少了有效滑移系；同时在回火时，碳化物沿孪晶面不均匀析出使脆性增大；此外，片状马氏体中含碳量高，晶格畸变大，淬火应力大，以及存在大量的显微裂纹也是其韧性差的原因。而板条马氏体中含碳量低，可以发生"自回火"，且碳化物分布均匀；其次是胞状位错亚结构中位错分布不均匀，存在低密度位错区，为位错提供了活动余地，位错的运动能缓和局部应力集中而对韧性有利；此外，淬火应力小，不存在显微裂纹，裂纹通过马氏体条也不易扩展，因此，板条马氏体具有很高的强度和良好的韧性，同时还具有脆性转折温度低、缺口敏感性和过载敏感性小等优点。

综上所述，马氏体的力学性能主要取决于含碳量、组织形态和内部亚结构。板条马氏体具有优良的强韧性，片状马氏体的硬度高，但塑性、韧性很差。通过热处理可以改变马氏体的形态，增加板条马氏体的相对数量，从而可显著提高钢的强韧性，这是一条充分发挥钢材潜力的有效途径。

③ 马氏体的物理性能　在钢的各种组织中，马氏体的比体积最大，奥氏体的比体积最小。$w_C=0.2\%\sim1.44\%$ 的奥氏体的比体积为 $0.12227cm^3/g$，而马氏体的比体积为 $0.12708\sim0.13061cm^3/g$。这是钢淬火时产生淬火应力，导致变形、开裂的主要原因。随着含碳量的增加，珠光体和马氏体的比体积差增大，当含碳量由 0.4% 增加到 0.8%，淬火时钢的体积增加 $1.13\%\sim1.2\%$。

马氏体具有铁磁性和高的矫顽力，磁饱和强度随马氏体中碳及合金元素含量的增加而下降。

由于马氏体是碳在 $\alpha\text{-}Fe$ 中的过饱和固溶体，故其电阻比奥氏体和珠光体的高。

（3）马氏体转变的特点

马氏体转变，相对珠光体转变来说，是在较低的温度区域进行的，因而具有一系列特点，其中主要特点如下。

① 马氏体转变属于无扩散型转变，转变进行时，只有点阵作有规则的重构，而新相与母相并无成分的变化。

② 马氏体形成时在试样表面将出现浮凸现象，如图 2-33。这表明马氏体的形成是以切变方式实现的，即由产生宏观变形的切变和不产生宏观变形的切变来完成的。同时马氏体和母相奥氏体之间的界面保持切变共格关系，即在界面上的原子是属于新相和母相共有，而且整个相界面是互相牵制的。这种以切变维持的共格关系也称为第二类共格关系（区别于以正应力维持的第一类共格关系）。

③ 马氏体转变的晶体学特点，是新相与母相之间保持着一定的位向关系。在钢中已观

图 2-33 马氏体的表面浮凸 (650×)

察到的有 K-S 关系、西山关系与 C-T 关系。马氏体是在母相奥氏体点阵的某一晶面上形成的,马氏体的平面或界面常常和母相的某一晶面接近平行,这个面称为惯习面。钢中马氏体的惯习面近于 $\{111\}_A$、$\{225\}_A$ 和 $\{259\}_A$。由于惯习面的不同,常常造成马氏体组织形态的不同。

④ 马氏体转变是在一定温度范围内完成的,马氏体的形成量是温度或时间的函数。在一般合金中,马氏体转变开始后,必须继续降低温度,才能使转变继续进行,如果中断冷却,转变便告停止。但在有些合金中,马氏体转变也可以在等温条件下进行,即转变时间的延长使马氏体转变量增多。在通常冷却条件下马氏体转变开始温度 M_s 与冷却速度无关。当冷却到某一温度以下,马氏体转变不再进行,此即马氏体转变终了温度,也称 M_f 点。

⑤ 在通常情况下,马氏体转变不能进行到底,也就是说当冷却到 M_f 点温度后还不能获得 100% 的马氏体,而在组织中保留有一定数量的未转变的奥氏体,称之为残余奥氏体。淬火后钢中残余奥氏体量的多少,和 $M_s \sim M_f$ 点温度范围与室温的相对位置有直接关系,并且和淬火时的冷却速度以及冷却过程中是否停顿等因素有关。

⑥ 奥氏体在冷却过程中如在某一温度以下缓冷或中断冷却,常使随后冷却时的马氏体转变量减少,这一现象称为奥氏体的热稳定化。能引起热稳定化的温度上限称为 M_c 点,高于此点,缓冷或中断冷却不引起奥氏体的热稳定化。

⑦ 在某些铁系合金中发现,奥氏体冷却转变为马氏体后,当重新加热时,已形成的马氏体可以逆转变为奥氏体。这种马氏体转变的可逆性,也称逆转变。通常用 A_s 表示逆转变开始点,A_f 表示逆转变终了点。

2.3.4 贝氏体转变

贝氏体转变是过冷奥氏体在介于珠光体转变和马氏体转变温度区间之间的一种转变,又称为中温转变。贝氏体,尤其是下贝氏体组织具有良好的综合力学性能,故生产中常将钢奥氏体化后过冷至中温转变区等温停留,使之获得贝氏体组织,这种热处理工艺称为贝氏体等温淬火。对于有些钢来说,也可在奥氏体化后以适当的冷却速度(通常是空冷)进行连续冷却来获得贝氏体组织。采用等温淬火或连续冷却淬火获得贝氏体组织后,除了可使钢得到良好的综合力学性能外,还可在较大程度上减少一般淬火(得到马氏体组织)产生的工件变形和开裂倾向。因此,研究贝氏体转变及其在生产实践中的应用,对于改善钢的强韧性,促进热处理理论和工艺的发展均有重要的现实意义。

贝氏体转变兼有珠光体转变和马氏体转变的某些特性。转变产物贝氏体是含碳过饱和的铁素体和碳化物组成的机械混合物。根据形成温度不同,贝氏体主要分为上贝氏体和下贝氏体两类,由于下贝氏体具有优良的综合力学性能,故在生产中得到广泛的应用。

(1) 贝氏体的组织形态

钢中典型的贝氏体组织有上贝氏体和下贝氏体两种。此外,由于化学成分和形成温度不同,还有粒状贝氏体等多种组织形态。

① 上贝氏体 上贝氏体形成于贝氏体转变区较高温度范围内,中、高碳钢在 350～550℃ 之间形成。钢中的上贝氏体由成束分布、平行排列的铁素体和夹于其间的断续的呈粒

状或条状的渗碳体所组成。在中、高碳钢中，当上贝氏体形成量不多时，在光学显微镜下可以观察到成束排列的铁素体条自奥氏体晶界平行伸向晶内，具有羽毛状特征，条间的渗碳体分辨不清，见图 2-34 （a）。在电子显微镜下可以清楚地看到在平行的条状铁素体之间常存在断续的、粗条状的渗碳体，见图 2-34 （b）。上贝氏体中铁素体的亚结构是位错，其分布密度为 $10^8 \sim 10^9 \text{cm}^{-2}$，比板条马氏体低 2～3 个数量级。随着形成温度降低，位错密度增大。

 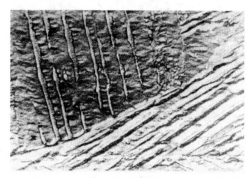

(a) 金相显微组织　　　　　　　　　　　　　　(b) 电子显微组织

图 2-34　上贝氏体的显微组织

上贝氏体组织的形态往往因钢的成分和形成温度不同而有所变化，一般情况下，随含碳量的增加，上贝氏体中的铁素体条增多、变薄，渗碳体数量亦增多、变细，并由粒状变到短杆状，甚至不仅分布于铁素体板条之间，而且还可能分布于铁素体板条内部。随转变温度降低，上贝氏体中铁素体条变薄，且渗碳体变得更为细密。

在上贝氏体中的铁素体条间还可能存在未转变的残余奥氏体。尤其是当钢中含有 Si、Al 等元素时，由于 Si、Al 能使奥氏体的稳定性增加，抑制渗碳体析出，故使残余奥氏体的数量增多。

② 下贝氏体　下贝氏体形成于贝氏体转变区的较低温度范围，中、高碳钢约为 $350℃ \sim M_s$ 之间。典型的下贝氏体是由含碳过饱和的片状铁素体和其内部沉淀的碳化物组成的机械混合物。下贝氏体的空间形态呈双凸透镜状，与试样磨面相交呈片状或针状。在光学显微镜下，当转变量不多时，下贝氏体呈黑色针状或竹叶状，针与针之间呈一定角度，见图 2-35 （a）。下贝氏体可以在奥氏体晶界上形成，但更多的是在奥氏体晶粒内部形成。在电子显微镜下可以观察到下贝氏体中碳化物的形态，它们细小、弥散，呈粒状或短条状，沿着与铁素体长轴成 $55° \sim 65°$ 角取向平行排列，见图 2-35 （b）。下贝氏体中铁素体的亚结构为高密度位错，其位错密度比上贝氏体中铁素体的高，没有孪晶亚结构存在。下贝氏体的铁素体内含有过饱和的碳，其固溶量比上贝氏体高，并随形成温度降低而增大。

③ 粒状贝氏体　粒状贝氏体是近年来在一些低碳或中碳合金钢中发现的一种贝氏体组织。粒状贝氏体形成于上贝氏体转变区上限温度范围内。粒状贝氏体的组织如图 2-36 所示。其组织特征是在粗大的块状或针状铁素体内或晶界上分布着一些孤立的小岛，小岛形态呈粒状或长条状等，很不规则。这些小岛在高温下原是富碳的奥氏体区，其后的转变可有三种情况：a. 分解为铁素体和碳化物，形成珠光体；b. 发生马氏体转变；c. 富碳的奥氏体全部保留下来。初步研究认为，粒状贝氏体中铁素体的亚结构为位错，但其密度不大。

大多数结构钢，不管是连续冷却还是等温冷却，只要冷却过程控制在一定温度范围内，都可以形成粒状贝氏体。

(a) 金相显微组织   (b)电子显微组织

图 2-35 下贝氏体的显微组织

（2）贝氏体的力学性能

贝氏体的力学性能主要取决于其组织形态。由于上贝氏体的形成温度较高，铁素体条粗大，碳的过饱和度低，因而强度和硬度较低。另外，碳化物颗粒粗大，且呈断续条状分布于铁素体条间，铁素体条和碳化物的分布具有明显的方向性，这种组织状态使铁素体条间易于产生脆断，同时铁素体条本身也可能成为裂纹扩展的路径，所以上贝氏体的冲击韧性较低。越是靠近贝氏体区上限温度形成的上贝氏体，韧性越差，强度越低。因此，在工程材料中一般应避免上贝氏体组织的形成。

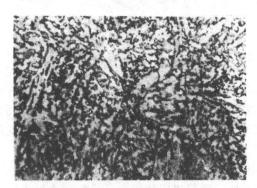

图 2-36 粒状贝氏体的显微组织

下贝氏体中铁素体针细小，分布均匀，在铁素体内又沉淀析出大量细小、弥散的碳化物，而且铁素体内含有过饱和的碳及较高密度的位错，因此下贝氏体不但强度高，而且韧性也好，即具有良好的综合力学性能，缺口敏感性和韧脆转变温度都较低，是一种理想的组织。生产中广泛采用的等温淬火工艺就是为了得到这种强、韧结合的下贝氏体组织。

粒状贝氏体组织中，在颗粒状或针状铁素体基体中分布着许多小岛，这些小岛无论是残余奥氏体、马氏体，还是奥氏体的分解产物都可以起到第二相强化作用。所以粒状贝氏体具有较好的强韧性，在生产中已经得到应用。

（3）贝氏体转变的特点

由于贝氏体转变发生在珠光体与马氏体转变之间的中温区，铁和合金元素的原子已难以进行扩散，但碳原子还具有一定的扩散能力。这就决定了贝氏体转变兼有珠光体转变和马氏体转变的某些特点。与珠光体转变相似，贝氏体转变过程中发生碳在铁素体中的扩散；与马氏体转变相似，奥氏体向铁素体的晶格改组是通过共格切变方式进行的。因此，贝氏体转变是一个有碳原子扩散的共格切变过程。

贝氏体的转变包括铁素体的成长与碳化物的析出两个基本过程，它们决定了贝氏体中两个基本组成相的形态、分布和尺寸。上贝氏体和下贝氏体的形成过程如图 2-37 所示。

在上贝氏体的形成温度范围内，首先在奥氏体晶界上或晶界附近的贫碳区形成铁素体晶核，并成排地向奥氏体晶粒内长大。与此同时，条状铁素体前沿的碳原子不断向两侧扩散，而且铁素体中多余的碳也将通过扩散向两侧的相界面移动。由于碳在铁素体中的扩散速度大于在奥氏体中的扩散速度，因而在温度较低的情况下，碳在奥氏体的晶界处就发生富集。当碳浓度富集到一定程度时，便在铁素体条间沉淀析出渗碳体，从而得到典型的上贝氏体组织〔见图 2-37（a）〕。

在下贝氏体形成温度范围内，由于转变温度低，首先在奥氏体晶界或晶内的某些贫碳区，形成铁素体晶核，并按切变共格方式长大，成片状或透镜状。由于转变温度低，碳原子在奥氏体中的扩散很困难，很难迁移至晶界。而碳在铁素体中的扩散仍可进行。因此与铁素体共格长大的同时，碳原子只能在铁素体的某些亚晶界或晶面上聚集，进而沉淀析出细片状的碳化物。在一片铁素体长大的同时，其它方向上铁素体也会形成。从而得到典型的下贝氏体组织〔见图 2-37（b）〕。

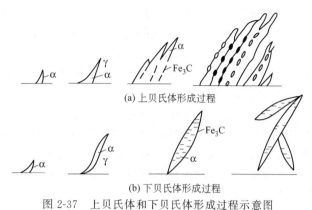

(a) 上贝氏体形成过程

(b) 下贝氏体形成过程

图 2-37　上贝氏体和下贝氏体形成过程示意图

（4）魏氏组织的形成

在实际生产中，含碳量小于 0.6％的亚共析钢和含碳量大于 1.2％的过共析钢在铸造、热轧、锻造后的空冷，焊缝或热影响区空冷，或者高温较快冷却时，先共析的铁素体或者先共析渗碳体便沿着奥氏体的一定晶面呈针片状析出，由晶界插入晶粒内部。在金相显微镜下可以观察到从奥氏体晶界生长出来的近于平行的或其它规则排列的针状铁素体或渗碳体以及其间存在的珠光体组织，这种组织称为魏氏组织，如图 2-38 所示。前者称为铁素体魏氏组织〔图 2-38（a）〕，后者称为渗碳体魏氏组织〔图2-38（b）〕。

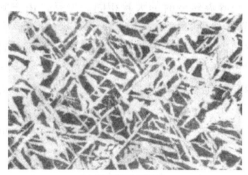

(a) 铁素体魏氏组织

(b) 渗碳体魏氏组织

图 2-38　铁素体魏氏组织和渗碳体魏氏组织

魏氏组织中铁素体是按切变机制形成的，与贝氏体中铁素体形成机制相似，在试样表面上也会出现浮凸现象。由于铁素体是在较快冷却速度下形成的，因此铁素体只能沿奥氏体某一特定晶面（惯习面 $\{111\}_A$）析出，并与母相奥氏体存在晶体学位向关系（K-S 关系）。这种针状铁素体可以从奥氏体中直接析出，也可以沿奥氏体晶界首先析出网状铁素体，然后再从网状铁素体平行地向晶内长大。当魏氏组织中的铁素体形成时，铁素体中的碳扩散到两侧母相奥氏体中，从而使铁素体针之间的奥氏体碳含量不断增加，最终转变为珠光体。按贝氏体转变机制形成的魏氏组织，其铁素体实际上就是无碳贝氏体。

魏氏组织的形成与钢中含碳量、奥氏体晶粒大小及冷却速度有关。只有在较快的冷速和一定碳含量范围内才能形成魏氏组织。对细晶粒奥氏体来说，只有含 0.15%～0.35%C 的钢在较快的冷速下（大于 150℃/s）才能形成魏氏铁素体，并随冷速增大，使该形成区向碳含量低的方向移动；对粗晶粒奥氏体来说，在相当小的冷速下就会形成魏氏铁素体，同时该形成区向碳含量高的方向扩展。可见，奥氏体晶粒越粗大，越容易形成魏氏组织，形成魏氏组织的含碳量范围变宽。因此魏氏组织通常伴随奥氏体粗晶组织出现。

魏氏组织是钢的一种过热缺陷组织，它使钢的力学性能，特别是冲击韧度和塑性有显著降低，并提高钢的韧脆转变温度，因而使钢容易发生脆性断裂。所以比较重要的工件都要对魏氏组织进行金相检验和评级。

但是，一些研究指出，只有当奥氏体晶粒粗化，出现粗大的铁素体或渗碳体魏氏组织并严重切割基体时，才使钢的强度和冲击韧度降低。而当奥氏体晶粒比较细小时，即使存在少量针状的铁素体魏氏组织，并不显著影响钢的力学性能。这是由于魏氏组织中的铁素体有较细的亚结构、较高的位错密度所致。因此所说的魏氏组织降低钢的力学性能总是和奥氏体粗化联系在一起的。

当钢或铸钢中出现魏氏组织降低其力学性能时，首先应当考虑是否由于加热温度过高，使奥氏体晶粒粗化造成的。对易出现魏氏组织的钢材可以通过控制轧制、降低终锻温度、控制锻（轧）后的冷却速度或者改变热处理工艺，例如通过细化晶粒的调质、正火、退火、等温淬火等工艺来防止或消除魏氏组织。

2.3.5 过冷奥氏体的连续冷却转变曲线

前面介绍了过冷奥氏体的等温转变曲线，但在实际热处理中，除了少部分采用等温转变（如等温淬火、等温退火等）以外，许多热处理工艺是在连续冷却过程中完成的，如炉冷退火、空冷正火、水冷淬火等。在连续冷却时，钢中的过冷奥氏体是在不断的降温过程中发生转变的，过冷奥氏体同样能进行等温转变时所发生的几种转变，即：珠光体转变、贝氏体转变和马氏体转变等，而且各个转变的温度区域也与等温转变时的大致相同。但是，由于它是在一个温度范围内发生的转变，几种转变往往是重叠的，转变产物常常是不均匀的混合组织。而且，冷却速度不同，可能发生的转变也不同，各种转变的相对量也不同，因而得到的组织和性能也不同。过冷奥氏体等温转变的规律可以用 C 曲线来表示。同样，连续冷却转变的规律也可以用另一种 C 曲线表示出来，这就是"连续冷却 C 曲线"，也叫做"热动力学曲线"。根据其英文名称，又称为"CCT（Continuous Cooling Transformation）曲线"。它反映了在连续冷却条件下过冷奥氏体的转变规律，是分析转变产物组织与性能的依据，也是制订热处理工艺的重要参考资料。

（1）过冷奥氏体连续冷却转变曲线的建立

和测定 C 曲线的方法相同，一般也采用膨胀法或金相-硬度法等来测定 CCT 曲线。在测定时，首先选定一组具有不同冷却速度的方法，然后将欲测试样加热奥氏体化，并以各种冷却速度进行冷却，同时测出冷却过程中的转变开始点和转变终了点。将这些点画在温度-时间半对数坐标系中，并将转变开始点和转变终了点分别连在一起。以金相-硬度法为例，试样在规定温度奥氏体化后，以选定的冷却方式冷却。在冷却过程中要连续测温。在连续冷却中途的不同时期，分别取出一组试样用盐水急冷，以终止其中的分解转变过程。然后测定硬度并观察金相组织，以确定在各种冷速下连续冷却时的转变开始点和转变终了点，将其绘制成 CCT 曲线。但这种方法耗时长，所需试样数量太多。目前多采用膨胀法，将试样奥氏体化后，以不同速度冷却，并把冷却过程中相变引起的长度变化放大并自动记录下来，最后绘制成 CCT 曲线。必要时可配合以金相观察与硬度测定。

（2）过冷奥氏体连续冷却转变曲线的分析

共析钢的连续冷却曲线如图 2-39 所示。由图可看出，它只有珠光体转变区和马氏体转变区，没有贝氏体转变区。珠光体转变区由三条曲线构成，左边一条是转变开始线，右边一条是转变终了线，两条曲线下面的连线是转变中止线。马氏体转变区则由两条曲线构成；一条是温度上限 M_s线，另一条是冷速下线 V'_k。图中六条曲线表示不同的冷却速度。当冷却速度 $V<V'_k$时，冷却曲线与珠光体转变开始线相交便发生 A→P，与珠光体转变终了线相交时，转变便告结束，形成全部的珠光体。当冷速 $V'_k<V<V_k$时，冷却曲线只与珠光体转变开始线相交，而不再与转变终了线相交，但会与珠光体转变中止线相交，这时奥氏体只有一部分转变为珠光体，冷却曲线一旦与珠光体转变中止线相交就不再发生转变，只有一直冷却到 M_s线以下才发生马氏体转变。并且随着冷速 V的增大，珠光体转变量越来越少，而马氏体量越来越

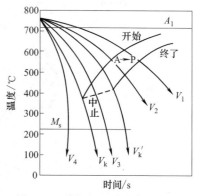

图 2-39　共析钢连续冷却 C 曲线

多。当冷速 $V>V_k$时，冷却曲线不再与珠光体转变开始线相交，即不发生 A→P，而全部过冷到马氏体区，只发生马氏体转变。此后再增大冷速，转变情况不再发生变化。由上面分析可见，V_k是保证过冷奥氏体在连续冷却过程中不发生分解而全部过冷到 M_s线以下转变为马氏体的最小冷却速度，称为"上临界冷却速度"或"淬火临界冷却速度"。V'_k则是保证过冷奥氏体在连续冷却过程中全部发生珠光体转变而不发生马氏体转变的最大冷却速度，称为"下临界冷却速度"。

在某些 CCT 曲线中，还详细标注了每种冷速下的组织转变量和最终组织的硬度值。由此可见，CCT 曲线系统地描述了过冷奥氏体在连续冷却条件下组织转变过程，揭示了冷却速度、转变产物和性能之间的关系。

图 2-40、图 2-41 为亚共析钢和过共析钢连续冷却转变曲线。图中 F、P、B、M 分别代表铁素体、珠光体、贝氏体及马氏体区域。各条冷却曲线与不同转变的终了线相交处的数字，表示过冷奥氏体已转变为其它产物的百分数，例如图 2-40 中，最右边的冷却曲线与珠光体转变开始线（相当于先共析铁素体析出结束）相交处的数字 45，表示过冷奥氏体已有45％转变为先共析铁素体，而与转变终了线相交处的数字 55，则表示剩余过冷奥氏体又有55％转变为珠光体（二者之和为 100％，说明过冷奥氏体这时已全部转变完了）。在各条冷却曲线下端的数字，代表最终组织的布氏硬度。

亚共析钢的过冷奥氏体连续冷却转变曲线与共析钢的连续冷却转变曲线相比有较大差别。亚共析钢的过冷奥氏体连续冷却转变曲线中出现了铁素体析出区，随着冷速的增大，铁素体析出量越来越少直至为零。亚共析钢的奥氏体在一定冷速范围内连续冷却时，可以形成贝氏体。在贝氏体转变区，出现线右端向下倾斜的现象，这是由于亚共析钢中析出铁素体后，使未转变的奥氏体中碳含量有所增高，以致 M_s温度下降。当冷却速度小于下临界冷却速度时，奥氏体中只析出铁素体和发生珠光体转变，不发生贝氏体和马氏体转变。当冷却速度大于上临界冷却速度时，奥氏体中只发生马氏体转变。当冷却速度处于上、下临界冷却速度之间时，冷却曲线先后穿过四个区域，最后得到铁素体、珠光体、贝氏体和马氏体的混合组织。

过共析钢的过冷奥氏体连续冷却转变曲线与共析钢的连续冷却转变曲线很相似，也无贝氏体转变区。不同之处在于：一是它有先共析渗碳体析出区；二是 M_s线右端有所升高，这

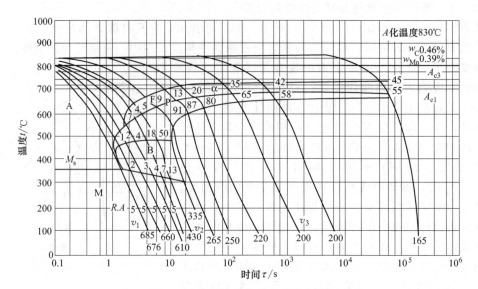

图 2-40　亚共析钢连续冷却 C 曲线

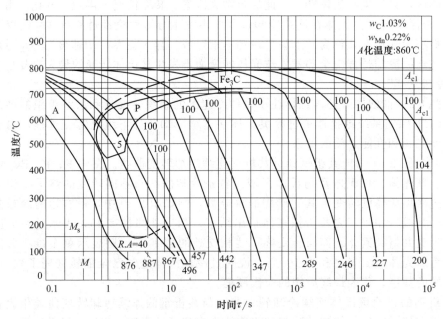

图 2-41　过共析钢连续冷却 C 曲线

是由于过共析钢的奥氏体在以较慢速度冷却时，在发生马氏体转变之前，有先共析渗碳体析出，使周围奥氏体贫碳造成的。

各种不同成分钢种的 CCT 曲线可参阅有关的专著。合金元素对连续冷却转变曲线的影响规律与其对等温转变曲线的影响规律基本相似。

（3）过冷奥氏体连续冷却转变曲线与等温转变曲线的比较

连续冷却过程可以看成是由许多个在不同温度下的微小的等温过程组成，在经过每一个温度时都停留一个微小时间，连续冷却转变就是这些微小等温过程孕育、发生和发展的。所以说等温转变是连续冷却转变的基础。由于连续冷却转变曲线和等温转变曲线均采用"温度-时间"半对数坐标，因此可以将两类曲线叠绘在相同的坐标轴上加以比较。

图 2-42 是共析钢连续冷却转变曲线与等温转变曲线的比较，由图可以看出：连续冷却转变曲线位于等温转变曲线的右下方，表明在连续冷却转变过程中过冷奥氏体的转变温度低于相应的等温转变温度，且孕育期较长。大量实验证明，其它钢种也具有同样的规律。

连续冷却转变曲线中没有等温转变曲线的下半部分，即共析钢在连续冷却时不发生贝氏体转变。这是因为连续冷却时，过冷奥氏体通过中温区域所经历的时间极短，不足以达到贝氏体转变所必需的孕育效果，故奥氏体向贝氏体转变几乎

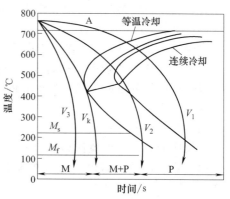

图 2-42　共析钢连续冷却转变曲线
与等温转变曲线的比较

不能进行。实际上，对碳钢来说，在连续冷却过程中即使发生了贝氏体转变，其转变量也是极为有限的。

等温转变的产物为单一的组织。而连续冷却转变是在一定的温度范围内进行的，所以冷却转变获得的组织是不同温度下等温转变组织的混合组织。

2.4　钢的回火转变

回火是将淬火钢加热到低于临界点 A_1 的某一温度保温一定时间，使淬火组织转变为稳定的回火组织，然后以适当的方式冷却到室温的一种热处理工艺。

钢淬火后的组织主要是由马氏体或马氏体＋残余奥氏体组成，此外，还可能存在一些未溶碳化物。马氏体和残余奥氏体在室温下都处于亚稳定状态，马氏体处于含碳过饱和状态，残余奥氏体处于过冷状态，它们都有向铁素体加渗碳体的稳定状态转变的趋势，但是在室温下，原子扩散能力很低，这种转变很困难，回火将促进这种转变，因此淬火钢必须立即回火，以消除或减少内应力，防止变形和开裂，并获得稳定的组织和所需的性能。

为了保证淬火钢回火获得所需的组织和性能，必须研究淬火钢在回火过程中的组织转变，探讨回火钢性能和组织形态之间的关系，为正确制定回火工艺提供理论依据。

2.4.1　淬火钢在回火时的组织转变

淬火钢回火时，随着回火温度升高和时间延长，相应地发生以下几种组织转变。

（1）马氏体中碳的偏聚

马氏体中过饱和的碳原子处于晶格扁八面体间隙位置，使晶格产生较大的弹性畸变，加之马氏体晶体中存在较多的微观缺陷，因此使马氏体能量增加，处于不稳定状态。

在 $80 \sim 100 \text{℃}$ 以下温度回火时，铁和合金元素的原子难以进行扩散迁移，但 C、N 等间隙原子尚能作短距离的扩散迁移。当 C、N 原子扩散到上述微观缺陷的间隙位置后，将降低马氏体的能量。因此，马氏体中过饱和的 C、N 原子向微观缺陷处偏聚。

（2）马氏体的分解

当回火温度超过 80℃时，马氏体将发生分解，从过饱和的 α 固溶体中析出弥散的 ε 碳化物，这种碳化物的成分和结构不同于渗碳体，是亚稳相。随着回火温度升高，马氏体中的碳过饱和度不断下降。高碳钢淬火在 200℃以下回火时得到的具有一定过饱和度的 α 固溶体和

弥散分布的 ε 碳化物组成的复相组织，称为回火马氏体（图 2-43）。

（3）残余奥氏体的转变

含碳量大于 0.5% 的碳素钢淬火后，组织中总含有少量残余奥氏体，在 250～300℃ 温度区间回火时，这些残余奥氏体将发生分解，随着回火温度升高，残余奥氏体的数量逐渐减少。残余奥氏体分解的产物是过饱和的 α 固溶体和 ε 碳化物组成的复相组织，相当于回火马氏体或下贝氏体。

（4）碳化物的转变

马氏体分解及残留奥氏体转变形成的 ε-碳化物是亚稳定的过渡相。当回火温度升高至 250～400℃ 时，马氏体内过饱和的碳原子几乎全部脱溶，并形成比 ε 碳化物更稳定的碳化物。

当回火温度升高到 400℃ 时，淬火马氏体完全分解，但 α 相仍保持针状外形，碳化物全部转变为细粒状 θ 碳化物，即渗碳体。这种由针状 α 相和与其无共格联系的细粒状渗碳体组成的机械混合物称为回火屈氏体（图 2-44）。

图 2-43 回火马氏体

图 2-44 回火屈氏体

（5）渗碳体的聚集长大和 α 相回复、再结晶

当回火温度升高到 400℃ 以上时，析出的渗碳体逐渐聚集和球化，片状渗碳体的长度和宽度之比逐渐缩小，最终形成粒状渗碳体。当回火温度高于 600℃ 时，细粒状碳化物将迅速聚集并粗化。碳化物的球化长大过程是按照小颗粒溶解、大颗粒长大的机制进行的。

此外，由于淬火马氏体晶粒的形状为非等轴状，而且晶内的位错密度很高，与冷变形金属相似。所以在回火过程中也发生回复和再结晶。

淬火钢在 500～650℃ 回火时，渗碳体聚集成较大的颗粒，同时，马氏体的针状形态消失，形成多边形的铁素体，这种铁素体和粗粒状渗碳体的机械混合物称为回火索氏体（图 2-45）。

另一方面，当回火温度为 400～600℃ 时，由于马氏体分解、碳化物转变、渗碳体聚集长大及 α 相回复或再结晶，淬火钢的残余内应力基本消除。

2.4.2 淬火钢回火时力学性能的变化

淬火钢在回火过程中，由于组织发生了一系列变化，钢的力学性能也随之发生相应的变化。淬火钢在回火时力学性能变化的总趋势是：随着回火温度的升高，钢的硬度、强度逐渐降低，而塑性、韧性不断提高。

淬火钢回火时硬度的变化规律如图 2-46 所示。由图可以看出，总的变化趋势是随着回火温度升高，钢的硬度连续下降。但含碳量大于 0.8% 的高碳钢在 100℃ 左右回火时，硬度反而略有升高。这是由于马氏体中碳原子的偏聚及 ε 碳化物析出引起弥散强化造成的。在 200～300℃ 回火时，硬度下降的趋势变得平缓。这是由于马氏体分解使钢的硬度降低及残余奥氏体转变为下贝氏体或回火马氏体使钢的硬度升高，两方面因素综合影响的结果。回火温度超过 300℃ 以后，由于 ε 碳化物转变为渗碳体，与母相的共格关系被破坏，以及渗碳体聚集长大，使钢的硬度呈直线下降。

图 2-45　回火索氏体

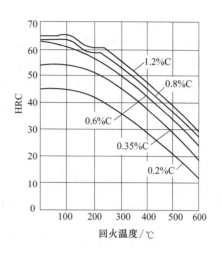

图 2-46　回火温度对淬火碳钢硬度的影响

　　碳钢随回火温度的升高，其强度 R_e、R_m 不断下降，而塑性 A 和 Z 不断升高（见图 2-47）。但在 200～300℃ 较低温度回火时，由于内应力的消除，钢的强度和硬度都得到提高。对于一些工具材料，可采用低温回火以保证较高的强度和耐磨性 [图 2-47（c）]。但高碳钢低温回火后塑性较差，而低碳钢低温回火后具有良好的综合力学性能 [图 2-47（a）]。在 300～400℃ 回火时，钢的弹性极限 σ_e 最高，因此一些弹簧钢件均采用中温回火。当回火温度进一步提高，钢的强度迅速下降，但钢的塑性和韧性却随回火温度升高而增加。在 500～600℃ 回火时，塑性达到较高的数值，并且保留相当高的强度。因此中碳钢采用淬火加高温回火可以获得良好的综合力学性能 [图 2-47（b）]。

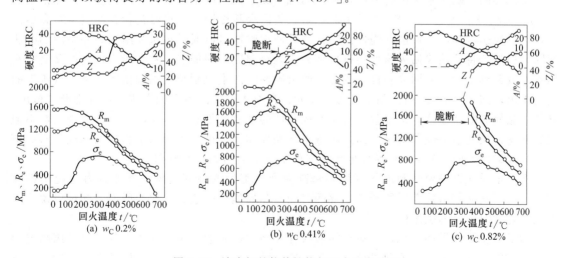

图 2-47　淬火钢的拉伸性能与回火温度关系

合金元素可使钢的各种回火转变温度范围向高温推移，可以减小钢在回火过程中硬度下降的趋势，提高回火稳定性（即钢在回火过程中抵抗硬度下降的能力）。与相同含碳量的碳钢相比，在高于300℃回火时，在相同回火温度和回火时间情况下，合金钢具有较高的强度和硬度。反过来，为得到相同的强度和硬度，合金钢可以在更高的温度下回火，这有利于钢的塑性和韧性的提高。强碳化物形成元素还可在高温回火时析出弥散的特殊碳化物，使钢的硬度显著升高，造成二次硬化。

2.4.3 回火脆性

淬火钢回火时冲击韧度并不总是随回火温度升高而单调增大，有些钢在一定的温度范围内回火时，其冲击韧度显著下降，这种脆化现象叫做钢的回火脆性（图2-48）。钢在250～400℃温度范围内出现的回火脆性叫第一类回火脆性，也叫低温回火脆性；在450～650℃温度范围内出现的回火脆性叫第二类回火脆性，也叫高温回火脆性。

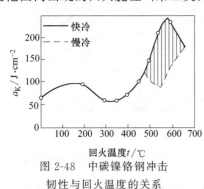

图2-48 中碳镍铬钢冲击韧性与回火温度的关系

（1）第一类回火脆性

第一类回火脆性几乎在所有的工业用钢中都会出现。产生低温回火脆性的原因，目前还不十分清楚。一般认为是由于碳化物以断续的薄片状沿马氏体片或马氏体条的界面析出所造成的。这种硬而脆的薄片碳化物与马氏体间的结合较弱，降低了马氏体晶界处的断裂强度，使之成为裂纹扩展的路径，因而导致脆性断裂，使冲击韧性下降。如果提高回火温度，由于析出的碳化物聚集和球化，改善了脆化界面状况而使钢的韧性又重新恢复或提高。

钢中含有合金元素一般不能抑制第一类回火脆性，但Si、Cr、Mn等元素可使脆化温度推向更高温度。例如，$w_{Si}=1.0\%～1.5\%$的钢，产生脆化的温度为300～320℃；而$w_{Si}=1.0\%～1.5\%$、$w_{Cr}=1.5\%～2.0\%$的钢，脆化温度可达350～370℃。

到目前为止，还没有一种有效地消除第一类回火脆性的热处理或合金化方法。为了防止第一类回火脆性，通常的办法就是避免在脆化温度范围内回火。

（2）第二类回火脆性

第二类回火脆性主要在合金结构钢中出现，碳素钢一般不出现这类回火脆性，当钢中含有Cr、Mn、P、As、Sb、Sn等元素时，第二类回火脆性增大。将脆化状态的钢重新高温回火，然后快速冷却，即可消除脆性。因此这种回火脆性可以通过再次高温回火并快冷的办法消除。但是若将已消除回火脆性的钢件重新于脆化温度区间加热，然后缓冷，脆性又会重新出现，故又称之为可逆回火脆性。第二类回火脆性的产生机制至今尚未彻底清楚。近年来的研究指出，回火时Sb、Sn、As、P等杂质元素在原奥氏体晶界上偏聚或以化合物形式析出，降低了晶界的断裂强度，是导致第二类回火脆性的主要原因。Cr、Mn、Ni等合金元素不但促进这些杂质元素向晶界偏聚，而且本身也向晶界偏聚，进一步降低了晶界的强度，从而增大了回火脆性倾向。Mo、W等合金元素则抑制第二类回火脆性倾向。

上述杂质元素偏聚机制能较好地解释高温回火脆性的许多现象，并能有力地说明钢在450～550℃长期停留使杂质原子有足够的时间向晶界偏聚而造成脆化的原因，却难以说明这类回火脆性对冷速的敏感性。

为了防止第二类回火脆性，对于用回火脆性敏感钢制造的小尺寸的工件，可采用高温回火后快速冷却的方法。也可通过提高钢的纯度，减少钢中的杂质元素，以及在钢中加入适量的 Mo、W 等合金元素，来抑制杂质元素向晶界偏聚，从而降低钢的回火脆性，对于大截面工件用钢广泛应采用这种方法。对亚共析钢可采用在 $A_1 \sim A_3$ 临界区加热亚温淬火的方法，使 P 等有害杂质元素溶入铁素体中，从而减小这些杂质在原始奥氏体晶界上的偏聚，可显著减弱回火脆性。此外，采用形变热处理方法也可以减弱回火脆性。

思　考　题

1. 何谓奥氏体？简述奥氏体转变的形成过程及影响奥氏体晶粒长大的因素。奥氏体晶粒的大小对钢热处理后的性能有何影响？

2. 什么是过冷奥氏体与残余奥氏体？

3. 为什么相同含碳量的合金钢比碳素钢热处理的加热温度要高、保温时间要长？

4. 画出共析钢过冷奥氏体等温转变动力学图。并标出：

(1) 各区的组织和临界点（线）代表的意义；

(2) 临界冷却曲线；

(3) 分别获得 M、P、$B_下$，S，T＋M 组织的冷却曲线。

5. 什么是第一类回火脆性和第二类回火脆性？如何消除？

6. 说明 45 钢试样（$\phi10mm$）经下列温度加热、保温并在水中冷却得到的室温组织：700℃，780℃，860℃，1100℃。

7. 马氏体的本质是什么？它的硬度为什么很高？是什么因素决定了它的脆性？

8. 简述随回火温度升高，淬火钢在回火过程中的组织转变过程与性能变化趋势。

第3章 钢的热处理工艺

钢的热处理工艺是指根据钢在加热和冷却过程中的组织转变规律所制定的钢在热处理时具体的加热、保温和冷却的工艺参数。热处理工艺种类很多,根据加热、冷却方式及获得组织和性能的不同,钢的热处理工艺可分为:普通热处理(退火、正火、淬火和回火)、表面热处理、化学热处理及特殊热处理(形变热处理、真空热处理等)。根据热处理在零件生产工艺流程中的位置和作用,热处理又可分为预备热处理和最终热处理。

3.1 钢的退火与正火

退火和正火是生产上应用很广泛的预备热处理工艺。大部分机器零件及工、模具的毛坯经退火和正火后,不仅可以消除铸件、锻件及焊接件的内应力及成分和组织的不均匀性,而且也能改善和调整钢的力学性能和工艺性能,为下道工序作好组织准备。对于一些受力不大、性能要求不高的机器零件,退火和正火亦可作为最终热处理。

3.1.1 钢的退火

退火是钢的热处理工艺中应用最广、花样最多的一种工艺。退火是将组织偏离平衡状态的钢加热到适当的温度,经保温后随炉缓慢冷却下来,以获得接近平衡状态组织的热处理工艺。其目的是调整硬度,改善切削加工性能,均匀钢的化学成分和组织,消除内应力,细化晶粒,提高力学性能或为最终热处理作组织准备。

根据钢的成分和退火的目的、要求的不同,退火又可分为完全退火、不完全退火、球化退火、扩散退火、再结晶退火、去应力退火等。各种退火的加热温度范围和工艺曲线如图3-1所示。

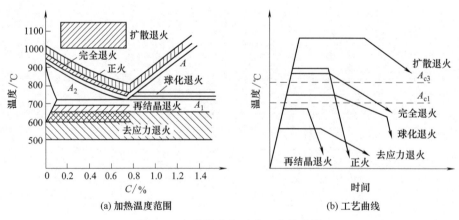

图 3-1 各种退火和正火工艺示意图

(1) 完全退火

将钢件或毛坯加热到 A_{c3} 以上 $20\sim30℃$,保温足够长时间,使钢中组织完全转变成奥氏体后,随炉缓慢冷却,以获得接近平衡组织的最终热处理工艺。实际生产时,为了提高生产率,退火冷却至 $500\sim600℃$ 即可出炉空冷。所谓"完全"是指加热时完全奥氏化。

① 完全退火的目的　细化晶粒，均匀组织，消除内应力，降低硬度和改善钢的切削加工性能。

② 适用范围　完全退火主要适用于含碳量为 $0.25\%\sim0.77\%$ 的亚共析成分的碳钢、合金钢和工程铸件、锻件和热轧型材。低碳钢和过共析钢不宜采用完全退火，因为低碳钢完全退火后硬度偏低，不利于切削加工。过共析钢加热至 A_{ccm} 以上缓慢冷却时，二次渗碳体会以网状沿奥氏体晶界析出，使钢的强度、塑性和冲击韧性显著下降。

完全退火需要的时间很长，尤其是过冷奥氏体比较稳定的合金钢更是如此。如果将奥氏体化后的钢较快地冷至稍低于 A_{r1} 温度等温，使奥氏体转变为珠光体后，再空冷至室温，则可大大缩短退火时间，这种热处理方式称为等温退火。等温退火的目的与完全退火相同，但是等温退火时的转变容易控制，能获得均匀的预期组织，对于大型制件及合金钢制件较适宜，可大大缩短退火周期。

（2）不完全退火

不完全退火是将钢加热到 $A_{c1}\sim A_{c3}$（亚共析钢）或 $A_{c1}\sim A_{ccm}$（过共析钢）之间，保温后缓慢冷却，以获得接近平衡组织的热处理工艺。

由于加热到两相区温度，组织没有完全奥氏体化，仅使珠光体发生相变重结晶转变为奥氏体，因此基本上不改变先共析铁素体或渗碳体的形态及分布。

不完全退火主要应用于大批或大量生产的亚共析钢锻件。如果亚共析钢锻件的锻造工艺正常，原始组织中的铁素体已均匀、细小，只是珠光体的片间距小、内应力较大，那么只要在 A_{c1} 以上、A_{c3} 以下温度区间进行不完全退火，即可使珠光体的片间距增大，使硬度有所下降，内应力也有所减小。不完全退火加热温度较完全退火低，工艺周期也较短，消耗热能较少，可降低成本，提高生产效率，因此，对锻造工艺正常的亚共析钢锻件，可采用不完全退火代替完全退火。

（3）球化退火

球化退火是将钢件或毛坯加热到略高于 A_{c1} 的温度，经长时间保温，使钢中二次渗碳体自发转变为颗粒状（或称球状）渗碳体，然后以缓慢的速度冷却到室温的工艺方法。

① 球化退火的目的　降低硬度，均匀组织，改善切削加工性能；消除网状或粗大碳化物颗粒，为最终热处理（淬火）做好组织准备。

② 球化退火的适用范围　球化退火主要适用于碳素工具钢、合金弹簧钢、滚动轴承钢和合金工具钢等共析钢和过共析钢。

过共析钢锻件锻后组织一般为片状珠光体，如果锻后冷却不当，还存在网状渗碳体，不仅硬度高，难以进行切削加工，而且增大钢的脆性，淬火时容易产生变形或开裂。因此，锻后必须进行球化退火，使碳化物球化，获得粒状珠光体组织。

球化退火的加热温度不宜过高，一般在 A_{c1} 温度以上 $20\sim30℃$，采用随炉加热。保温时间也不能太长，一般以 $2\sim4h$ 为宜。冷却方式通常采用炉冷，或在 A_{r1} 以下 $20℃$ 左右进行较长时间的等温处理。球化退火的关键在于使奥氏体中保留大量未溶的碳化物质点，并造成奥氏体中碳浓度分布的不均匀性。如果加热温度过高或保温时间过长，则使大部分碳化物溶解，并形成均匀的奥氏体，在随后冷却时球化核心减少，使球化不完全。渗碳体颗粒大小取决于冷却速度或等温温度，冷却速度快或等温温度低，珠光体在较低温度下形成，碳化物聚集作用小，容易形成片状碳化物，从而使硬度偏高。

常用的球化退火工艺主要有以下三种，如图 3-2 所示。

a. 一次球化退火　一次球化退火的工艺曲线如图 3-2（a）所示。将钢加热到 A_{c1} 温度以上 $20\sim30℃$，保温一定时间后，以极慢的速度冷却（$20\sim60℃/h$），以保证碳化物充分球

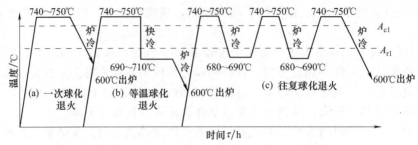

图 3-2　碳素工具钢（T7～T10）的几种球化退火工艺

化，待炉温降至 600℃ 以下出炉空冷。

b. 等温球化退火　等温球化退火的工艺曲线如图 3-2（b）所示。将钢加热到 A_{c1} 温度以上 20～30℃，保温 2～4h 后，快冷至 A_{r1} 以下 20℃ 左右，等温 3～6h，以使碳化物达到充分球化的效果，再随炉降至 600℃ 以下出炉空冷。等温球化退火工艺是目前生产中广泛应用的球化退火工艺。

c. 往复球化退火　往复球化退火的工艺曲线如图 3-2（c）所示。将钢加热至略高于 A_{c1} 的温度，保温一定时间后，随炉冷至略低于 A_{r1} 的温度等温处理。如此多次反复加热和冷却，最后冷至室温，以获得球化效果更好的粒状珠光体组织。这种工艺特别适用于前两种工艺难于球化的钢种，但在操作和控制上比较繁琐。

球化退火前，钢的原始组织中不允许有网状碳化物存在，如果有网状碳化物存在时，应该事先进行正火，消除网状碳化物，然后再进行球化退火。否则球化效果不好。

（4）扩散退火

为减少钢锭、铸件的化学成分和组织的不均匀性，将其加热到略低于固相线温度（钢的熔点以下 100～200℃），长时间保温并缓冷，使钢锭等化学成分和组织均匀化的退火工艺称为扩散退火，又称均匀化退火。

由于该工艺加热温度很高，时间较长，消耗热量大而且生产率低，只有在必要时才使用。因此，扩散退火多用于优质合金钢及偏析现象较为严重的合金。但经过扩散退火后常使钢的晶粒粗大，即得到过热组织，必须进行一次完全退火或正火来细化晶粒，消除过热缺陷，为随后热处理做好组织准备。

（5）去应力退火

去应力退火又称低温退火。它是将钢加热到 400～500℃（A_{c1} 温度以下），保温一段时间，然后缓慢冷却到室温的工艺方法。其目的是为了消除铸件、锻件和焊接件以及冷变形等加工中所造成的残留内应力，以提高尺寸稳定性，防止工件变形和开裂，但仍保留加工硬化效果。因去应力退火温度低、不改变工件原来的组织，故应用广泛。

（6）再结晶退火

再结晶退火主要用于消除冷变形加工（如冷轧、冷拉、冷冲）产生的畸变组织，消除加工硬化而进行的低温退火。加热温度为再结晶温度（使变形晶粒再次结晶为无变形晶粒的温度）以上 150～250℃。再结晶退火可使冷变形后被拉长的晶粒重新形核长大为均匀的等轴晶，使钢的组织和性能恢复到冷变形前的状态，消除加工硬化效果。再结晶退火目的是消除加工硬化，降低硬度，提高塑性、韧性，改善切削加工性及压延成型性能。

再结晶退火既可作为钢材或其它合金多道冷变形之间的中间退火，也可作为冷变形钢材或其它合金成品的最终热处理。再结晶退火温度与金属的化学成分和冷变形量有关。当钢处于临界冷变形度（6%～10%）时，应采用正火或完全退火来代替再结晶退火。一般钢材再结晶退火温度为 650～700℃，保温时间为 1～3h，通常在空气中冷却。

3.1.2 钢的正火

正火是将钢加热到 A_{c3}（亚共析钢）和 A_{ccm}（过共析钢）以上 30～50℃，保温一定时间，使之完全奥氏体化，然后在空气中冷却到室温，以得到珠光体类型组织的热处理工艺。正火的目的为以下三点。

（1）作为最终热处理

对某些受力较小、性能要求不高的零件，正火可以作为最终热处理。正火可以细化晶粒，使组织均匀化，减少亚共析钢中铁素体含量，使珠光体含量增多并细化，从而提高钢的强度、硬度和韧性。

（2）作为预备热处理

截面较大的结构钢件，在淬火或调质处理（淬火加高温回火）前常进行正火，可以消除魏氏组织和带状组织，并获得细小而均匀的组织，为最终热处理提供合适的组织状态。对于含碳量大于 0.77％的碳钢和合金工具钢中存在的网状渗碳体，正火可减少二次渗碳体量，并使其不形成连续网状，为球化退火作组织准备。

（3）改善切削加工性能

正火可改善低碳钢（含碳量低于 0.25％）的切削加工性能。含碳量低于 0.25％的碳钢，退火后硬度过低，切削加工时容易"粘刀"，表面粗糙度很差，通过正火使硬度提高至 140～190HB，接近于最佳切削加工硬度，从而改善切削加工性能。正火比退火冷却速度快，因而正火组织比退火组织细，强度和硬度也比退火组织高。当碳钢的含碳量小于 0.6％时。正火后组织为铁素体＋索氏体，当含碳量大于 0.6％时，正火后组织为索氏体。由于正火的生产周期短，设备利用率高，生产效率较高，因此成本较低，在生产中应用广泛。正火工艺示意图如图 3-1 所示。

3.1.3 退火和正火的选用

（1）退火与正火的主要区别

① 正火的冷却速度比退火稍快，过冷度较大。

② 正火后所得到的组织比较细，强度和硬度比退火高一些。

（2）退火和正火的选择

生产上退火和正火工艺的选择应当根据钢种，冷、热加工工艺，零件的使用性能及经济性综合考虑。

① 从切削加工性上考虑 金属的最佳切削硬度约在 170～230HBS 范围内。低、中碳结构钢及合金元素数量和种类少的低合金结构钢选用正火作为预备热处理较为合适，高碳结构钢和工具钢应以退火（球化退火）为好，中碳以上的合金钢也选用退火。

② 从使用性能上考虑 如果工件受力不大，性能要求不高，不必进行淬火、回火，可用正火提高钢的力学性能，作为最终热处理；

③ 从经济成本上考虑 正火比退火生产周期短，设备利用率高，操作简单，工艺成本低，在钢的使用性能和工艺性能能够满足的条件下，应尽可能用正火代替退火。

3.2 钢的淬火

3.2.1 淬火及其目的

淬火是指将钢加热到临界温度以上，保温后以大于临界冷却速度的速度冷却，使奥氏体转变为马氏体的热处理工艺。因此，淬火的目的就是为了获得马氏体，并与适当的回火工艺相配合，以提高钢的力学性能。淬火、回火是钢的最重要的强化方法，也是应用最广的热处理工艺之一。作为各种机器零件、工具及模具的最终热处理，淬火是赋予零件最终性能的关键工序。

钢的淬火是热处理工艺中最重要的一种，淬火后配以不同温度的回火，可以得到不同强度、硬度和韧性配合的性能。例如淬火加低温回火可以提高工具、轴承、渗碳零件的硬度和耐磨性。结构钢通过淬火和高温回火后，可以获得较好的强度和塑性、韧性的配合。弹簧钢通过淬火和中温回火后，可以获得很高的弹性极限。

3.2.2 淬火工艺

淬火工艺主要包括淬火加热温度、保温时间和冷却条件等几方面的问题。工艺参数的确定应遵循一定的原则，现分别讨论如下。

（1）淬火加热温度

确定钢的淬火加热温度时，应考虑钢的化学成分、工件尺寸和形状、技术要求、奥氏体的晶粒长大倾向，以及淬火介质与淬火方法等因素。

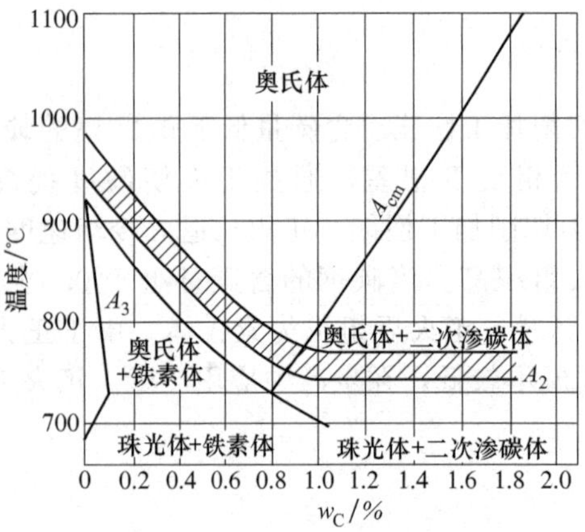

淬火加热温度的选择应以得到细小的奥氏体晶粒为原则，以便淬火后获得细小的马氏体组织。淬火温度主要根据钢的临界点确定，亚共析钢通常加热至 A_{c3} 以上 $30 \sim 50 \, ℃$；共析钢、过共析钢加热至 A_{c1} 以上 $30 \sim 50 \, ℃$。钢的淬火温度范围如图3-3所示。

亚共析碳钢淬火加热温度过高，则会引起奥氏体晶粒粗化，淬火后得到的马氏体组织也粗大，从而使钢的性能严重脆化。若加热温度过低，如在 $A_{c1} \sim A_{c3}$ 之间，则加热时组织为奥氏体＋铁素体；淬火后，奥氏体转变为马氏体，而铁素体被保留下来，此时的淬火组织为马氏体＋铁素体（＋残余奥氏体），这样就造成了淬火后强度、硬度都较低。由于 $A_{c3}+30 \sim 50 \, ℃$ 这一淬火加热温度处于完全奥氏体的相区，故又称作完全淬火。

共析钢、过共析钢的淬火加热温度取 $A_{c1}+30 \sim 50 \, ℃$（称作不完全淬火），是因为共析钢和过共析钢在淬火加热之前往往都进行了球化退火，得到了球化体组织，故加热到 A_{c1} 以上 $30 \sim 50 \, ℃$ 不完全奥氏体化后，其组织为奥氏体和部分未溶的细粒状渗碳体颗粒。淬火后，奥氏体转变为马氏体，未溶渗碳体颗粒被保留下来。由于渗碳体硬度高，因此它不但不会降低淬火钢的硬度，而且还可以提高它的耐磨性；若加热温度过高，甚至在 A_{ccm} 以上，则渗碳体溶入奥氏体中的数量增大，奥氏体的含碳量增加，这不仅使未溶渗碳体颗粒减少，而且使 M_s 点下降，淬火后残余奥氏体量增多，降低钢的硬度与耐磨性。同时，加热温度过高，会引起奥氏体晶粒粗大，使淬火后的组织为粗大的片状马氏体，使显微裂纹增多，钢的脆性大为增加。粗大的片状马氏体，还使淬火内应力增加，极易引起工件的淬火变形和开裂。因此加热温度过高是不适宜的。

过共析钢的正常淬火组织为隐晶（即细小片状）马氏体的基体上均匀分布着细小颗粒状渗碳体以及少量残余奥氏体，这种组织具有较高的强度和耐磨性，同时又具有一定的韧性，

图 3-3　钢的淬火温度范围

符合高碳工具钢零件的使用要求。

对于低合金钢来说，淬火加热温度也应根据其临界点（A_{c1}、A_{c3}）来选定。但考虑到合金元素的影响，为了加速奥氏体化而又不引起奥氏体晶粒粗化，一般应选定为 A_{c3}（或 A_{c1}）$+50\sim100℃$。

在实际生产中选择淬火温度时，除必须遵循上述一般原则以外，还允许根据一些具体情况，适当地做些调整。例如：①如欲增大淬硬层深度，可适当提高淬火温度；在进行等温淬火或分级淬火时也常常采取这种措施，因为热浴的冷却能力较低，这样做有利于保证工件淬硬。②如欲减少淬火变形，淬火温度应适当降低；当采用冷却能力较强的淬火介质时，为减少变形，也应这样做（如水淬时应比油淬时的淬火温度低 $10\sim20℃$）。③当原材料有较严重的带状组织时，淬火温度应适当提高。④高碳钢的原始组织为片状珠光体时，淬火温度应适当降低（尤其是共析钢），因其片状渗碳体比球化体中的渗碳体更易于溶入奥氏体中。⑤尺寸小的工件，淬火温度应适当降低，因为小工件加热快，如淬火温度高，可能在棱角等处引起过热。⑥对于形状复杂、容易变形或开裂的工件，应在保证性能要求的前提下尽可能采用较低的淬火温度。

（2）淬火保温时间

淬火保温时间是指工件装炉后，从炉温上升到淬火温度时算起，直到出炉为止所需要的时间。保温时间包括工件透热时间和组织转变所需的时间。保温时间的影响因素比较多，它与加热炉的类型、钢种、工件尺寸大小等有关，一般根据热处理手册中的经验公式确定。

（3）淬火冷却介质

冷却是淬火的关键，冷却的好坏直接决定了钢淬火后的组织和性能。冷却介质的冷却能力越大，钢的冷却速度越快，越容易超过钢的临界淬火速度，则工件越容易淬硬，淬硬层的深度越深。但是，冷速过大将产生巨大的淬火应力，易于使工件产生变形或开裂。因此理想的冷却介质应保证工件得到马氏体，同时变形小、不开裂。理想的淬火曲线如图 3-4 所示，650℃以上缓冷，以降低热应力。650～400℃快速冷却，保证全部奥氏体不分解。400℃以下 M_s 点附近的温度区域缓冷，减少马氏体转变时的相变应力。

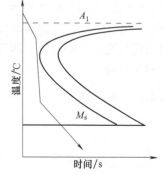

图 3-4　钢的理想淬火冷却曲线

目前工厂中常用的淬火冷却介质，主要是水、油。

水：水在 650～550℃高温区冷却能力较强，在 300～200℃低温区冷却能力也强。淬火零件易变形开裂，因而适用于形状简单、截面较大的碳钢零件的淬火。此外，水温对水的冷却特性影响很大，水温升高，水在高温区的冷却能力显著下降，而低温区的冷却能力仍然很强。因此淬火时水温不应超过 30℃，通过加强水循环和工件的搅动可以提高工件在高温区的冷却速度。

在水中加入盐、碱，其冷却能力比清水更强。例如含量为 10% NaCl 或 10% NaOH 的水溶液可使高温区（650～550℃）的冷却能力显著提高，10% NaCl 水溶液较纯水的冷却能力提高 10 倍以上，而 10% NaOH 的水溶液的冷却能力更高。但这两种水基淬火介质在低温区（300～200℃）的冷却速度亦很快。因此适用于低碳钢和中碳钢的淬火。

油：油也是一种常用的淬火介质。目前工业上主要采用矿物油，如锭子油、机油、柴油等。油的主要优点是在 300～200℃低温区的冷却速度比水小得多，从而可大大降低淬火工件的相变应力，减小工件变形和开裂倾向。油在 650～550℃高温区间冷却能力低是其主要缺点。但是对于过冷奥氏体比较稳定的合金钢，油是合适的淬火介质。与水相反，提高油温可以降低黏度，增加流动性，故可提高高温区间的冷却能力。但是油温过高，容易着火，一般应控制在60～80℃。油适用于形状复杂的合金钢工件的淬火以及小截面、形状复杂的碳钢工件的淬火。

为减少工件的变形，熔融状态的盐也常用作淬火介质，称作盐浴。其特点是沸点高，冷却能力介于水、油之间，常用于等温淬火和分级淬火，处理形状复杂、尺寸小、变形要求严格的工件等。常用碱浴、盐浴的成分、熔点及使用温度见表3-1。

表3-1 常用碱浴、盐浴的成分、熔点及使用温度

熔盐	成分	熔点/℃	使用温度/℃
碱浴	80% KOH+20% NaOH+6% H_2O(外加)	130	140～250
硝盐	55% KNO_3+45% $NaNO_2$	137	150～500
硝盐	55% KNO_3+45% $NaNO_3$	218	230～550
中性盐	30% KCl+20% NaCl+50% $BaCl_2$	560	580～800

水和油作为冷却剂并不十分理想，并且淬火油有污染环境、不安全、使用成本高等缺点，又是宝贵的能源。多年来国内外研制了许多新型聚合物水溶液淬火介质。其性能优于水或油，又降低了工艺成本。

商品化的有机聚合物淬火介质，包括聚乙烯醇（PVA）、聚乙烯基吡咯烷酮（PVP）、聚二醇（PAG）、聚丙烯酸盐（ACR）、羧甲基纤维素（CMC）和聚乙噁唑（PEO）。这类新型介质会在工件表面形成薄膜，使工件冷却均匀，避免了软点，减少了变形与开裂倾向。它们又具有无毒、无烟、无嗅、不燃烧、无腐蚀等特点，创造了清洁、安全的工作环境。此外，它们的冷却速度范围宽，只要改变聚合物水溶液的浓度就可获得需要的冷却速度。例如，5%PAG溶液可达到均匀冷却，有效地避免油淬时常常产生的软点；10%～20% PAG溶液可加速淬火的冷速，因而适用于低淬透性钢的淬火；20%～30% PAG溶液的冷速适于钢的整体淬火。

3.2.3 淬火方法

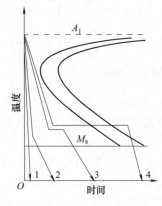

图3-5 不同淬火方法示意图
1—单液淬火；2—双液淬火；
3—分级淬火；4—等温淬火

淬火方法的选择，主要以获得马氏体和减少内应力、减少工件的变形和开裂为依据。常用的淬火方法有：单液淬火、双液淬火、分级淬火、等温淬火。图3-5所示为不同淬火方法示意图。

（1）单液淬火

工件在一种介质中冷却，如水淬、油淬。这种淬火方法适用于形状简单的碳钢和合金钢工件。

为了减小单液淬火时的淬火应力，常采用预冷淬火法，即将奥氏体化的工件从炉中取出后，先在空气中或预冷炉中冷却一段时间，待工件冷至比临界点稍高一点的一定温度后再放入淬火介质中冷却。预冷降低了工件进入淬火介质前的温度，减少了工件与淬火介质间的温差，可以减少热应力和组织应力，从而减少工件变形或开裂倾向。但操作上不易控制预冷温度，需要经验来掌握。

单液淬火的优点是操作简便，易于实现机械化，应用广泛。缺点是在水中淬火应力大，

工件容易变形开裂；在油中淬火，冷却速度小，淬透直径小，大型工件不易淬透。

（2）双液淬火

工件先在较强冷却能力介质中冷却到接近 M_s 点温度时，再立即转入冷却能力较弱的介质中冷却，直至完成马氏体转变（如图 3-5 曲线 2）。如：先水淬后油淬，可有效减少马氏体转变的内应力，减小工件变形开裂的倾向，可用于形状复杂、截面不均匀的工件淬火。双液淬火的缺点是难以掌握双液转换的时刻，转换过早容易淬不硬，转换过迟又容易淬裂。为了克服这一缺点，发展了分级淬火法。

（3）分级淬火

将奥氏体状态的工件首先淬入温度略高于钢的 M_s 点的盐浴或碱浴炉中保温，当工件内外温度均匀后，再从浴炉中取出空冷至室温，完成马氏体转变（如图 3-5 曲线 3），这种淬火方法叫分级淬火。这种淬火方法由于工件内外温度均匀并在缓慢冷却条件下完成马氏体转变，不仅减小了热应力，而且显著降低组织应力，因而能有效减小或防止工件淬火变形和开裂。同时还克服了双液淬火出水入油时间难以控制的缺点。但这种淬火方法由于冷却介质温度较高，工件在浴炉中的冷却速度较慢，而等温时间又有限制，大截面零件难以达到其临界淬火速度。因此，分级淬火只适用于尺寸较小的工件，如刀具、量具和要求变形很小的精密工件。

分级温度也可取略低于 M_s 点的温度，实践表明，在 M_s 点以下分级的效果更好。此时由于温度较低，冷却速度较快，等温以后已有相当一部分奥氏体转变为马氏体，当工件取出空冷时，剩余奥氏体发生马氏体转变。因此这种淬火方法适用于较大工件的淬火。例如，高碳钢模具在 160℃ 的碱浴中分级淬火，既能淬硬，变形又小，所以应用很广泛。

（4）等温淬火

等温淬火是将奥氏体化后的工件淬入 M_s 点以上某温度盐浴中，等温保持足够长时间，使之转变为下贝氏体组织，然后取出空冷的淬火方法（如图 3-5 曲线 4）。等温淬火实际上是分级淬火的进一步发展。所不同的是等温淬火获得下贝氏体组织。下贝氏体组织的强度、硬度较高而且韧性良好。故等温淬火可显著提高钢的综合力学性能。等温淬火的加热温度通常比普通淬火高 30～80℃。目的是提高奥氏体的稳定性和增大其冷却速度，防止等温冷却过程中发生珠光体型组织转变。等温过程中碳钢的贝氏体转变一般可以完成，等温淬火后不需要进行回火。但对于某些合金钢（如高速钢），过冷奥氏体非常稳定，等温过程中贝氏体转变不能全部完成，剩余的过冷奥氏体在空气中冷却时转变为马氏体，所以在等温淬火时需要进行适当的回火。

由于等温温度比分级淬火高，减小了工件与淬火介质的温差，从而减小了淬火热应力；又因贝氏体比体积比马氏体小，而且工件内外温度一致，故淬火组织应力也较小。因此，等温淬火可以显著减小工件变形和开裂倾向，适宜处理形状复杂、尺寸要求精密的工具和主要的机器零件，如模具、刀具、齿轮等。同分级淬火一样，等温淬火也只能适用于尺寸较小的工件。

为保证产品质量，除应选择合适的冷却介质、正确的淬火方法外，还要注意选用合适的淬入方式，其基本原则是淬入时应保证工件得到最均匀的冷却，其次是应该以最小阻力方向淬入；此外，还应考虑工件的重心稳定。一般来说，工件淬入淬火介质时应采用下述操作方法：①厚薄不均的工件，厚的部分先淬入；②细长工件一般应垂直淬入；③薄而平的工件应侧放直立淬入；④薄壁环状零件应沿其轴线方向淬入；⑤具有闭腔或盲孔的工件应使腔口或孔向上淬入；⑥截面不对称的工件应以一定角度斜着淬入，以使其冷却也比较均匀。

3.2.4 钢的淬透性

对钢进行淬火希望获得马氏体组织，但一定尺寸和化学成分的钢件在某种介质中淬火能否得到全部马氏体则取决于钢的淬透性。淬透性是钢的重要工艺性能，也是选材和制定热处理工艺的重要依据之一。

（1）淬透性的基本概念

① 淬硬层与淬透性　淬火时往往会遇到两种情况：一种是工件从表面到中心都获得马氏体组织，同样具有高硬度，称为"淬透"了；另一种是工件表层获得马氏体组织，具有高硬度，而心部则是非马氏体组织，其硬度偏低，称为"未淬透"。

工件淬火时，其表面与中心的冷却速度是不同的，表面最快，中心最慢（见图 3-6）。如工件截面上某一处的冷速低于淬火临界冷速，则不能得到全马氏体，或根本得不到马氏体，此时工件的硬度便偏低。通常，我们将未淬透的工件上具有高硬度马氏体组织的这一层称为"淬硬层"。但是，如某种钢的淬火临界冷速较小，工件截面上各点的冷速都大于其淬火临界冷速，则工件就获得全马氏体组织，即淬透了。可见，在同样淬火条件下，钢种不同，由于其淬火临界冷速不同，就会得到不同的结果，有的能淬透，有的淬不透，有的淬硬层深，有的淬硬层浅。

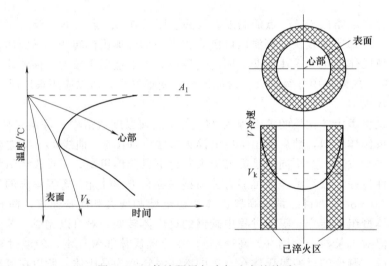

图 3-6　工件淬硬层与冷却速度的关系

所谓钢的"淬透性"是指钢在淬火时获得马氏体的能力，它是钢材固有的一种属性。其大小用钢在一定条件下淬火所获得的淬透层深度和硬度分布来表示。同样形状和尺寸的工件，用不同的钢材制造，在相同的条件下淬火，淬透层较深的钢，其淬透性较好。淬透层的深度规定为由工件表面至半马氏体区的深度。半马氏体区的组织是由 50% 马氏体和 50% 分解产物组成的。这样规定是因为半马氏体区的硬度变化显著，同时组织变化明显，并且在酸蚀的断面上有明显的分界线，很容易测试。

值得注意的是，钢的淬透性与工件的淬硬层深度虽然有密切的关系，但两者不能混为一谈。例如有两个尺寸不同的工件，分别选用不同的钢种来制造，在淬火后可能出现这样的情况：尺寸小的工件，虽然选用淬透性低的钢种，但淬硬层却较深或完全淬透；而尺寸大的工件，即使选用淬透性高的钢种，但淬硬层却较浅。从图 3-6 可知，淬硬层深度既和钢的淬火临界冷速有关，又和工件截面上冷却速度的大小及其分布状况有关。而冷却速度的大小及其分布状况是由淬火介质的冷却能力和工件尺寸的大小所决定的，因此工件淬硬层深度除取决于钢的淬透性外，还受淬火介质和工件尺寸等外部因素的影响。

②　淬硬性与淬透性　淬硬性是指钢在正常淬火条件下所能达到的最高硬度。它主要取决于马氏体中的含碳量。马氏体中含碳量越高，钢的淬硬性越高。

淬透性反映钢的过冷奥氏体稳定性，主要取决于钢的临界冷却速度。过冷奥氏体越稳定，临界淬火速度越小，钢在一定条件下淬透层深度越深，则钢的淬透性越好。应当注意这两个概念的本质区别，显然，淬透性和淬硬性并无必然联系，例如高碳工具钢的淬硬性高，但淬透性很低；而低碳合金钢的淬硬性不高，但淬透性却很好。

（2）淬透性的测量方法

目前测定钢淬透性最常用的方法是末端淬火法，简称端淬法。此法通常用于测定优质碳素结构钢、合金结构钢的淬透性，也可用于测定弹簧钢、轴承钢和工具钢的淬透性。我国GB/T 226—1988《钢的淬透性末端淬火试验方法》规定的试样形状、尺寸及试验原理如图3-7所示。试验时将 $\phi25\text{mm}\times100\text{mm}$ 的标准试样加热至奥氏体状态后迅速取出置于试验装置上，对末端喷水冷却，试样上距末端越远的部分，冷却速度越小，因此硬度值越低。试样冷却完毕后，沿其轴线方向相对的两侧各磨去 $0.2\sim0.5\text{mm}$，在此平面上从试样末端开始，每隔 1.5mm 测一点硬度，绘出硬度与至末端距离的关系曲线，称为端淬曲线。由于同一种钢号的化学成分允许在一定范围内波动，因而相关手册中给出的不是一条曲线，而是一条带，称为淬透性带，如图 3-8 所示。

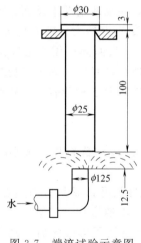

图 3-7　端淬试验示意图

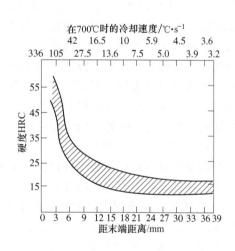

图 3-8　$w_C=0.45\%$ 钢的淬透性带

根据钢的淬透性曲线，钢的淬透性值通常用 $J\dfrac{\text{HRC}}{d}$ 表示。其中，J 表示末端淬透性；d 表示至末端的距离；HRC 表示在该处测得的硬度值。例如 $J\dfrac{40}{5}$ 淬透性值即表示在淬透性带上距末端 5mm 处的硬度值为 40HRC，$J\dfrac{35}{10\sim15}$ 即表示距末端 $10\sim15\text{mm}$ 处的硬度值为 35HRC。

另外，在生产中也常用"临界直径"来表示钢的淬透性。它是指圆柱形试样在某种淬火介质中淬火时，心部刚好为半马氏体组织的最大圆柱形直径，用 D_0 表示。显然，在相同的冷却条件下，D_0 越大，则钢的淬透性也越大。表 3-2 列出了几种常用钢在水和油中淬火时的临界淬透直径。

表 3-2　几种常用钢在水和油中淬火时的临界淬透直径

钢　号	D_0(水)/mm	D_0(油)/mm	心部组织
45	10～18	6～8	50%M
60	20～25	9～15	50%M
40Mn	18～38	10～18	50%M
40Cr	20～36	12～24	50%M
18CrMnTi	32～50	12～20	50%M
T8～T12	15～18	5～7	95%M

（3）淬透性的实际意义

钢的淬透性在生产中有重要的实际意义，工件在整体淬火条件下，从表面至中心是否淬透，对其力学性能有重要影响。在拉伸、压缩、弯曲或剪切应力的作用下，工件尺寸较大的零件，例如齿轮类、轴类零件，希望整个截面都能被淬透，从而保证零件在整个截面上的力学性能均匀一致，此时应选用淬透性较高的钢种制造。如果钢的淬透性低，工件整个截面不能被全部淬透，则从表面到心部的组织不一样，力学性能也不相同。此时，心部的力学性能，特别是冲击韧性很低。另外，对于形状复杂、要求淬火变形小的工件（如精密模具、量具等），如果选用淬透性较高的钢，则可以在较缓和的介质中淬火，减小淬火应力，因而工件变形较小。但是并非任何工件都要求选用淬透性高的钢，在某些情况下反而希望钢的淬透性低些。例如承受弯曲或扭转载荷的轴类零件，其外层承受应力最大，轴心部分应力较小，因此选用淬透性较小的钢，淬透工件半径的 1/3～1/2 即可。表面淬火用钢也应采用低淬透性钢，淬火时只是表层得到马氏体。焊接用钢也希望淬透性小，目的是为了避免焊缝及热影响区在焊后冷却过程中淬硬得到马氏体，从而防止焊接构件的变形和开裂。一般情况下，淬透性好的钢要比淬透性差的钢的价格高。

（4）影响淬透性的因素

凡能增加过冷奥氏体稳定性的因素，或者说凡是使 C 曲线位置右移，减小临界冷却速度的因素，都能提高钢的淬透性，反之则降低其淬透性。

① 含碳量　在碳钢中，共析钢的临界冷速最小，淬透性最好；亚共析钢随含碳量增加，临界冷速减小，淬透性提高；过共析钢随含碳量增加，临界冷速增加，淬透性降低。

② 合金元素　除钴和铝（>2.5%）以外，其余合金元素溶于奥氏体后，都能增加过冷奥氏体的稳定性，使 C 曲线右移，降低淬火临界冷却速度，提高钢的淬透性，因此合金钢的淬透性往往比碳钢要好。

③ 奥氏体化条件　若奥氏体化温度越高，保温时间越长，由于奥氏体晶粒愈粗大，成分愈均匀，残余渗碳体或碳化物的溶解也越彻底，使过冷奥氏体越稳定，C 曲线越右移，淬火临界冷却速度越小，故钢的淬透性越好。但奥氏体晶粒长大，生成的马氏体也会比较粗大，会降低钢材常温下的力学性能。

④ 钢中未溶第二相　钢加热奥氏体化时，未溶入奥氏体中的碳化物、氮化物及其它非金属夹杂物，会成为奥氏体分解的非自发形核核心，使临界冷却速度增大，降低淬透性。淬透性好的钢材经调质处理后，整个截面都是回火索氏体，力学性能均匀，强度高，韧性好；而淬透性差的钢表层为回火索氏体，心部为片状索氏体＋铁素体，心部强韧性差。因此，钢材的淬透性是影响工件选材和热处理强化效果的重要因素。图 3-9 为淬透性不同的钢调质后力学性能的比较。

3.2.5 淬火缺陷及其防止

（1）淬火时形成的内应力

淬火时在工件中形成的内应力是造成变形和开裂的根本原因。当内应力超过材料的屈服强度时便引起工件变形，当内应力超过材料的断裂强度时便造成工件开裂。

根据内应力产生的原因不同，可分为热应力（温度应力）和组织应力（相变应力）两大类。

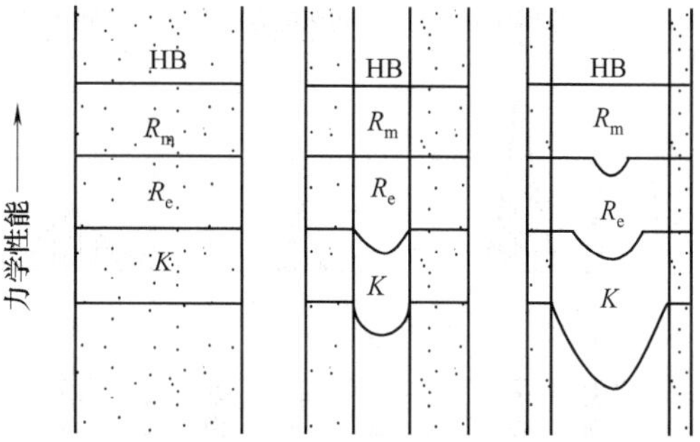

图 3-9　淬透性不同的钢调质后力学性能的比较

① 热应力　工件在加热或冷却时，由于不同部位存在着温度差别而导致热胀或冷缩不一致所引起的应力称为热应力。

以圆柱形零件为例，在加热到 A_1 点以下进行不均匀冷却时（此时无组织转变），其热应力的产生与变化如图 3-10 所示。零件由室温加热至高温所产生的热应力，通过塑性变形等过程可被完全松弛掉，因而在冷却开始时，可认为其热应力等于零（如图 3-10 的 "0" 点）。继续冷却时，表面比心部冷得快，温差逐渐增大，如图 3-10（a）所示。由于表面先冷却收缩，表面对心部产生压应力；心部反抗表面的收缩而对表面产生拉应力［图 3-10（c）］。当冷却继续进行时，将发生与前一阶段相反的情况，即心部开始发生强烈的体积收缩而使已呈冷硬状态的表面受到压应力，而心部则由于表面的牵制而受拉应力。当整个零件冷到室温后，表里温差虽已消失，但上述应力状态仍然残存［图 3-10（e）］。这种残余应力就会引起零件发生（永久）变形。

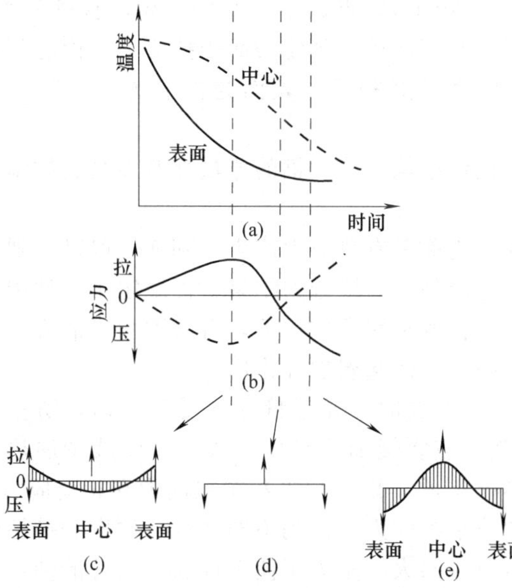

图 3-10　圆柱形零件在 A_1 点以下急冷时热应力的产生

如果考虑到热应力在工件三个方向上的分布情况，则如图 3-11 所示。其中，沿直径方向（径向应力），心部为拉应力，表面应力为零，故一般可不予考虑。沿心轴方向（纵向或轴向应力）及切线方向（切向应力），表面均为压应力，心部为拉应力，特别是轴向拉应力相当大。常见的大型轴类零件如轧辊等，因冷却后轴向残余应力很大，再加上心部往往存在气孔、夹杂、锻造裂纹等缺陷，故容易造成横向开裂。这是热应力对大型零件造成不利的一面，但对一般形状简单的小轴零件还有其有利的一面，即所产生的表面压应力可提高其抗疲劳能力。

综上所述，急冷热应力有两个特点：a. 使零件表面产生压应力，心部产生拉应力；b. 大型轴类零件心部的轴向拉应力特别大。

② 组织应力　由于热处理过程中各部位冷速的差异使工件各部位组织转变的不同时性所引起的应力称为组织应力。

如前所述，钢中各种组织的比体积是不同的，从奥氏体、珠光体、贝氏体到马氏体，比体积逐渐增大。奥氏体比体积最小，马氏体比体积最大。因此，钢淬火时由奥氏体转变为马

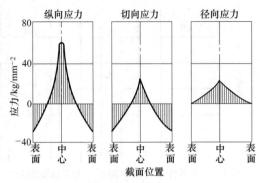

图 3-11　0.3%C 钢棒（φ44mm）从 700℃
冰水冷却时的残余热应力

氏体将造成显著的体积膨胀。下面仍以圆柱形零件为例分析组织应力的变化规律。选用过冷奥氏体非常稳定的钢，使其从淬火温度极缓慢冷却至 M_s 之前不发生马氏体转变并保持零件内外温度均匀，从而消除淬火冷却时热应力的影响。

零件从 M_s 点快速冷却的淬火初期，其表面首先冷却到 M_s 点以下发生马氏体转变，体积要膨胀，而此时心部仍为奥氏体，体积不发生变化。因此心部阻止表面体积膨胀使零件表面处于压应力状态，而心部则处于拉应力状态。继续冷却时，零件表面马氏体转变基本结束，体积不再膨胀，而心部温度才下降到 M_s 点以下，开始发生马氏体转变，只不过心部体积膨胀。此时表面已形成一层硬壳，心部体积膨胀使表面受拉应力，而心部受压应力。可见，组织应力引起的残余应力与热应力正好相反，表面为拉应力，心部为压应力。

组织应力大小与钢的化学成分、冶金质量、钢件结构尺寸、钢的导热性及在马氏体温度范围的冷速和钢的淬透性等因素有关。

实际工件在淬火冷却过程中，在组织转变发生之前只有热应力产生，到 M_s 点以下则热应力与组织应力同时发生，且以组织应力为主。这两种应力综合的结果，便决定了钢件中实际存在的内应力。但这种综合作用是十分复杂的，在各种因素作用下，有时因两者的方向相反而起着抵消或削弱的作用，有时又因两者的方向相同而起着加强作用。

解决淬火内应力的办法有：a. 工件在加热炉中安放时，要尽量保证受热均匀，防止加热时变形；b. 对形状复杂或导热性差的高合金钢，应缓慢加热或多次预热，以减少加热中产生的热应力；c. 选择合适的淬火冷却介质和淬火方法，以减少冷却中热应力和相变应力。

但淬火不是最终热处理，为了消除淬火钢的残余内应力，得到不同强度、硬度和韧性配合的性能，需要配以不同温度的回火。钢淬火后再经回火，是为了使工件获得良好的使用性能，以充分发挥材料的潜力。如：轴承通过淬火加低温回火可以提高硬度和耐磨性；弹簧钢通过淬火加中温回火可以显著提高弹性极限。所以淬火和回火是不可分割的、紧密衔接在一起的两种热处理工艺。

（2）淬火变形

工件的变形包括尺寸变化和几何形状变化两种。前者是由于热处理过程中工件体积变化所引起的，它表现为工件体积按比例地胀大或缩小（又称体积变化）；后者是以扭曲或翘曲、弯曲的形式表现出来的（又称弯曲变形）。生产实践中工件的变形，多是兼有这两种情况。因此在一般情况下，往往不加以区分而统称为变形。不论哪种变形，主要都是由于热处理时，工件内部产生的内应力所造成的。

① 热应力、组织应力所造成的变形趋向　热应力引起工件变形的特点是和物体内部受到高的流体静压力作用的结果相似，它使平面变为凸面，直角变为钝角，长的方向变短，短的方向增长。即使零件趋向球形。这个规律具有比较普遍的意义（参看图 3-12）。

组织应力引起工件变形的特点与热应力相反，可以比作物体内部被抽成真空（负压），结果使平面变凹，直角变锐，长的方向变长，短的方向变短，即使尖角趋向突出（参看图3-12）。

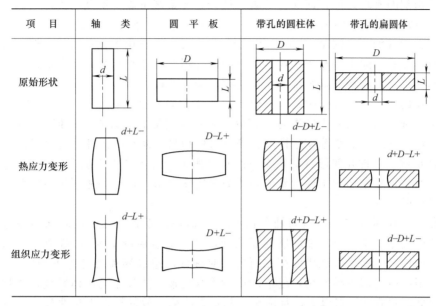

项　目	轴　类	圆平板	带孔的圆柱体	带孔的扁圆体
原始形状				
热应力变形	$d+L-$	$D-L+$	$d-D+L-$	$d+D-L+$
组织应力变形	$d-L+$	$D+L-$	$d+D-L+$	$d-D+L-$

图 3-12　在热应力与组织应力作用下几种简单零件的变形示意图

② 影响淬火变形的因素　影响变形的因素很多，其综合作用也十分复杂，主要有以下几个方面。

a. 钢的淬透性　若钢的淬透性较好，则可以使用冷却较为缓和的淬火介质，因而其热应力就相对较小；再则，淬透性好，工件易淬透，一般是以组织应力造成的变形为主。反之，若钢的淬透性较差，则热应力对变形的作用就较大。

b. 奥氏体的化学成分　奥氏体中碳含量愈低，热应力的作用就愈大。这是因为低碳马氏体的比体积较小，组织应力也较小之故。反之，碳含量愈高，组织应力的作用便愈大。随着合金元素含量的提高，钢的屈服强度也提高；加之，由于合金钢的淬透性较好，一般均采用冷却较缓和的淬火介质，故使淬火变形较小。

奥氏体的化学成分影响到 M_s 点的高低。M_s 点的高低对淬火冷却时的热应力影响不大，但对组织应力却有很大影响。若 M_s 点较高，则开始发生马氏体转变时工件的温度较高，尚处于较好的塑性状态，因而在组织应力的作用下很易变形。所以 M_s 点愈高，组织应力对变形的影响就愈大。如 M_s 点较低，由于工件温度较低而使塑性变形抗力增大，加之残余奥氏体量也较多，所以组织应力对变形的影响就小，此时工件就易于保留由热应力引起的变形趋向。

c. 淬火加热温度　淬火加热温度提高，不仅使热应力增大，而且由于淬透性增加，也使组织应力增大，故将导致变形增大。

d. 淬火冷却速度　冷却速度愈大，则淬火内应力愈大，淬火变形也愈大。但热应力引起的变形主要决定于 M_s 点以上的冷却速度，组织应力引起的变形主要决定于 M_s 点以下的冷却速度。

e. 原始组织　原始组织是指淬火前的组织状况，包括钢中夹杂物的等级、带状组织（铁素体或珠光体的带状分布、碳化物的带状分布）等级、成分偏析（包括碳化物偏析）程度、游离碳化物质点分布的方向性以及不同的预备热处理所得到的不同组织（如珠光体、索氏体、回火索氏体）等。

钢的带状组织和成分偏析易使钢加热至奥氏体状态后存在成分的不均匀性，因而可能影响到淬火后组织的不均匀性，即那些低碳、低合金元素区可能得不到马氏体（而得到屈氏体或贝氏体），或得到比容较小的低碳马氏体，从而造成工件不均匀的变形。

高碳合金钢（如高速钢 W18Cr4V 及高铬钢 Cr12）中碳化物分布的方向性，对钢淬火变形的影响较为显著，通常沿着碳化物带状方向的变形要大于垂直方向的变形，因此对于变形要求严格的工件，应合理选择纤维方向，必要时应当改锻。

原始组织的比体积愈大，则其淬火前后的比体积差别必然愈小，从而可减少体积变形。一般以调质处理后的回火索氏体作为原始组织对减少变形有较好效果。但也不能一概而论，实践证明，如对 T10，T12 等尺寸较大、淬火时体积易于缩小的工件，还是以球化体为好。

f. **工件形状**　工件几何形状的不对称以及厚薄不均匀等常常会引起淬火后严重的变形。目前，虽然对各种复杂形状工件的变形规律尚未完全摸清，但也积累了不少经验，以下举几个实例予以说明。

（a）图 3-13 所示的带有键槽的轴（45 钢）经盐炉内垂直加热，然后水冷淬透。结果发现，轴的弯曲度达 0.72mm，带键槽的面鼓起，键槽宽度由原来 8mm 缩到 7.84mm。发生弯曲变形的原因，主要是因键槽的存在而失去对称性，造成淬火时冷却不均匀。如前所述，此钢变形是组织应力起主导作用，键槽的边缘冷却迅速，先发生马氏体转变，体积膨胀，而其背面温度此时仍在 M_s 点以上，且由于冷却正在收缩，故使轴发生塑性弯曲。待背面发生马氏体转变而膨胀时，因带槽的一面已冷硬，故只能稍有回弯而不能完全复原。

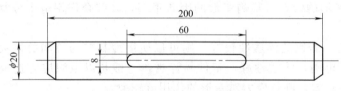

图 3-13　带有键槽的轴

键槽本身的变形情况比较复杂，45 钢水淬时表现为收缩，而硝盐分级淬火则表现为略胀。

（b）图 3-14 为带有槽口的硅钢片冲模，模具是采用高碳合金钢（CrWMn 钢）制造的，

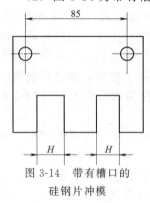

图 3-14　带有槽口的
硅钢片冲模

油冷淬火时热应力对其变形起主导作用。图示模具在冷却过程中，因槽口内部散热条件差，冷却较慢，而背面平直，散热较快，故背面首先冷却而发生收缩。结果使槽口根部发生塑性变形，致使槽口尺寸胀大 0.18mm，而孔距缩小 0.04mm。

g. 淬火前的残余应力大小及分布也会影响淬火变形的程度例如机械加工、焊接、校正等均能产生残余应力，如果淬火前不进行退火来消除应力，则淬火后变形将可能增加。

总之，淬火变形是复杂多变的，影响因素很多，要防止或减小淬火变形必须从多方面入手采取措施。

（3）淬火开裂

工件淬火后如仅产生变形尚能设法校正，但如淬裂则成为废品。因此，分析研究工件淬火开裂的原因，掌握其规律并提出防止措施，具有十分重要的意义。

产生淬火开裂的原因是多方面的，但根本原因有二：一是拉应力超过材料的断裂强度；二是内应力虽不太高（未超过材料的断裂强度），但材料内部存在缺陷。

淬火裂纹的类型主要有纵向裂纹、横向裂纹、网状裂纹、剥离裂纹和显微裂纹五种。

纵向裂纹又称轴向裂纹，它多半产生在全部淬透的工件上，往往是由于冷却过快、组织

应力过大而形成。另外，原材料中热处理前的既存裂纹、大块非金属夹杂、严重的碳化物带状偏析等缺陷也是不容忽视的原因。

横向裂纹往往是工件被部分淬透时，于淬硬层与未淬硬层间的过渡区产生的。截面较大的高碳钢工件往往会出现这类裂纹。此外，在某些有尖角、凹槽和孔的零件中，由于冷却不均匀和未能淬透，也常常产生这种裂纹。适当的提高淬火温度，增加工件的淬硬层深度，有助于减少这类裂纹的形成。

网状裂纹是一种表面裂纹，其深度较浅，一般在 0.01～2mm 范围内，其裂纹往往呈任意方向，构成网状，而与工件外形无关。表面脱碳的高碳钢件极易形成网状裂纹，这是由于表面脱碳后，其马氏体比容较小，从而在表面形成拉应力所致。

剥离裂纹一般产生在平行于表面的皮下处。表面淬火工件淬硬层的剥落及化学热处理后沿扩散层出现的表面剥落等均属于剥离裂纹。

与前面几种裂纹不同，显微裂纹是由微观应力的作用造成的。显微裂纹只有在显微镜下才能观察到。钢中存在显微裂纹可显著降低淬火工件的强度和塑性。

影响淬火开裂的主要因素如下。

① 原材料缺陷　钢中存在白点、缩孔、大块的非金属夹杂物、碳化物偏析等，都可能破坏钢的基体连续性，并造成应力集中，故均可能成为淬火裂纹的根源，机械加工留下的较深刀痕也有此影响。

② 锻造缺陷　如工件锻造不当，可能引起锻造裂纹，并在淬火时扩大。若淬火前已存在裂纹，淬火后在显微镜下观察时则往往可发现在裂纹两侧有较严重的脱碳，这是由于锻造和淬火加热引起的；同时，锻造裂纹内都往往还有大量氧化物夹杂，这些都是分析锻造裂纹的依据。

③ 热处理工艺不当　淬火和回火工艺不当都会产生裂纹。

a. 加热温度过高，奥氏体晶粒将粗化，使淬火后马氏体也粗大，以致其脆性显著增大，易于产生淬火裂纹。

b. 加热速度过快或工件各部分的加热速度不均匀时，对于导热性差的高合金钢或形状复杂、尺寸较大的工件，很容易产生裂纹。

c. 在 M_s 点以下冷却过快，很容易引起开裂，尤其对高碳钢来说更明显。

d. 如果回火温度过低、回火时间过短或者淬火后未及时回火，都可能引起工件的开裂。这是因为奥氏体向马氏体的转变在淬火后的一段时间内还可能继续进行，组织应力仍在不断增加，并且淬火后内应力还在不断重新分布，可能在某些危险断面处造成应力集中。因此，对于大型工件，不仅淬火后需充分回火（消除内应力），而且回火后出炉温度最后不高于150℃，并用覆盖保温的办法使其冷却到室温。

（4）减少淬火变形和防止淬火开裂的措施

① 正确选材和合理设计工件形状　对于形状复杂、截面尺寸相差悬殊的工件最好选用淬透性较高的合金钢，使之能在缓冷的淬火介质中冷却，以减小内应力。对形状复杂且精度要求较高的模具、量具等，可选用低变形钢（如 CrWMn，Cr12MoV）并采用分级或等温淬火。

在进行工件形状设计时，应尽量减少截面厚薄悬殊、避免薄边尖角；在零件厚薄交界处尽可能平滑过渡，尽量减少轴类的长度与直径的比；对较大型工件，宜采用分离镶拼结构以及尽量创造在热处理后仍能用机械加工修整变形的条件。

② 正确地锻造和预备热处理　钢材中往往存在一些冶金缺陷，如疏孔、夹杂、发纹、偏析、带状组织等，它们极易使工件淬火时引起开裂和无规则变形，故必须对钢材进行锻造，以改善其组织。

锻造毛坯还应通过适当的预备热处理（如正火、退火、调质处理、球化处理等）来获得满意的组织，以适应机械加工和最终热处理的要求。

对于某些形状复杂、精度要求高的工件，在粗加工与精加工之间或淬火之前，还要进行消除应力的退火。

③ 采用合适的热处理工艺 应尽量做到加热均匀，以减小加热时的热应力；对大型锻模及高速钢或高合金钢工件，应采用预热。

选择合适的淬火加热温度，一般情况下应尽量选择淬火的下限温度。但有时为了调整残余奥氏体量以达到控制变形量的目的，也可把淬火加热温度适当提高。

正确选择淬火介质和淬火方法。在满足性能要求的前提下，应选用较缓和的淬火介质，或采用分级淬火、等温淬火等方法。在 M_s 点以下要缓慢冷却。此外，从分级浴槽中取出空冷时，必须冷到 40℃ 以下才允许去清洗。否则也易开裂。

淬火后必须及时回火，尤其是对形状复杂的高碳合金钢工件更应特别注意。

④ 热处理操作中采取合理措施 对热处理操作中的每一道辅助工序如堵孔、绑孔、吊挂、装炉以及工件浸入淬火介质的方式和运动方向等都应予以足够的重视，以保证工件获得尽可能均匀的加热和冷却；并避免在加热时因自重而引起的变形。

⑤ 使用压床淬火 对于一些薄壁圈类零件、薄板零件、形状复杂的凸轮盘和伞齿轮等，由于在自由状态冷却时，很难保证尺寸精度的要求。为此，可采用压床淬火，亦即将零件置于一些专用的压床模具中，在施加一定的压力下进行冷却（喷油或喷水），这样可保证零件变形符合要求。

（5）淬火工件的过热和过烧

工件在淬火加热时，由于温度过高或者时间过长造成奥氏体晶粒粗大的缺陷称为过热。由于过热不仅在淬火后得到粗大马氏体组织，而且易于引起淬火裂纹。因此，淬火过热的工件强度和韧性降低，易于产生脆性断裂。轻微的过热可用延长回火时间补救。严重的过热则需进行一次细化晶粒退火，然后再重新淬火。淬火加热温度太高，使奥氏体晶界处局部熔化或者发生氧化的现象称为过烧。过烧是严重的加热缺陷，工件一旦过烧无法补救，只能报废。过烧的原因主要是设备失灵或操作不当造成的。高速钢淬火温度高容易过烧，火焰炉加热局部温度过高也容易造成过烧。

（6）淬火加热时的氧化和脱碳

淬火加热时，钢件与周围加热介质相互作用往往会产生氧化和脱碳等缺陷。氧化使工件尺寸减小，表面光洁程度降低，并严重影响淬火冷却速度，进而使淬火工件出现软点或硬度不足等新的缺陷。工件表面脱碳会降低淬火后钢的表面硬度、耐磨性，并显著降低其疲劳强度。因此，淬火加热时，在获得均匀化奥氏体时，必须注意防止氧化和脱碳现象。在空气介质炉中加热时，防止氧化和脱碳最简单的方法是在炉子升温加热时向炉内加入无水分的木炭，以改变炉内气氛，减少氧化和脱碳。此外，采用盐炉加热、用铸铁屑覆盖工件表面，或是在工件表面热涂硼酸等方法都可有效地防止或减少工件的氧化和脱碳。

3.3 钢的回火

将淬火后的零件加热到低于 A_1 的某一温度并保温，然后以适当的方式冷却到室温的热处理工艺称为回火。

回火的目的是为了稳定工件组织和尺寸，减小或消除淬火应力，提高钢的塑性和韧性，获得硬度、强度、塑性和韧性的适当配合，以满足不同工件的性能要求。

制定钢的回火工艺时，应根据钢的化学成分、工件的性能要求以及工件淬火后的组织和硬度来正确选择回火温度、保温时间、回火后的冷却方式等，以保证工件回火后能获得所需要的性能。

3.3.1　回火温度

决定工件回火后的组织和性能最重要的因素是回火温度。生产中根据工件所要求的力学性能、所用的回火温度的高低，可将回火分为低温回火、中温回火和高温回火。

（1）低温回火

低温回火温度范围一般为 150~250℃，得到回火马氏体组织。低温回火钢大部分是淬火高碳钢和淬火高合金钢。经低温回火后得到隐晶马氏体加细粒状碳化物组织，即回火马氏体。亚共析钢低温回火后组织为回火马氏体（回火 M）；过共析钢低温回火后组织为回火马氏体＋碳化物＋残余奥氏体。

低温回火的目的是在保持高硬度（58~64HRC）、高强度和良好的耐磨性情况下，适当提高淬火钢的韧性，同时显著降低钢的淬火应力和脆性。在生产中低温回火大量应用于高碳钢、合金工具钢制造的刀具、模具、量具及滚动轴承，渗碳、碳氮共渗和表面淬火件等。

精密量具、轴承、丝杠等零件为了减少在最后加工工序中形成的附加应力，增加尺寸稳定性，可增加一次在 120~250℃，保温时间长达几十小时的低温回火，有时称为人工时效或稳定化处理。

（2）中温回火

中温回火温度一般在 350~500℃ 之间，回火组织为回火屈氏体。中温回火后工件的内应力基本消除，具有高的弹性极限和屈服极限、较高的强度和硬度（35~45HRC）、良好的塑性和韧性。中温回火主要用于各种弹簧零件及热锻模具。

（3）高温回火

高温回火温度为 500~650℃，回火组织为回火索氏体。通常将淬火和随后的高温回火相结合的热处理工艺称为调质处理。经调质处理后钢具有优良的综合力学性能，硬度为25~35HRC，广泛应用于中碳结构钢和低合金结构钢制造的各种受力比较复杂的重要结构零件，如发动机曲轴、连杆、螺栓、汽车半轴、机床主轴及齿轮等。也可作为某些精密工件如量具、模具等的预先热处理。

钢经正火后和调质后的硬度很相近，但重要的结构件一般都要进行调质而不采用正火。在抗拉强度大致相同情况下，经调质后的屈服点、塑性和韧性指标均显著超过正火，尤其塑性和韧性更为突出。

对于具有二次硬化效应的高合金钢，往往采用高温回火来获得高硬度、高耐磨性和红硬性，高速钢就是其中的典型。但是采用这种高温回火时有两点必须注意：①必须与恰当的淬火相配合，才能获得满意的结果。例如 Cr12 钢，如果在 980℃ 淬火，由于许多碳化物未能溶入奥氏体中，使其合金元素和碳含量较低，淬火后硬度虽高，但高温回火后，硬度反而下降。如果将淬火温度提高到 1080℃，使奥氏体中的合金元素和碳含量大增，淬火后由于出现大量残余奥氏体，其硬度较低，但二次硬化效果却十分显著。②高温回火后还必须至少在相同温度或较低温度再回火一次。这是由于高温回火后，部分残余奥氏体会发生二次淬火，形成新的淬火马氏体。未经回火的马氏体是不允许直接使用的，因此必须再次回火。再回火的次数取决于钢的回火抗力，例如高速钢通常要在 560℃ 回火三次，而国外有的工厂甚至在三次回火后还要加一次 200℃ 的低温回火，以消除任何可能出现的未回火马氏体。

除上述三种回火方法之外，某些不能通过退火来软化的高合金钢，可以在 600~680℃

进行软化回火。

3.3.2　回火保温时间

　　除回火温度这个主要因素以外，回火保温时间也是决定工件回火后硬度的一个重要因素。随回火保温时间的延长，工件硬度将下降，尤其在回火温度较高时，此现象更为明显。

　　回火保温时间应保证工件透热，同时保证组织转变充分进行。实际上，组织转变所需时间并不太长，实验证明一般不大于 0.5h，而透热时间则随温度、工件的有效尺寸、装炉量以及加热方式等的不同而波动较大，一般为 1～3h。据此，在一般情况下，如工件有效尺寸或装炉量较大，回火时间要长些；空气炉中回火时间要比油炉或浴炉中长些；空气强制对流（带有风扇）比静止空气介质中的回火时间要短些等。

　　此外，确定回火时间还应考虑降低或消除内应力的需要。应力的消除主要决定于回火温度（在一定温度下过多延长时间并无明显效果）。例如碳钢淬火后在 150℃ 回火 2.5h 可消除应力约 60%；180～250℃ 回火 2h 可消除应力 75%～80%；300℃ 回火 1.5h 可消除应力 85%～90%；而 500～600℃ 回火 1h 就能消除 90% 以上的内应力。可见，回火温度愈低，从消除内应力角度考虑，回火时间应适当延长。例如，为保持高频淬火后工件的高硬度以及应力的基本消除，在 200℃ 左右应回火 2.5～3h。

　　回火保温时间一般可参考下列公式确定：

$$t_k = K_h + A_h \times D$$

式中　t_k——回火保温时间，min；

　　　K_h——回火保温时间基数，min；

　　　A_h——回火保温时间系数，min/mm；

　　　D——工件有效厚度，mm。

K_h 与 A_h 值可参考表 3-3 确定。

表 3-3　回火保温时间基数（K_h）与保温时间系数（A_h）

回火条件	300℃以下		300～450℃		450℃以上	
	电炉	盐炉	电炉	盐炉	电炉	盐炉
K_h/min	120	120	20	15	10	3
A_h/(min/mm)	1	0.4	1	0.4	1	0.4

3.3.3　回火后的冷却

　　工件回火后一般在空气中冷却。对于一些重要的机器零件和工模具，为了防止重新产生内应力和变形、开裂，通常都采用缓慢冷却的方式。对于有高温回火脆性的钢件，回火后应进行油冷或水冷，以抑制回火脆性。

3.4　钢的表面热处理

3.4.1　表面淬火

　　许多机器零件，如齿轮、凸轮、曲轴等是在弯曲、扭转载荷下工作，同时受到强烈的摩擦、磨损和冲击。这时应力沿工件断面的分布是不均匀的，越靠近表面应力越大，越靠近心部应力越小。这种工件只需要一定厚度的表层得到强化，表层硬而耐磨，心部仍可保留高韧性状态。要同时满足这些要求，仅仅依靠选材是比较困难的，用普通的热处理也无法实现。这时可通过表面淬火的手段来满足工件的使用性能要求。

仅对钢的表面快速加热、冷却，把表层淬成马氏体，心部组织不变的热处理工艺称为表面淬火。表面淬火的主要目的是使零件表面获得高硬度和高耐磨性，而心部仍保持足够的塑性和韧性。

根据加热方法不同，表面淬火可分为感应加热（高频、中频、工频）表面淬火、火焰加热表面淬火、电接触加热表面淬火、电解液加热表面淬火、激光加热表面淬火、电子束表面淬火等。工业上应用最多的为感应加热和火焰加热表面淬火。

3.4.1.1 感应加热表面淬火

（1）基本原理

感应加热表面淬火法的原理如图 3-15 所示。把工件放入由空心铜管绕成的感应器（线圈）中，感应器中通入一定频率的交流电以产生交变磁场，于是工件内就会产生频率相同、方向相反的感应电流。感应电流在工件内自成回路，故称为"涡流"。涡流在工件截面上的分布是不均匀的，表面密度大，中心密度小，通入感应器的电流频率越高，涡流集中的表面层越薄，这种现象称为"集肤效应"。由于钢本身具有电阻，因而集中于工件表面层的涡流，可使表层迅速被加热到淬火温度，而心部温度仍接近室温，所以，在随即喷水快速冷却后，就达到了表面淬火的目的。

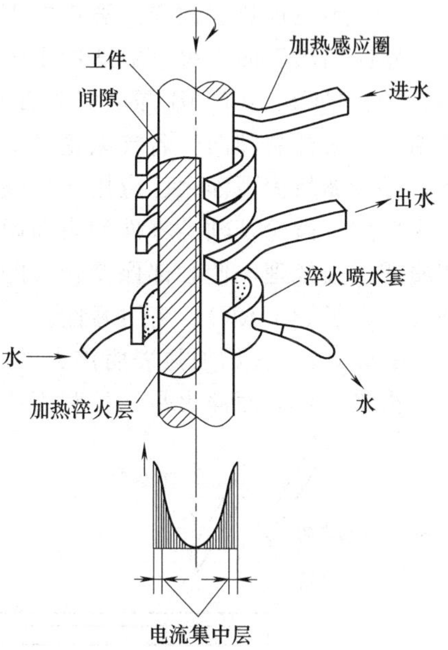

电流透入工件表层的深度主要与电流频率有关，频率越高，透入层深度越小。对于碳钢，淬硬层深度与电流频率存在以下关系：

$$\delta = \frac{500}{\sqrt{f}}$$

式中　δ——淬硬层深度，mm；

　　　f——电流频率，Hz。

图 3-15　感应加热表面淬火示意图

可见，电流频率越大，淬硬层深度越薄。因此，通过改变交流电的频率，可以得到不同厚度的淬硬层，生产中一般根据工件尺寸大小及所需淬硬层的深度来选用感应加热的频率。

感应加热设备的频率不同，其使用范围也不同。高频加热表面淬火常用的电流频率为 80～1000kHz，可获得的表面硬化层深度为 0.5～2mm，主要用于中小模数齿轮和轴类零件；中频加热表面淬火常用的电流频率为 2500～8000Hz，可获得 3～6mm 的表面硬化层，主要用于曲轴、凸轮轴和大模数齿轮；工频加热表面淬火常用的电流频率为 50Hz，可获得 10～15mm 的硬化层，主要用于冷轧辊和车轮等。

（2）感应加热表面淬火的特点

① 由于感应加热速度极快，过热度增大，使钢的临界点升高，故感应加热淬火温度（工件表面温度）高于一般淬火温度。

② 由于感应加热升温速度快，保温时间极短，奥氏体晶粒不易长大，淬火后表面得到非常细小的隐晶马氏体组织，使工件表层硬度比普通淬火高 2～3HRC，耐磨性也有较大提高。

③ 感应加热表面淬火后，工件表层强度高，由于马氏体转变产生体积膨胀，故在工件表层产生很大的残余压应力，因此能显著提高零件的疲劳强度并降低缺口敏感性。小尺寸零

件疲劳强度可提高2～3倍，大尺寸零件可提高20％～30％。

④ 由于感应加热速度快、时间短，故淬火后无氧化、脱碳现象，又因工件内部未被加热，故工件淬火变形小。

⑤ 感应加热淬火的生产率高，便于实现机械化与自动化，淬火层深度又易于控制，适于批量生产形状简单的机器零件。

由于以上特点，感应加热表面淬火在热处理生产中得到了广泛的应用。其缺点是设备昂贵，形状复杂的零件处理比较困难。

感应加热淬火后，为了减小淬火应力和降低脆性并保持表面高硬度和高耐磨性，需进行170～200℃的低温回火，尺寸较大的工件也可利用淬火后的工件余热进行自回火。

（3）感应加热表面淬火适用的钢种与应用举例

感应加热表面淬火一般适用于中碳钢和中碳低合金钢（含碳量0.4％～0.5％），如40、45、50、40Cr、40MnB等。因为含碳量过高，会增加淬硬层脆性，降低心部塑性和韧性，并增加淬火开裂倾向。若含碳量过低，会降低零件表面淬硬层的硬度和耐磨性。在某些条件下，感应加热表面淬火已应用于高碳工具钢、低合金工具钢及铸铁等工件。感应加热表面淬火主要用于齿轮、轴类零件的表面硬化，提高耐磨性和疲劳强度。表面淬火零件一般先通过调质或正火处理，使心部保持较高的综合力学性能，表层则通过表面淬火＋低温回火获得高硬度（大于50HRC）、高耐磨性。

3.4.1.2 火焰加热表面淬火

火焰加热表面淬火是一种利用乙炔-氧气或煤气-氧气混合气体燃烧的高温火焰，喷射在

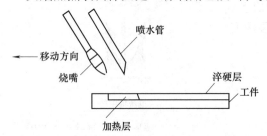

工件表面上，将工件表面迅速加热到淬火温度，而心部温度仍很低，随后以浸水和喷水方式进行激冷，使工件表层转变为马氏体而心部组织不变的工艺方法。图3-16为火焰加热表面淬火示意图。

火焰加热表面淬火的淬硬层深度一般为2～6mm，若要获得更深的淬硬层，会引起零件表面的严重过热，且易产生淬火裂纹。它

图3-16　火焰加热表面淬火示意图

适用于由中碳钢、中碳合金钢及铸铁制成的大型工件（如大型轴类、大模数齿轮、轧辊等）的表面淬火。

火焰加热表面淬火的优点是：设备简单、成本低、工件大小不受限制。缺点是淬火硬度和淬透性深度不易控制，常取决于操作工人的技术水平和熟练程度；生产效率低，只适合单件和小批量生产的大型或需要局部淬火的零件。

3.4.2 化学热处理

化学热处理是将钢件置于一定温度的活性介质中保温，使介质中的一种或几种元素原子渗入工件表层，以改变钢件表层化学成分和组织，进而达到改变表面性能的热处理工艺。和表面淬火不同，化学热处理后的工件表面不仅有组织的变化，而且也有化学成分的变化。

化学热处理后的钢件表面可以获得比表面淬火所具有的更高的硬度、耐磨性和疲劳强度；心部在具有良好的塑性和韧性的同时，还可获得较高的强度。通过适当的化学热处理还可使钢件具有减摩、耐腐蚀等特殊性能。因此，化学热处理工艺已获得越来越广泛的应用。

化学热处理的种类很多，根据表面渗入的元素不同，化学热处理可分为渗碳、渗氮（氮化）、碳氮共渗、渗硼、渗金属等。

化学热处理的一般过程通常由分解、吸收和扩散三个基本过程组成。

① 化学介质的分解，通过加热使化学介质释放出待渗元素的活性原子，例如渗碳时 $CH_4 \longrightarrow 2H_2 + [C]$，渗氮时 $2NH_3 \longrightarrow 3H_2 + 2[N]$；

② 活性原子被钢件表面吸收和溶解，进入晶格内形成固溶体或化合物；

③ 原子由表面向内部扩散，形成一定的扩散层。

目前，生产上应用最广的化学热处理是渗碳、渗氮和碳氮共渗。

3.4.2.1　渗碳

将钢放入渗碳的介质中加热并保温，使活性碳原子渗入钢的表层的工艺称为渗碳。其目的是通过渗碳及随后的淬火＋低温回火，使工件表面具有高的硬度、耐磨性和良好的抗疲劳性能，而心部具有较高的强度和良好的韧性。渗碳并经淬火加低温回火与表面淬火不同，表面淬火不改变表层的化学成分，而是依靠表面加热淬火来改变表层的组织，从而达表面强化的目的；而渗碳并经淬火加低温回火则能同时改变表层的化学成分和组织，因而能更有效地提高表层的性能。渗碳可使同一材料制作的机器零件兼有高碳钢和低碳钢的性能，从而使这些零件既能承受磨损和较高的表面接触应力，同时又能承受弯曲应力及冲击负荷的作用。

（1）渗碳方法

根据渗碳剂的不同，渗碳方法有气体渗碳、固体渗碳和液体渗碳。目前，生产中应用较多的是气体渗碳法。

固体渗碳法是将低碳钢件放入装满固体渗碳剂的渗碳箱中，密封后送入炉中加热至渗碳温度，以使活性碳原子渗入工件表层。固体渗剂通常是由木炭和碳酸盐（$BaCO_3$ 或 Na_2CO_3 等）混合组成。其中木炭是基本的渗碳介质，碳酸盐在渗碳过程中起着催化助渗的作用，可加速渗碳过程的进行，故又称为"催渗剂"。渗碳温度一般为 $900 \sim 930℃$，渗碳保温时间视层深要求确定，常常需要十几个小时。固体渗碳法加热时间长，生产率低，劳动条件差，渗碳质量不易控制，故已逐渐被气体渗碳法所代替。但由于固体渗碳法设备简单，渗碳剂来源广、成本低，故目前一些小厂仍广泛采用。

气体渗碳法是将低碳钢或低碳合金钢工件置于密封的渗碳炉中，加热至完全奥氏体化温度（奥氏体溶碳量大，有利于碳的渗入），通常是 $900 \sim 950℃$，并通入渗碳介质使工件渗碳的方法，气体渗碳装置如图3-17所示。气体渗碳介质可分为两大类：一是液体介质（含有碳氢化合物的有机液体），如煤油、苯、醇类和丙酮等，使用时直接滴入高温炉罐内，经裂解后产生活性碳原子；二是气体介质，如天然气、丙烷气

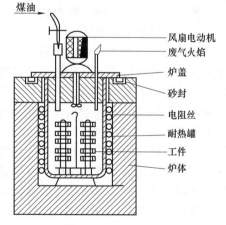

图 3-17　气体渗碳装置示意图

及煤气等，使用时直接通入高温炉罐内，经裂解后用于渗碳。但是由渗剂直接滴入炉内进行渗碳时，由于热裂解出的活性碳原子过多，不能全部为零件表面吸收而以炭黑、焦油等形式沉积于零件表面，阻碍渗碳过程，而且渗碳气氛的碳势也不易控制。因此发展了滴注式可控气氛渗碳，即向高温炉中同时滴入两种有机液体，一种液体（如甲醇）产生的气体碳势较低，作为稀释气体；另一种液体（如醋酸乙酯）产生的气体碳势较高，作为富化气。通过改变两种液体的滴入比例，利于露点仪或红外分析仪控制碳势，使零件表面的碳含量控制在要求的范围内。

（2）渗碳后的组织

常用于渗碳的钢为低碳钢和低碳合金钢，如20、20Cr、20CrMnTi、12CrNi3等。渗碳后渗层中的含碳量是不均匀的，表面最高（约1.0%），由表及里逐渐降低至原始含碳量。所以渗碳后缓冷组织自表面至心部依次为：过共析组织（珠光体＋二次渗碳体）、共析组织（珠光体）、亚共析组织（珠光体＋铁素体）的过渡区，直至心部的原始组织。对于碳钢，渗碳层深度规定为：从表层到过渡层一半（50% P＋50% F）的厚度。图3-18为低碳钢渗碳缓冷后的显微组织。

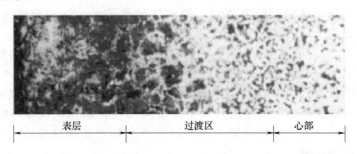

图3-18 低碳钢渗碳缓冷后的显微组织

根据渗层组织和性能的要求，一般零件表层含碳量最好控制在0.85%～1.05%之间，若含碳量过高，会出现较多的网状或块状碳化物，则渗碳层变脆，容易脱落；含碳量过低，则硬度不足，耐磨性差。渗层厚度一般为0.5～2.0mm，渗层碳含量变化应当平缓。

渗碳层含碳量和渗碳层深度依靠控制通入的渗碳剂量、渗碳时间和渗碳温度来保证。当渗碳零件有不允许高硬度的部位时，如装配孔等，应在设计图样上予以注明。该部位可采取镀铜或涂抗渗涂料的方法来防止渗碳，也可采取多留加工余量的方法，待零件渗碳后在淬火前去掉该部位的渗碳层（即退碳）。

（3）渗碳后的热处理

为了充分发挥渗碳层的作用，使零件表面获得高硬度和高耐磨性，心部保持足够的强度和韧性，零件在渗碳后必须进行适当的热处理，否则就达不到表面强化的目的。渗碳后的热处理方法有：直接淬火法、一次加热淬火法和二次加热淬火法，如图3-19所示。工件渗碳后随炉［见图3-19(a)］或出炉预冷［见图3-19(b)］到稍高于心部成分的A_{r3}温度（避免析出铁素体），然后直接淬火，这就是直接淬火法。预冷的目的主要是减少零件与淬火介质的温差，以减少淬火应力和零件的变形。直接淬火法工艺简单、生产效率高、成本低、氧化脱碳倾向小。但因工件在渗碳温度下长时间保温，奥氏体晶粒粗大，淬火后则形成粗大马氏体，性能下降，所以只适用于过热倾向小的本质细晶粒钢，如20CrMnTi等。

零件渗碳终了出炉后缓慢冷却，然后再重新加热淬火，这称为一次淬火法［见图3-19(c)］。这种方法可细化渗碳时形成的粗大组织，提高力学性能。淬火温度的选择应兼顾表层和心部。如果强化心部，则加热到A_{c3}以上，使其淬火后得到低碳马氏体组织；如果强化表层，需加热到A_{c1}以上。这种方法适用于组织和性能要求较高的零件，在生产中应用广泛。

工件渗碳冷却后两次加热淬火，即为两次淬火法，如图3-19(d)所示。一次淬火加热温度一般为心部成分的A_{c3}以上，目的是细化心部组织，同时消除表层的网状碳化物。二次淬火加热温度一般为A_{c1}以上，使渗层获得细小粒状碳化物和隐晶马氏体，以保证获得高强度和高耐磨性。该工艺复杂、成本高、效率低、变形大，仅用于要求表面高耐磨性和心部高韧性的重要零件。

渗碳件淬火后都要在160～180℃范围内进行低温回火。淬火加低温回火后，渗碳层的

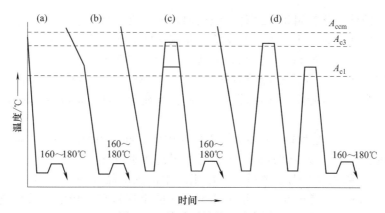

图 3-19　渗碳后热处理示意图

(a)、(b) 直接淬火；(c) 一次淬火；(d) 二次淬火

组织由高碳回火马氏体、碳化物和少量残余奥氏体组成，其硬度可达到 $60 \sim 62$HRC，具有高的耐磨性。心部组织与钢的淬透性及工件的截面尺寸有关。全部淬透时是低碳回火马氏体；未淬透时是低碳回火马氏体加少量铁素体或屈氏体加铁素体组织。

（4）渗碳件的质量检验

① 渗碳层深度的检验　渗碳后并在淬火前需要检查渗碳层的深度，检验的方法主要有以下两种：

（a）宏观断口分析　此法是将随炉渗碳的试样直接淬火，然后打断，观察其断口。在断口上渗碳层呈白色瓷状断口，未渗碳部分为灰色纤维状断口，根据两种断口交界至表面的距离就可以量出渗碳层深度，从而可以确定出炉时间。

（b）显微分析　此法是用金相显微镜对渗碳试样横截面进行显微测量。试样须先退火，经渗碳后表层为高碳钢，心部为低碳钢，因此，从表至里组织也是从过共析到亚共析逐渐变化。

一般应用较广而且比较容易测量的是以组织中有 50% 珠光体处为标准分界，即渗碳层深度等于过共析层＋共析层＋$1/2$ 亚共析层的总和。有时对于某些合金钢的渗碳层是测量到出现原始组织为止。

② 渗碳层的金相组织检验　金相组织主要是检验渗碳层碳化物级别、马氏体级别、残留奥氏体的数量和组织缺陷。

关于各种组织的具体检验标准，因工件的性能要求不同而有所不同。如以汽车、拖拉机齿轮为例，马氏体根据针片的大小分 8 级，$1 \sim 5$ 级为合格；残留奥氏体根据数量的多少分为 8 级，$1 \sim 5$ 级为合格；碳化物则根据其形状、大小、数量等分为 8 级，$1 \sim 5$ 级为合格。心部的游离铁素体是根据其形状、大小和数量亦定为 8 级，大模数齿轮 $1 \sim 5$ 级为合格，小模数齿轮 $1 \sim 4$ 级为合格。具体的级别标准可参阅国家标准图册。

③ 渗碳层浓度梯度的检验　虽然金相分析可以大致的了解渗碳层的浓度分布情况，但并不精确。为此，常用剥层分析方法进行浓度梯度的检验。

该方法是将 $\phi(20 \sim 40)$mm$\times$80mm 的随渗试样，进行 $0.05 \sim 0.1$mm 的分层别离，然后进行定碳分析。根据分析的数据作出含碳量与离表面距离的分布曲线，该曲线反映出渗层浓度分布情况。

（5）渗碳件的组织缺陷

① 渗碳层出现粗大的网状碳化物　这是由于渗碳不当造成的，在齿轮的齿顶处特别容

易产生这种粗大网状碳化物组织。这种组织的出现，不仅严重影响工件的使用寿命，而且容易在淬火或者磨削加工时产生开裂。为消除网状碳化物应严格控制渗碳时炉气的碳势和工艺参数，使渗层浓度不至于过高，一旦出现网状碳化物，应采用正火或淬火等方法来消除。

② 表面脱碳　产生的原因是渗碳后期渗碳气氛碳势过低，或渗碳后冷却及淬火加热时保护不良所致。表面脱碳降低了表面硬度、耐磨性和疲劳强度。消除的办法是进行补渗，或磨削掉脱碳层。

③ 心部出现过多的铁素体　过多的铁素体会破坏心部组织的均匀性，使心部强度降低，加速疲劳裂纹的扩展，为减少铁素体，可以适当提高渗碳温度。

④ 黑色组织　某些合金钢渗碳后，表层组织中出现沿晶界断续的网状黑色组织，其深度为 0.03～0.05mm，其特征与过烧组织相似。它的出现将严重影响工件性能。一般认为，黑色组织可能是由氧化和渗层淬透性不足引起的。为避免黑色组织的出现，应严格控制渗碳气氛的碳势和尽量减少炉气中的 O_2、CO_2、H_2O 等氧化性气体，同时应加快冷却速度以减少非马氏体体组织的出现。

⑤ 反常组织　反常组织的特征是在表面渗碳层的过共析区中，沿二次渗碳体周围出现块状铁素体层，如图 3-20 所示。这种反常组织多半在固体渗碳的沸腾钢中出现。产生的原因目前尚未搞清，一般认为氧的存在是产生反常组织的重要原因，即内氧化是造成反常组织的原因。

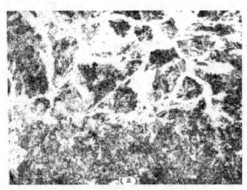 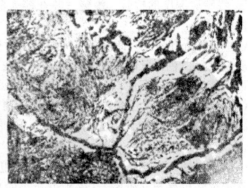

(a) 3%硝酸酒精溶液浸蚀(100×)　　　　　　(b) 苦味酸氢氧化钠水溶液浸蚀(400×)

图 3-20　低碳钢 950℃固体渗碳 2h 出现的反常组织

总之，渗碳可以大大改善钢的力学性能，特别是使疲劳强度和耐磨性有明显提高，因此渗碳是化学热处理中最重要最常用的一种有效强化方法。随着科学技术的发展，渗碳工艺也在不断发展。例如，为了缩短渗碳时间，提高渗碳温度的办法已得到应用，其温度可达980～1080℃。由于真空炉的推广，也大大促进了真空渗碳工艺的发展。离子氮化成功地用于生产也带动了离子渗碳的研究。为了节约能源和石油消耗，直接在工作炉内滴注有机液体以获得渗碳气氛，或以氮基气为载体气的气体渗碳法目前也有了长足的进展。采用微机对渗碳过程进行全自动控制是一个重要的发展方向。

3.4.2.2　渗氮

渗氮俗称氮化，是指在一定温度下使活性氮原子渗入工件表面，形成含氮硬化层的化学热处理工艺。其目的是提高零件表面硬度（可达 1000～1200HV）、耐磨性、疲劳强度、热硬性和耐蚀性等。渗氮主要用于耐磨性要求高，耐蚀性和精度要求高的零件，有许多零件（如高速柴油机的曲轴、气缸套、镗床的镗杆、螺杆、精密主轴、套筒、蜗杆、较大模数的精密齿轮、阀门以及量具、模具等），它们在表面受磨损、腐蚀和承受交变应力及动载荷等复杂条件下工作，表面要求具有高的硬度、耐磨性、强度、耐腐蚀、耐疲劳等，而心部要求具有较高的强度和韧性。更重要的是还要求热处理变形小，尺寸精确，热处理后最好不要再进行机加工。这些要求用渗碳是不能完全达到的，而渗氮却可以完全满足这些要求。

常用的渗氮方法有气体渗氮、离子渗氮、氮碳共渗（软氮化）等。生产中应用较多的是气体渗氮。

气体渗氮是将氨气通入加热至渗氮温度的密封渗氮炉中，使其分解出活性氮原子（$2NH_3 \longrightarrow 3H_2 + 2[N]$）并被钢件表面吸收、扩散形成一定厚度的渗氮层。渗氮主要通过在工件表面形成氮化物层来提高工件硬度和耐磨性。氮和许多合金元素如 Cr、Mo、Al 等均能形成细小的氮化物。这些高硬度、高稳定性的合金氮化物呈弥散分布，可使渗氮层具有更高的硬度和耐磨性，故渗氮用钢常含有 Al、Mo、Cr 等，而 38CrMoAl 钢成为最常用的渗氮钢，其次也有用 40Cr、40CrNi、35CrMn 等钢种。

由于氨气分解温度较低，故通常的渗氮温度在 500～580℃ 之间。在这种较低的处理温度下，氮原子在钢中扩散速度很慢，因此，渗氮所需时间很长，渗氮层也较薄。例如38CrMoAl 钢制造的轴类零件，要获得 0.4～0.6mm 的渗氮层深度，渗氮保温时间需 50h 以上。渗氮温度低且渗氮后不再进行热处理，所以工件变形小。鉴于此，许多精密零件非常适宜进行渗氮处理。为了提高钢件心部的强韧性，需要在渗氮前对工件进行调质处理。

渗氮主要缺点是工艺时间太长，例如得到 0.3～0.5mm 的渗氮层，一般为 20～50h，而得到相同厚度的渗碳层只需要 3h 左右。渗氮成本高，渗氮层薄（0.3～0.6mm）而脆。

为了缩短渗氮周期，目前广泛应用离子渗氮工艺。低真空气体中总是存在微量带电粒子（电子和离子），当施加一高压电场时，这些带电粒子即作定向运动，其中能量足够大的带电粒子与中性的气体原子或分子碰撞，使其处于激发态，成为活性原子或离子。离子渗氮就是利用这一原理，把作为阴极的工件放在真空室，充以稀薄的 H_2 和 N_2 混合气体，在阴极和阳极之间加上直流高压后，产生大量的电子、离子和被激发的原子，它们在高压电场的作用下冲向工件表面，产生大量的热把工件表面加热，同时活性氮离子和氮原子为工件表面所吸附，并迅速扩散，形成一定厚度的渗氮层。

离子渗氮表面形成的氮化层具有优异的力学性能，如高硬度，高耐磨性，良好的韧性和疲劳强度等，使得离子渗氮零件的使用寿命成倍提高。例如，W18Cr4V 刀具在淬火回火后再经 500～520℃ 离子氮化 30～60min，使用寿命提高 2～5 倍。此外，离子渗氮节约能源，渗氮气体消耗少，操作环境无污染；渗氮速度快，是普通气体氮化的 3～4 倍。其缺点是设备昂贵，工艺成本高，不宜于大批量生产。离子渗氮适用于所有钢种和铸铁，渗氮速度快，渗氮层及渗氮组织可控，变形极小，可显著提高钢的表面硬度和疲劳强度。

3.4.2.3　碳氮共渗

碳氮共渗是同时向钢件表面渗入碳和氮原子的化学热处理工艺，也俗称为氰化。碳氮共渗零件的性能介于渗碳与渗氮零件之间。目前中温（780～880℃）气体碳氮共渗和低温（500～600℃）气体氮碳共渗（即气体软氮化）的应用较为广泛。中温体碳氮共渗主要以渗碳为主，用于提高结构件（如齿轮、蜗轮、轴类件）的硬度、耐磨性和疲劳性；低温气体氮碳共渗以渗氮为主，主要是提高耐磨性和疲劳强度，而硬度提高不多，故又称为软氮化，多用于提高工模具的表面耐磨性和抗咬合性。

碳氮共渗件常选用低碳或中碳钢及中碳合金钢，共渗后可直接淬火和低温回火，其渗层组织为：细片（针）回火马氏体加少量粒状碳氮化合物和残余奥氏体，硬度为 58～63HRC；心部组织和硬度取决于钢的成分和淬透性。

催渗技术作为一种能缩短化学热处理的工艺过程周期和提高渗层质量的方法，能显著地提高生产效率，自 20 世纪 80 年代，我国学者首先发现稀土催渗现象后，催渗研究就在我国蓬勃发展起来。由于起步早，参与面广，我国催渗技术的研究水平目前处于国际领先水平。我国是稀土资源大国，大力发展稀土在化学热处理领域的应用，可充分发挥资源优势以获得最佳的技术、经济效果。

在碳氮共渗过程中加入稀土，不仅可以活化渗入介质，缩短化学热处理的工艺过程周期，还能使渗层组织结构发生新的变化，改善共渗层组织，起到微合金化作用，使钢共渗层性能得到提高。

气相用稀土碳氮共渗剂的配制原则，是在碳氮共渗剂的基础上加入含稀土的有机溶剂，混溶后的共渗剂按一定要求滴入普通滴注式气体渗碳（氮）炉，即可实现稀土碳氮共渗，也可以将碳氮共渗剂和含稀土的有机溶剂分别滴入炉内来实现稀土碳氮共渗。

3.5　热处理与表面处理新技术

随着科学技术的迅猛发展，热处理生产技术也发生着深刻的变化。先进热处理技术正走向定量化、智能化和精确控制的新水平，各种工程和功能新材料、新工艺，为热处理技术提供了更加广阔的应用领域和发展前景。热处理发展的主要趋势是不断改革加热和冷却技术，发展可控气氛热处理、真空热处理、形变热处理、表面技术等，以及创造新的淬火介质和新的化学热处理工艺。新工艺、新技术、新设备的发展及计算机的应用主要是为了提高工件的强度和韧性；增强工件的抗疲劳和耐磨性能；减少加热过程中的氧化和脱碳；减少热处理过程中工件的变形；节约能源，降低成本，提高经济效益；以及减少或防止环境污染等。

3.5.1　可控气氛热处理

在炉气成分可控的热处理炉内进行的热处理称为可控气氛热处理。

在热处理时实现无氧化加热是减少金属氧化损耗，保证制件表面质量的必备条件。而可控气氛则是实现无氧化加热的最主要措施。正确控制热处理炉内的炉气成分，可为某种热处理过程提供元素的来源，金属零件和炉气通过界面反应，其表面可以获得或失去某种元素。也可以对加热过程的工件提供保护。如可使零件不被氧化，不脱碳或不增碳，保证零件表面耐磨性和抗疲劳性。从而也可以减少零件热处理后的机加工余量及表面的清理工作。缩短生产周期，节能、省时，提高经济效益。可控气氛热处理已成为最成熟的、在大批量生产条件下应用最普遍的热处理技术之一。

（1）常用可控气氛的主要类别

① 吸热式气氛　吸热式气氛是气体反应中需要吸收外热源的能量，才能使反应向正方向发生的热处理气氛。因此，吸热式气氛的制备，均要采用有触媒剂（催化剂）的高温反应炉产生化学反应。

吸热式气氛可用天然气、液化石油气（主要成分是丙烷）、城市煤气、甲醇或其它液体碳氢化合物作原料，按一定比例与空气混合后，通入发生器进行加热，在触媒剂的作用下，经吸热而制成。吸热式气氛主要用作渗碳气氛和高碳钢的保护气氛。

② 放热式气氛　放热式气氛可用天然气、乙烷、丙烷等作原料，按一定比例与空气混合后，依靠自身的燃烧放热反应而制成。由于反应时放出大量热量，故称为放热式气氛。如用天然气为原料制备反应气：

$$CH_4 + 2O_2 + 7.42N_2 \longrightarrow CO_2 + 2H_2O + 7.42N_2$$

放热式气氛是所有制备气氛中最便宜的一种，主要用于防止热处理加热时工件的氧化，如低碳钢的光亮退火，中碳钢小件的光亮淬火等。

③ 放热-吸热式气氛　这种气氛用放热和吸热两种方式综合制成。第一步，先将气体燃料（如天然气等）和空气混合，在燃烧室中进行放热式燃烧；第二步，将燃烧室中的燃烧产物再次与少量燃料混合，在装有催化剂的反应罐内进行吸热反应，产生的气体经冷却即为放热-吸热式气氛。它可用于吸热式和放热式气氛原来使用的各个方面，也可作为渗碳和碳氮共渗的载流气体。此种气氛含氮量低，因而可减轻氢脆倾向。

④ 滴注式气氛　用液体有机化合物（如甲醇、乙醇、丙酮、甲酰胺、三乙醇胺等）混合滴入或与空气混合后喷入高温热处理炉内所得到的气氛称为滴注式气氛。它主要用于渗碳、碳氮共渗、软氮化、保护气氛淬火和退火等。

（2）氮基可控气氛热处理的特点及应用简介

氮作为一种中性气氛应用于热处理中，已有多年历史，但作为可控气氛的重要组成之一来加以应用，却是近来国外发展起来的热处理新技术，故称为氮基可控气氛热处理。

氮基气氛是以纯氮（含氮 99.99% 以上）或工业氮（含氧 2%～5% 的工业氮）为基本原料气，再根据气氛的制备方法和用途，加入适量的碳氢化合物，如天然气、丙烷等，制成以氮为主要成分的可控气氛，这类气氛可以广泛应用各种加热工艺过程，如金属材料的光亮热处理、化学热处理、钎焊及粉末冶金的烧结等工艺过程。

氮基可控气氛热处理具有如下特点。

① 氮基气氛可以代替常用的放热式和吸热式气氛用于各种热处理工艺中。

② 因为制取这种可控气氛时不需要消耗大量天然气或丙烷等燃料气，并在热处理工艺中用气量少，因此节约气源和能源。

③ 氮基气氛具有不可燃性，故无爆炸危险，并且无毒或毒性很小，生产操作安全，又无环境污染，实际上这是利用空气中氮的一种循环过程。

④ 可保证和提高工件的热处理质量。

3.5.2　真空热处理

真空热处理是在 0.0133～1.33Pa 真空度的真空介质中对工件进行热处理的工艺。真空热处理具有无氧化、无脱碳、无元素贫化的特点，可以实现光亮热处理，可以使零件脱脂、脱气，避免表面污染和氢脆；同时可以实现控制加热和冷却，减少热处理变形。提高材料性能；还具有便于自动化、柔性化和清洁热处理等优点。近年已被广泛采用，并获得迅速发展。

（1）真空热处理的优越性

真空热处理是和可控气氛并驾齐驱的应用面很广的无氧化热处理技术，也是当前热处理生产技术先进程度的主要标志之一。真空热处理不仅可实现钢件的无氧化、无脱碳，而且还可以实现生产的无污染和工件的少畸变。据国内外经验，工件真空热处理的畸变量仅为盐浴加热淬火的三分之一，因而它还属于清洁和精密生产技术范畴。

真空热处理具有下列优点。

① 可以减少工件变形　工件在真空中加热时，升温速度缓慢，因而工件内外温度均匀，所以处理时变形较小。

② 可以减少和防止工件氧化　真空中氧的分压很低，金属在加热时的氧化过程受到有效抑制，可以实现无氧化加热，减少工件在热处理加热过程中的氧化、脱碳现象。

③ 可以净化工件表面　在真空中加热时，由于真空中氧的分压很小，工件表面的氧化物、油污发生分解并被真空泵排出，因而可得到表面光亮的工件。洁净光亮的工件表面不仅

美观，而且还会提高工件耐磨性、疲劳强度。

④ 脱气作用 工件在真空中长时间加热时，溶解在金属中的气体，会不断逸出并由真空泵排出。金属的脱气是按以下步骤进行的：a. 金属中的气体向表面扩散；b. 金属表面气体的脱附逸出；c. 气体从真空炉内排除。真空热处理的脱气作用，有利于改善钢的韧性，提高工件的使用寿命。

⑤ 脱脂作用 工件表面附着的油脂属于普通脂肪族，是碳、氢、氧的化合物，在真空中加热时迅速分解为氢、水蒸气和二氧化碳等气体，它们很容易蒸发而被真空泵排除。

除了上述优点以外，真空热处理还可以减少或省去热处理后清洗和磨削加工工序，改善劳动条件，实现自动控制。

（2）真空热处理的应用

由于真空热处理本身所具备的一系列特点，因此这项新的工艺技术得到了突飞猛进的发展。现在几乎全部热处理工艺均可以进行真空热处理，如退火、淬火、回火、渗碳、氮化、渗金属等。这里仅就钢的真空退火、真空淬火及真空化学热处理等方面作一简介。

① 真空退火 对钢来说，采用真空退火的主要目的之一是要求表面达到一定的光亮度。实践表明，真空退火时钢件的光亮度与真空度、退火温度和出炉温度有关。因金属在真空中加热，可防止氧化、脱气、脱脂等作用。目前真空退火除了用于钢、铜及其合金以外，还可处理一些与气体亲和力较强的金属，如钛、钽、铌等。

② 真空淬火 真空淬火的工件具有表面光亮度好、硬度高、变形小而且均匀及使用寿命长的特点。目前已大量用于各种渗碳钢、合金工具钢、高速钢、不锈钢以及各种时效合金、硬磁合金的固溶淬火。目前其设备已由周期作业式的密封淬火炉发展到连续作业式的大型淬火炉。但是真空淬火也有不足之处，如真空处理设备比较复杂庞大，而且价格昂贵。

③ 真空渗碳 真空渗碳是将工件置于真空中加热并进行气体渗碳，也称为低压渗碳，是近年来在高温渗碳和真空淬火基础上发展起来的一种新工艺。真空渗碳与普通渗碳相比具有很多优点，如由于加热温度较高，可显著缩短渗碳时间，减少碳气体消耗，能精确地控制工件表面碳浓度、浓度梯度和有效渗层深度，渗碳后工件表面光亮，真空渗碳基本上没有环境污染，也无热的烘烤，显著地改善了劳动条件。因此，真空渗碳是一项很有发展前途的热处理工艺。但是，也存也不足之处，如周期式生产产量低，设备昂贵、成本高、故普及受到限制。

3.5.3 形变热处理

所谓形变热处理，就是将形变强化与相变强化综合起来的一种复合强韧化处理方法。从广义上来说，凡是将零件的成形工序与组织改善有效结合起来的工艺都叫形变热处理。该工艺既能提高钢的强度，又能改善钢的塑性和韧性，同时还能简化工艺，节省能源。因此，形变热处理是提高钢的强韧性的重要手段之一。

形变热处理的强化机理是：奥氏体形变使位错密度升高，由于动态回复形成稳定的亚结构，淬火后获得细小的马氏体，板条马氏体数量增加，板条内位错密度升高，使马氏体强化。此外，奥氏体形变后位错密度增加，为碳氮化物弥散析出提供了条件，获得弥散强化效果。弥散析出的碳氮化物阻止奥氏体长大，转变后的马氏体板条更加细化，产生细晶强化。马氏体板条的细化及其数量的增加，碳氮化物的弥散析出，都能使钢在强化的同时得到韧化。

根据形变与相变的关系，形变热处理可分为三种基本类型：在相变前进行形变；在相中进行形变；在相变后进行形变。这三种类型的形变热处理，都能获得形变强化与相变强化的综合效果。现仅介绍相变前形变的高温形变热处理和中温形变热处理。

（1）高温形变热处理

高温形变热处理是将钢材加热到奥氏体区域后进行塑性变形，然后立即进行淬火和回火（见图 3-21），例如锻热淬火和轧热淬火。这种工艺的要点是，在稳定的奥氏体状态下形变时，为了保留形变强化的效果，应尽可能避免发生奥氏体再结晶的软化过程，所以，形变后应立即快速冷却。

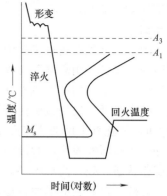

图 3-21　高温形变热处理示意图

高温形变热处理将锻造和轧制同热处理结合起来，省去重新加热过程，从而节约能源，减少工件的氧化、脱碳和变形，质量稳定，工艺简单，且不要求大功率设备，生产上容易实现，所以这种处理得到了较快的发展。适用于形状简单的零件或工具的热处理，如连杆、曲轴、刀具和模具等。

高温形变热处理和普通热处理相比，不但能提高钢的强度。而且能显著提高钢的塑性和韧性。使钢的综合力学性能得到明显的改善。另外，由于钢件表面有较大的残余压应力，还可使疲劳强度显著提高。

形变温度和形变量显著影响高温形变热处理的强化效果。形变温度高，形变至淬火停留时间长，容易发生再结晶软化过程，减弱形变强化效果，故一般终轧温度以 900℃ 左右为宜。形变量增加，强度增加，塑性下降。但当形变量超过 40% 以后，强度降低，塑性增加。这是由于形变热效应使钢温度升高，加快再结晶软化过程，故高温形变热处理的形变量控制在 20%～40% 之间可获得最佳的拉伸、冲击、疲劳性能及断裂韧度。

结构钢高温形变淬火不但能保留高温淬火得到的由残留奥氏体薄层包围的板条状马氏体组织，而且还能克服高温淬火晶粒粗大的缺点，使奥氏体晶粒及马氏体板条束更加细化。若形变后及时淬火，可保留较高位错密度及其它形变缺陷，并能促进 ε 碳化物的析出和改变奥氏体晶界析出物的分布。这些组织变化是高温形变热处理获得较高强韧性的原因。

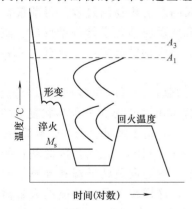

图 3-22　中温形变热处理示意图

（2）中温形变热处理

中温形变热处理是将工件加热到奥氏体区域后急冷至过冷奥氏体的亚稳定区，立即对过冷奥氏体进行塑性变形（变形量为 70%～80%），然后再进行淬火和回火。图 3-22 为中温形变热处理示意图。此工艺与普通淬火比较，在保持塑性、韧性不降低的情况下，大幅度地提高钢的强度、疲劳强度和耐磨性，特别是强度可提高 300～1000MPa。因此它主要用于要求高强度和高耐磨性的零件和工具，如飞机起落架、刀具、模具和重要的弹簧等。

此外，这种方法要求钢材具有较高的淬透性和较长的孕育期，以使在形变时不产生非马氏体转变。并且由于变形温度较低，要求变形速度快，故需用功率大的设备进行塑性变形。

中温形变热处理使钢显著强化的原因主要是钢经中温形变后，使亚晶细化，并使位错密度大大提高，从而强化了马氏体；形变使奥氏体晶粒细化，进而又细化了马氏体片，对强度也有贡献；对于含有强碳化物形成元素的钢，奥氏体在亚稳区形变时，促使碳化物弥散析出，使钢的强度进一步提高。由于奥氏体内合金碳化物析出使其碳及合金元素量减少，提高了钢的 M_s 点，大大减少了淬火孪晶马氏体的数量，因而中温形变热处理钢还具有良好的塑性和韧性。

形变热处理在机械工业中的应用和发展速度很快，零件的类型和材料的品种不断扩大。对弹簧类零件采用高温形变淬火是强化弹簧的有效方法。可同时提高强度、塑性、冲击韧性及疲劳强度。特别是对汽车板簧进行形变热处理，能够减少板簧片数、节约钢材、减轻质量、缩小尺寸、提高板簧使用可靠性。锻热淬火对连杆进行热处理，效果良好。某厂对柴油机 40Cr 钢连杆采用锻热淬火新工艺，可使热处理工效提高 3 倍，质量稳定，综合力学性能良好。实验研究表明，对传动零件齿轮及链轮进行高温形变淬火，轮齿强度、耐磨性、弯曲强度比普通热处理高 30% 左右。

另外，对其它的零件，如轴承、汽轮机的涡轮盘以及某些结构零件，如活塞销，扭力杆、螺钉等等，采用不同形式的形变热处理对于改善其质量，提高工作的可靠性，延长使用寿命，均具有广阔的前景。

3.5.4　表面技术

表面技术是指改变零件的表面质量或表面状态，使其达到耐磨、耐蚀、强化、美观及精度要求的工艺，包括电镀、电刷镀、喷涂、涂装、电子束、离子束、激光束表面改性等。随着经济和科学技术的迅速发展，人们对各种产品抵御环境作用能力和长期运行的可靠性、稳定性提出了越来越高的要求，表面处理工艺也得到了迅速的发展。这里简单介绍一下具有非常广阔应用前景的表面处理新技术。

（1）化学气相沉积法

化学气相沉积是借助空间气相化学反应在基材表面上沉积固态薄膜的工艺技术。简称 CVD 法。

CVD 技术的反应温度多在 1000℃ 以上，它包括以下三个过程：①产生挥发性运载化合物，如 CH_4、H_2、$TiCl_4$ 等（除了涂层物质之外的其它反应产物必须是挥发性的）；②将挥发性化合物输送到沉淀区；③发生化学反应生成固态产物（如 TiC 或 TiN 等）。所以说 CVD 法是利用气态物质在一固体表面上进行化学反应而生成固态沉积物的过程。目前最常用的 CVD 法其反应类型有热分解反应、氢还原反应、化学合成反应和化学传输型反应、激光激发反应等几种。CVD 法的主要工艺参数有温度、压力和反应物供给配比，只有这三者很好地协调才能获得符合质量的膜层和一定的成膜生产率。

CVD 法的特点为：①沉积层纯度高、沉积层与基体结合力强；②可沉积多种金属合金、半导体元素、难熔的碳化物和陶瓷，这是其它方法无法做到的；③能均匀涂覆几何形状复杂的零件，这是因为 CVD 法过程具有高度的分散性；④工艺重复性好，适于批量生产，成本低廉。

但也应注意到，CVD 法的沉积温度通常很高，一般在 1000～1100℃ 之间，因此基材的选择、沉积层或所得工件的质量都受到了限制。目前 CVD 技术的趋向是朝低温和高真空两个方向发展。如等离子体环境来诱发载气分解（形成沉积物），这样减少了对热能的大量需要，从而大大扩展了沉积材料的范围。又如加拿大近年研究的低温化学气相沉积 TiN 的新方法（LTCVD 法），其沉积温度为 450～600℃，使沉积的刀具既能保持高硬度又不发生扭曲，涂层厚度为 1～10μm，黏着力、耐蚀、耐磨性能皆好。

化学气相沉积法主要包括常压化学气相沉积、低压化学气相沉积和等离子体化学气相沉积等。

目前，CVD 法在电子、宇航、光学、能源等工业中广泛用于制备化合物单晶，同质和异质外延单晶层，制备耐磨、耐热、耐蚀和抗辐射的多晶保护层。此外，CVD 是大规模集成电路制作的核心工艺，已广泛用于制备半导体外延层、PN 结、扩散源、介质隔离、扩散掩蔽膜等。

（2）物理气相沉积法

物理气相沉积是把金属蒸气离子化后在高压静电场中使离子加速并直接沉积于金属表面形成覆层的方法，简称 PVD 法。它具有沉积温度低、沉积速度快、薄膜成分和结构可控、无公害等特点。物理气相沉积法主要包括真空蒸镀、溅射镀膜和离子镀。

真空蒸镀是在真空条件下，用加热蒸发的方法使镀膜材料（膜料）蒸发或升华转化为气相，然后凝聚在基体表面的方法。根据蒸镀材料熔点的不同，其加热方式有电阻加热、电子束加热、激光加热等多种。真空蒸镀是 PVD 方法中最早用于工业生产的一种方法，该方法工艺成熟，设备较完善，低熔点金属蒸发效果高，可用于制备介质膜、电阻、电容等，也可以在塑料薄膜和纸张上连续蒸镀铝膜。但因膜层结合力差，曾一度发展缓慢。电真空技术的发展和光固化涂料的诞生，是蒸发镀再度复兴，并广泛应用。

溅射镀膜是在真空室中，利用荷能粒子轰击材料表面，使其原子获得足够的能量而溅出进入气相，然后在工件表面沉积的过程。其优点是气化粒子动能大、适用材料广泛（包括基体材料和镀膜材料）、均镀能力好，但沉积速度慢、设备昂贵。

离子镀是在真空条件下，借助于一种惰性气体的辉光放电使气体或被蒸发物质部分离化，气体或被蒸发物质离子经电场加速后对带负电荷的基体轰击的同时把蒸发物或其反应物沉积在基体上。离子镀兼具蒸发镀的沉积速度快和溅射镀的离子轰击清洁表面的特点。蒸发镀和溅射镀沉积的粒子主要为原子和分子，且粒子能量较低。而离子镀膜的沉积粒子除了原子、分子外，还有部分能量高达几百至上千电子伏特的离子一起参与成膜。这些高能粒子可以打入基体约几纳米的深度，从而大大提高涂层的结合力。此外，惰性气体离子与镀膜材料离子在基板表面上发生的溅射，还可以清除工件表面的污染物，进一步改善结合力。因此离子镀膜有如下特点：①膜层附着力强而不易脱落，这是其重要特性；②沉积速率快，镀层质量好，可镀得 $30\mu m$ 的膜层；③可镀材质广泛，几乎无所不能镀。

物理气相沉积技术是一种对材料表面进行改性处理的高新技术，最初和最成功的发展是在半导体工业、航天航空等特殊领域。在机械工业中作为一种新型的表面强化技术起始于 80 年代初，而且主要集中在切削工具的表面强化。以改善机械摩擦副零件性能为目的的研究近 10 多年才受到广泛重视，是现在重点开发的新领域。物理气相沉积技术现已广泛用于机械、航空、电子、轻工和光学等工业部门中制备耐磨、耐蚀、耐热、导电、磁性、光学、装饰、润滑、压电和超导等各种镀层。随着 PVD 设备的不断完善、大型化和连续化，它的应用范围和可镀工件尺寸不断扩大，已成为国内外近 20 年来争相发展和采用的先进技术之一，它作为高新技术在先进制造技术和技术进步中占有重要的地位。

（3）离子注入

离子注入就是在真空中把气体或固体蒸汽源离子化，通过加速后把离子直接注入到固体材料表面，从而改变材料表面（包括近表面数十到数千埃的深度）的成分和结构，达到改善性能之目的。可通过离子注入进行表面改性的材料除金属材料以外，目前已扩展到高分子材料和陶瓷材料。

金属材料离子注入的优点如下。

① 几乎所有的元素都可以注入，而且可得到高的表面浓度，获得非平衡结构和合金相。例如虽然铜和钨不互溶，却可以将钨离子注入到铜基体中；氮在钢中溶解度很低，通过氮离子注入的方法可以使钢表面氮浓度很高，并形成亚稳的氮化物。

② 离子注入可以在室温下进行，不需要把待处理的部件加热，从而可保持其外形和尺寸不变。

③ 离子注入的深度和浓度易于控制，可以重复。

④ 注入层和基体之间结合力强，界面连续。

其主要缺点是：注入层较薄；离子直线注入，对可以处理的部件的形状有一定要求，复杂部件很难处理；设备费用昂贵。

离子注入技术的应用范围如下。

① 提高耐磨性能 氮离子注入的钛合金人造骨，磨损可降低三个数量级，使用寿命提高 100 倍；硬质合金制造的拉丝模具、工具钢制造的塑料挤压模具、切纸刀和橡胶切刀、钻头、冲头等，通过离子注入都可以使使用寿命提高几倍到十几倍。

② 提高耐蚀性能 在钢表面离子注入一层铬，可以得到与铬合金相当的耐蚀性能。

③ 提高抗氧化性能 对一些金属，如钛、锆、铬、镍和铜等，离子注入钇、铯、铝等抗氧化元素可以使其表面氧化速率降低十倍之多。

离子注入金属材料表面改性通常的方式如下。

① 常规注入 即将欲引入表面元素离子的直接注入。如将 N 离子直接注入钢的表面；

② 反冲注入 即将欲引入元素先喷涂于金属表面，然后再以其它离子（以惰性气体离子）的能量将镀层元素反冲到基底中去。

③ 离子束混合 即将元素 A 和 B 预先交替地镀在基体上，组成多层膜轰击扩散镀层法，该法仍然是先镀后轰，但轰击时辅以适当的加热，等于一边轰一边扩散。由于加热到一定的温度，轰击所产生的点缺陷就可以运动，因而造成元素的种种迁移效应，使离子穿入深度可以加大。

（4）激光束表面改性技术

激光是由受激辐射引起的并通过谐振放大了的光。激光与一般光的不同之处是纯单色，具有相干性，因而具有强大的能量密度。由于激光束能量密度高（10^6 W/cm^2），可在短时间内将工件表面快速加热或融化，而心部温度基本不变；当激光辐射停止后，由于散热速度快，又会产生"自激冷"。激光束表面改性技术主要应用于以下几方面。

① 激光表面淬火 又称激光相变硬化。激光表面淬火件硬度高（比普通淬火高 15％～20％）、耐磨、耐疲劳，变形极小，表面光亮。已广泛用于发动机缸套、滚动轴承圈、机床导轨、冷作模具等。

② 激光表面合金化 预先用镀膜或喷涂等技术把所要求的合金元素涂敷到工件表面，再用激光束照射涂敷表面，使表面膜与基体材料表层融合在一起并迅速凝固，从而形成成分与结构均不同于基体的、具有特殊性能的合金化表层。利用这种方法可以进行局部表面合金化，使普通金属零件的局部表面经处理后可获得高级合金的性能。该方法还具有层深层宽可精密控制、合金用量少、对基体影响小、可将高熔点合金涂敷到低熔点合金表面等优点。已成功用于发动机阀座和活塞环、涡轮叶片等零件的性能和寿命的改善。

激光束表面改性技术还可用于激光涂敷，以克服热喷涂层的气孔、夹杂和微裂纹缺陷；还可用于气相沉积技术，以提高沉积层与基体的结合力。

（5）电子束表面改性技术

电子束表面改性技术是以在电场中高速移动的电子作为载能体，电子束的能量密度最高可达 10^9 W/cm^2。除所使用的热源不同外，电子束表面改性技术与激光束表面改性技术的原理和工艺基本类似。凡激光束可进行的处理，电子束也都可进行。

与激光束表面改性技术相比，电子束表面改性技术还具有以下特点：①由于电子束具有更高的能量密度，所以加热的尺寸范围和深度更大。②设备投资较低，操作较方便（无需像激光束处理那样在处理之前进行"黑化"）。③因需要真空条件，故零件的尺寸受到限制。

思　考　题

1. 简述退火的种类、目的、用途。

2. 什么是正火？正火有哪些应用？

3. 什么是淬火，淬火的主要目的是什么？

4. 什么是临界冷却速度？它与钢的淬透性有何关系？

5. 什么是表面淬火？表面淬火的方法有哪几种？表面淬火适应于什么钢？简述钢的表面淬火的目的及应用。

6. 有一具有网状渗碳体的 T12 钢坯，应进行哪些热处理才能达到改善切削加工性能的目的？试说明热处理后的组织状态。

7. 简述化学热处理的几个基本过程。渗碳缓冷后和再经淬火回火后由表面到心部是由什么组织组成？

8. 什么是钢的淬透性和淬硬性？影响钢的淬透性的因素有哪些？如何影响？

9. 过共析钢一般在什么温度下淬火？为什么？

10. 将共析钢加热至 780℃，经保温后，请回答：

（1）若以图示的 V1、V2、V3、V4、V5 和 V6 的速度进行冷却，各得到什么组织？

（2）如将 V1 冷却后的钢重新加热至 530℃，经保温后冷却又将得到什么组织？力学性能有何变化？

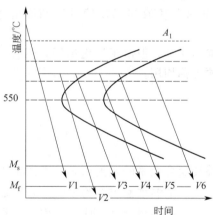

11. 甲、乙两厂生产同一种零件，均选用 45 钢，硬度要求 220～250HBS。甲厂采用正火，乙厂采用调质处理。均能达到硬度要求，试分析甲、乙两厂产品的组织和性能差别。

12. 在加热温度相同的情况下，比较 20CrMnTi、65、T8、40Cr 淬透性和淬硬性，并说明理由。

13. 现有低碳钢齿轮和中碳钢齿轮各一只，为了使齿轮表面具有高的硬度和耐磨性，问各应怎样热处理？比较热处理后它们在组织与性能上的异同点。

14. 确定下列钢件的退火方法，并指出退火目的及退火后的组织：

（1）经冷轧后的 15 钢钢板，要求降低硬度。

（2）锻造过热的 60 钢锻坯。

（3）改善 T12 钢的切削加工性能。

第4章　有色金属及合金的热处理

对有色金属及合金而言，同钢铁材料相同，热处理也是改善合金的工艺性能和使用性能，充分发挥材料潜力的一种重要手段。有色金属及其合金最常使用的热处理是退火、固溶处理及时效。形变热处理也有应用，化学热处理应用较少。必须掌握各种热处理的基本原理和影响因素，才能正确制订生产工艺，解决生产中出现的有关问题，做到优质高产。

有色金属及合金的退火同钢铁材料类似，其目的均是为了消除金属半成品或制件的残余内应力、成分不均匀、组织不稳定等缺陷，以改善其工艺性能和使用性能等，这里不再赘述。

淬火是将合金在高温下所具有的状态以过冷、过饱和状态固定至室温，或使基体变成晶体结构与高温状态不同的亚稳状态的热处理形式。

合金能否淬火可由相图确定，若合金在相图上有多型性转变或固溶度转变，原则这些合金可以淬火，在这方面，淬火与基于固态相变的退火相似，但淬火通常要快冷，以抑制扩散型相变，这是结构变化的特点，可将淬火分为两类：无多型性转变合金的淬火和有多型性转变合金淬火，两类合金淬火本质上有很大差别。

淬火后大多数合金得到亚稳定的过饱和固溶体，因为是亚稳态的，所以存在自发分解趋势。有些合金室温就可分解，但它们中的大多数需要加热到一定温度，增加原子热激活几率，分解才得以进行。这种室温保持或加热以使过饱和固溶体分解的热处理称为时效或回火。

时效与回火本来具有相同的含义，但由于历史原因，铝合金习惯用"时效"，钢习惯用"回火"，而铜合金及钛合金两名称均用。

4.1　固溶处理

4.1.1　基本概念

淬火时基体不发生多型性转变合金系的典型二元状态图示于图 4-1，成分为 C_0 的合金，

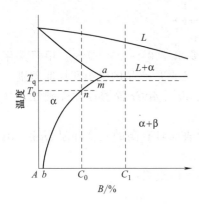

图 4-1　具有溶解度变化
的二元状态相图

室温平衡组织为 $\alpha+\beta$，α 为基体固溶体，β 为第二相。合金加热至 T_0 时，β 相将溶于基体而得到单相 α 固溶体，这就是固溶化。如果合金自 T_q 温度以足够大的速度冷却下来，合金元素原子的扩散和重新分配来不及进行，β 相就不可能形核和长大，α 固溶体中就不可能析出 β 相，而且由于基体固溶体在冷却过程中不发生多型性转变，因此这时合金的室温组织为成分 C_0 的 α 单相过饱和固溶体，这就是淬火（无多型性转变的淬火），又称为固溶处理。固溶处理后的组织不一定只为单相的过饱和固溶体，如图 4-1 中的 C_1 合金，在低于共晶温度都包含有 β 相，加热至 T_q，合金的组织为 m 点成分的饱和 α 固溶体加 β 相。若自 T_q 淬火，α 固溶体中过剩 β 相来不及析出，合金室温的组织仍与高温相同，只是 α 固溶体成为过饱和的了（成分仍为 m）。

可见，除成分与相图上固溶度曲线相交的合金能固溶处理外，凡在不同温度下平衡相成分不同的合金原则上均可运用固溶处理工艺，这种工艺不仅广泛应用于铝合金、镁合金、铜合金、镍合金及其它有色合金，而且一些合金钢也采用。

4.1.2 合金固溶处理后的性能变化

固溶处理后性能的改变与相成分、合金原始组织及淬火状态组织特征、淬火条件、预先热处理等一系列因素有关，不同合金性能的变化不大相同。一些合金固溶处理后，强度提高，塑性降低，而另一些合金则相反，经处理后强度降低，塑性提高，还有一些合金强度与塑性均提高，此外，有很多合金固溶体处理后性能变化不明显。

在基体不发生多型性转变的合金中，经固溶处理后基本上未发现急剧强化及明显降低塑性的现象，变形合金处理后最常见的情况是在保持高塑性的同时提高强度，其塑性可能与退火合金的塑性相差不大，典型的例子是 2A12（见表 4-1）。有少数合金固溶处理后与退火状态比较，强度降低而塑性提高，例如铍青铜（QBe2，表 4-1）。因此，像铍青铜这种类型的合金，在半成品生产过程中，为提高冷变形塑性往往采用淬火而不用退火。

表 4-1 一些合金铸造、固溶处理及退火状态力学性能

合　　金	R_m/MPa		A/%	
	退火	固溶处理	退火	固溶处理
2A11	196	294	25	23
2A12	255	304	12	20
QBe2	539	500	22	46
合　　金	R_m/MPa		A/%	
	铸造	固溶处理	铸造	固溶处理
ZL301	147	294	1	2
ZL101	157	196	2	6
ZM5	157	246	3	9

固溶处理对强度及塑性的影响，取决于固溶强化程度及过剩相对材料的影响。若过剩相质点对位错运动的阻滞不大，则过剩相溶解造成的固溶强化必然会超过溶解而造成的软化，使合金强化度提高，若过剩相溶解造成的软化超过基体的固溶强化，则合金强度降低，若过剩相属于硬而脆的大尺寸质点，它们的溶解也必然伴随塑性提高。

与铸态比较，铸造合金固溶处理后强度与塑性均提高（表 4-1），这是由于铸造合金中过剩相一般较粗，质点间距较大，因而对位错运动不产生很大阻力，当它们溶入基体后，使固溶度增加而使合金强度提高，同时，因这些相一般较脆，固溶处理时它们溶解、聚集、球化会使合金塑性也同时提高。

固溶处理的主要目的是获得高浓度的过饱和固溶体，为时效热处理做准备，一些合金（如铍青铜和不锈钢 1Cr18Ni9 等）可用固溶处理作为冷变形之前的软化手段，即起中间退火作用。一些合金用作最终热处理，以给予产品所需的综合性能，例如 ZL301 合金，固溶处理所得到的单相固溶体强度、塑性和耐蚀性都显著地提高，故该合金的最终热处理采用固溶处理。

4.2 合金的时效

从过饱和固溶体中析出第二相或形成溶质原子偏聚区及亚稳定过渡相的过程称为脱溶

合金在脱溶过程中其机械性能、物理性能、化学性能等随之发生变化，这种现象称为时效。一般情况下，在脱溶过程中合金的强度、硬度会升高，这种现象又称为时效硬化或时效强化。

时效硬化最初是在 Al-Cu-Mn-Mg 合金中偶然发现的。现已证实，时效硬化是个普遍现象，并具有重要意义，工业上广泛应用的时效硬化型合金，如铝合金、耐热合金、沉淀硬化型不锈钢、马氏体时效钢等，都是为了达到这一目的而设计制造出来的。

具有时效现象的合金的最基本条件是在其相图上有溶解度变化，并且固溶度随温度降低而显著减小，如图 4-2 所示。

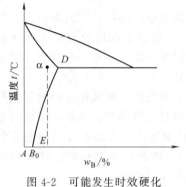

图 4-2 可能发生时效硬化
的合金相图一角

将合金加热至单相区，使强化相溶于 α 固溶体中，保温以达到均匀化后，置于水中急冷至室温，获得亚稳定的过饱和 α 固溶体。这种处理称为固溶处理。经固溶处理的合金在室温下放置或加热到低于溶解度曲线 DE 的某一温度保持，合金将产生脱溶析出。析出相往往不是相图中的平衡相，而是亚稳相或溶质原子的偏聚区。α 相中的 B 组元含量则逐渐下降达饱和状态。这一过程可用下式表示

过饱和 α 固溶体 ——→ 饱和 α 固溶体 + 析出相

由于新相的弥散析出，使合金的硬度升高。由此可见，时效的实质是过饱和固溶体的脱溶沉淀，时效硬化即脱溶沉淀引起的沉淀硬化。

4.2.1 时效过程中的组织变化

时效过程就是过饱和固溶体的分解过程。一般情况下，过饱和固溶体的脱溶沉淀全过程可以分为四个阶段，现以 Al-Cu 合金为例进行说明。

① 形成 GP Ⅰ 区 含 Cu0.45% Al-Cu 合金经固溶处理后在 190℃ 时效时，通过 Cu 原子的扩散首先形成薄片状的 Cu 原子富集区，称为 GP Ⅰ 区。富 Cu 薄片平行于母相的 {100} 晶面并与母相保持共格联系。Al-Cu 合金中 GP Ⅰ 区的结构模型如图 4-3 所示，(图中所示为 GP Ⅰ 区的右半部的横截面，左半部与之对称)。由于 Cu 原子半径比 Al 原子半径小 (约为 Al 原子半径的 0.87%)，故薄片两侧的 Al 原子塌向富 Cu 薄片，而造成弹性畸变，导致合金的硬度升高。

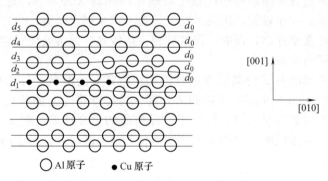

图 4-3 Al-Cu 合金中 GP Ⅰ 区结构模型

除 Al-Cu 合金外，Al-Zn、Al-Ag、Cu-Co、Cu-Be、Al-Mg-Si、Ni-Al、Fe-Mo 及 Fe-Au 等合金在脱溶开始时也者形成 GP Ⅰ 区。GP Ⅰ 区的形状除片状外，也有呈针状、球状的。其

形状取决于合金中两种原子半径之差，其差大时，畸变能大，易呈片状或针状，其差小时，易呈球状。

② GPⅡ区的形成　形成 GPⅠ区后随时效温度的升高或时间延长，为进一步降低自由能，Cu 原子在 GPⅠ区基础上进一步富集，GPⅠ区进一步长大，而且 Cu 原子和 Al 原子发生有序化转变，形成较为稳定的 GPⅡ区，GPⅡ区又称为 θ'' 相（如在较高温度时效，则在一开始就形成 θ'' 相）。θ'' 相厚度约为 $0.8\sim2nm$，直径约为 $15\sim40nm$。θ'' 相具有正方晶格结构，晶格常数 $a=0.404nm$，与 Al 相同，$c=0.76\sim0.86nm$，较 Al 晶格常数 c 的 2 倍略小（$2c=0.808nm$）。θ'' 的 (001) 面与 Al 结合得很好，仍保持完整的共格关系。但在 c 方向略有收缩，要依靠正应变才能与 Al 保持共格联系。故在 θ'' 相圆片周围将产生比 GPⅠ区更大的弹性畸变区，如图 4-4 所示。θ'' 相的成分接近于 $CuAl_2$。θ'' 相的形成使合金的硬度进一步提高。但有些合金系在形成 GPⅠ区后直到出现新相，不形成 θ'' 相，如 Al-Mg 合金等。

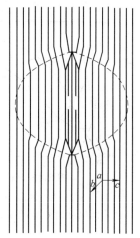

图 4-4　θ'' 周围基体的畸变区

③ θ' 相的形成　GPⅡ区形成以后，随着时效过程的进一步发展，铜原子在 GPⅡ区进一步富集，进而形成过渡相 θ' 相。θ' 与 $CuAl_2$ 化学成分相当，并仍以 $\{100\}$ 晶面与母相保持共格，所以对于含铜 4% 的 Cu-Al 合金来说，当开始出现 θ' 时硬度达到最大值，以后随着 θ' 相增多、增厚，与母相的共格关系开始破坏，由完全共格变为局部共格，故合金硬度开始降低，发生"过时效"现象。可见，时效形成 θ'' 相后期与过渡相 θ' 相析出初期，具有最大的强化效果。

④ 平衡相的形成　在 Al-Cu 合金中，随着 θ' 相的成长，其周围基体中的应力、应变增加，弹性应变能越来越大。因而 θ' 相逐渐变得不稳定，所以当 θ' 相长大到一定尺寸时，共格关系破坏，θ' 相与 α 相完全脱离而形成独立的平衡相，称为 θ 相。θ 相也具有正方晶格，其晶格常数 $a=0.607nm$，$c=0.487nm$，与 θ'' 相和 θ' 相相差甚大，与基体相无共格联系，呈块状，其成分为 $CuAl_2$。θ 相的形成、聚集和长大将导致合金的硬度进一步下降，在生产上称之为过时效。

时效合金的脱溶过程，即使在同一合金中，由于成分、时效温度不同，也可能不一致。其它合金的时效过程与 Al-Cu 合金不完全一样，但是基本原理相同。

4.2.2　时效过程中的性能变化

固溶处理所得的过饱和固溶体在时效过程中，随着结构和显微组织的变化，其力学性能、物理性能及化学性能都将发生显著的变化。

（1）力学性能

随着时效时间的延长，合金的硬度逐渐升高。

按时效时硬度的变化规律，可以将时效分为冷时效和温时效。图 4-5 为 $w_{Al}62\%$-$w_{Ag}38\%$ 合金在不同温度时效时硬度的变化。由图可见，在较低温度下时效，硬度从一开始就迅速上升，达到一定值后保持不变，这种时效称为冷时效。冷时效时，时效温度越高，合金的硬度上升得越快，所能达到的硬度也越高，故可用提高时效温度的办法缩短时效时间，提高时效后的硬度。一般认为冷时效时仅形成 GP 区。

温时效是在较高温度下发生的。在时效初期有一停滞阶段，硬度上升极缓慢，称为孕育期，一般认为这是脱溶相形核的准备阶段。接着硬度迅速上升，达到极大值后又随时间延长

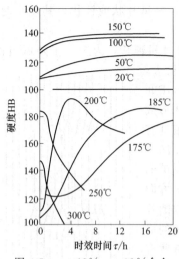

图 4-5 $w_{Al}62\%-w_{Ag}38\%$ 合金
在不同温度时效时硬度的变化

而下降。图 4-5 中达到极大值后出现硬度下降的现象称为过时效。温时效时将析出过渡相与平衡相。温时效温度越高，硬度上升越快，达到最大值的时间越短，但所能达到的最大硬度值越低，越容易出现过时效。

冷时效与温时效的界限视合金而异，铝合金在 100℃ 左右。

冷时效和温时效可以交织在一起，图 4-6 为 Al-Cu 合金在 130℃ 时效时硬度的变化。由图可见，时效前期为冷时效，后期为温时效。Al-Cu 合金的时效硬化主要依靠形成 GP 区和 θ'' 相，而其中尤以形成 θ'' 相的硬化效果最大。出现 θ' 相后硬度下降。许多合金的硬度变化规律都与 Al-Cu 合金相同。

（2）物理性能

物理性能中，电阻在时效过程中的变化研究得最多。低温时效时，许多合金电阻开始增加，然后降低，即在电阻与时效时间的关系上呈现最大值。合金过饱和固溶体分解，固溶体内合金元素贫化，合金电阻应降低而不是升高，因此，电阻的这种变化不仅与固溶体基体的成分改变有关，而且也与发生的组织变化有关。

连续脱溶时，居里点随时效时间连续改变，不连续脱溶时，出现两个居里点。

其它物理性能，如热学性质、比容等，在时效过程中均有变化。

（3）耐蚀性

一般情况下，单相固溶体状态的合金具有较高的腐蚀抗力。合金脱溶时，若脱溶相

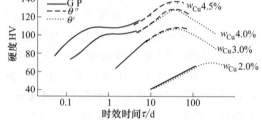

图 4-6 Al-Cu 合金 130℃ 时效时硬度变化曲线

与基体具有不同结构和成分，则由于新相和基体两相溶解电势差而产生微电池作用，加快合金的腐蚀速率；若脱溶相是阳极性的，它们在电解质中必然会溶解。若脱溶相是阴极性的，那么它们本身不溶解，而环绕它们的基体金属趋于溶解。

4.2.3 时效方式

① 自然时效　淬火后在室温自然放置所进行的时效硬化过程称自然时效，沉淀产物为 GP 区，故也称亚稳区时效。生产上，有时为了缩短自然时效时间而在 100℃ 以下加热，沉淀相仍为 GP 区，时效组织的性质未变，仍属自然时效范畴。

自然时效后合金性能的特点是强度较高，塑性及韧性良好，抗腐蚀性也优于人工时效。而且热处理工艺简单，故硬铝型合金大多采用这种时效方式。

② 人工时效　在较高温度加热（>100℃）所进行的时效处理称人工时效。此时的主要沉淀相是过渡相，如 Al-Cu 系中的 θ' 和 θ'' 相，Al-Cu-Mg 系中的 S′ 相，Al-Mg-Si 系中的 β相等。人工时效后，合金的强度，特别是屈服强度高于自然时效，但塑性及抗蚀性稍差，图 4-7 是人工时效及自然时效的工艺流程简图。

人工时效按硬化程度尚可分为不完全人工时效（欠时效）、完全人工时效（峰值时效）和过时效。经不完全人工时效后，强度未达到最大值，其目的是让合金仍保留较高的塑性、韧性。完全人工时效使合金处于最大硬化状态，但塑性较低。过时效由于时效温度较高，时

效时间较长，组织比较稳定，有利于稳定零件尺寸，对改善抗蚀性也有良好作用，但强度稍低。这三种人工时效制度可根据零件使用要求进行选择。

③ 分级时效 这是在淬火后于不同温度进行两次或多次时效的一种综合处理，目的是改善时效组织的均匀性和弥散度，提高合金的综合性能。最简单的是两次时效，先在较低温度进行一次预时效处理，目的是形成具有一定尺寸的 GP 区，然后再在较高温度下进行最终时效处理，此时，GP 区转化为过渡相（如 θ'、θ''、S' 等）。因低温形成的 GP 区分布均匀，弥散度高，由其转化而成的过渡相，相应也比较均匀，因而比简单的一次人工时效能获得更为理想的综合性能。

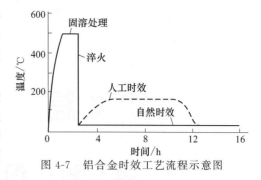

图 4-7 铝合金时效工艺流程示意图

④ 回归处理 自然时效后的铝合金若在较高温度（大多在 200℃ 附近）短期加热并快冷，由于自然时效期形成的 GP 区完全溶入基体而使合金恢复到新淬火状态，这种处理称回归处理。回归处理后，合金仍可进行时效处理，其硬化能力几乎和原来淬火的合金相同，而且回归处理可多次进行。在实际生产中，当零件在修复和校形需要恢复合金的塑性时，可应用回归处理，特别是当现场缺少重新淬火所需的高温加热设备或重新淬火可能导致过量变形时，则应用回归处理比较方便。但应注意，进行回归处理的零件必须是能保证快速加热到回归温度并在短时间内使零件截面温度达到均匀，随后快速冷却。否则，在回归处理过程中将同时发生人工时效，零件就不能恢复到新淬火状态。

思 考 题

1. 固溶处理的目的。
2. 什么是时效处理？什么是过时效？
3. 时效过程中合金的组织和性能变化规律是什么？
4. 什么是回归处理？生产实践中回归处理的意义是什么？

第2篇 金属材料

第5章 钢的合金化基础

钢是由铁、碳和其它合金元素组成，能进行冷、热塑性加工成型的合金。在钢中碳是最主要的元素。根据钢的化学组成，钢可分为碳钢和合金钢。为了改善钢的某些性能，冶炼时特意在碳钢的基础上加入一定合金元素所获得的钢，称为合金钢。钢的合金化，目的是希望利用合金元素与铁、碳的作用和对铁碳相图及对钢的热处理的影响来改善钢的组织和性能。本章重点讲解钢的合金化原理及合金元素加入钢中对组织结构和性能的影响。

5.1 合金元素与铁和碳的相互作用

5.1.1 合金元素及其在钢中的分布

合金钢是在碳钢的基础上，为了改善碳钢的力学性能或获得某些特殊性能，有目的地在冶炼钢的过程中加入某些元素（称为合金元素）而得到的多元合金。常用的合金元素有：锰（Mn）、硅（Si）、铬（Cr）、镍（Ni）、钼（Mo）、钨（W）、钒（V）、钛（Ti）、锆（Zr）、钴（Co）、铝（Al）、硼（B）及稀土元素（Re）等。

合金元素在钢中可能有以下四种存在形式。

① 溶入铁素体、奥氏体和马氏体中，以固溶体的溶质形式存在。

② 形成强化相，如溶入渗碳体形成合金渗碳体，形成金属碳化物或金属间化合物等。

③ 形成非金属化合物，如合金元素与 O、N、S 作用形成氧化物、氮化物和硫化物。

④ 以游离状态存在，如 Pb、Cu 等。

合金元素在钢中的存在形式主要决定于合金元素的种类、含量、冶炼方法及热处理工艺等；此外还取决于合金元素本身的特性。一般合金钢中的合金元素是以前两种为主。

5.1.2 合金元素与铁的相互作用

合金元素对 Fe 的同素异构转变有很大的影响，这一影响主要是通过合金元素在 α-Fe 和 γ-Fe 中的固溶度以及对 γ-Fe 存在的温度区间的影响表现出来。而这两者又取决于合金元素与铁所构成的二元合金状态图。为此可以将合金元素分为两大类型，即 γ 相稳定化元素和 α 相稳定化元素。

（1）γ 相稳定化元素

γ 相稳定化元素使 A_3 降低，A_4 升高，在较宽的成分范围内，促使奥氏体形成，即扩大了 γ 相区。根据铁与合金元素构成的相图的不同，可分为如下两种情况。

① 开启 γ 相区（无限扩大 γ 相区） 合金元素与 γ-Fe 形成无限固溶体，与 α-Fe 形成有限固溶体。它们均使 A_3（GS 线）降低，A_4（JN 线）升高。如图 5-1。这类合金元素主要有

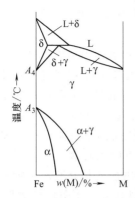

图 5-1　扩大 γ 相区并与 γ-Fe 无限互溶
的 Fe-Me 相图

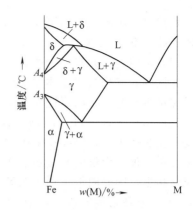

图 5-2　扩大 γ 相区并与 γ-Fe 有限互溶
的 Fe-Me 相图

Mn、Ni、Co 等。如果加入足够量的 Ni 或 Mn，可完全使体心立方的 α 相从相图上消失，γ 相保持到室温（即 A_1 点降低），故而由 γ 相区淬火到室温较易获得亚稳的奥氏体组织，它们是不锈钢中常用作获得奥氏体的元素。

② 扩展 γ 相区（有限扩大 γ 相区）　虽然 γ 相区也随合金元素的加入而扩大，但由于合金元素与 α-Fe 和 γ-Fe 均形成有限固溶体，并且也使 A_3（GS 线）降低，A_4（JN 线）升高，但最终不能使 γ 相区完全开启。如图 5-2。这类合金元素主要有 C、N、Cu、Zn、Au 等。γ 相区借助 C 及 N 而扩展，当 w_C 在 0～2.11%（质量）范围内，均可以获得均匀化的固溶体（奥氏体），这构成了钢的整个热处理的基础。

（2） α 相稳定化元素

合金元素使 A_4 降低，A_3 升高，在较宽的成分范围内，促使铁素体形成，即缩小了 γ 相区。根据铁与合金元素构成的相图的不同，又可分为如下两种情况。

① 封闭 γ 相区（无限扩大 α 相区）

合金元素使 A_3 升高，A_4 下降，以致达到某一含量时，A_3 与 A_4 重合，γ 相区被封闭，或者说这些合金元素促进了体心立方铁（铁素体）的形成，其结果使 δ 相与 α 相区连成一片。当合金元素超过一定含量时，合金不再有 α $\rightleftharpoons$ γ 相变，与 α-Fe 形成无限固溶体（这类合金不能用正常的热处理制度）。如图 5-3。

这类合金元素有：Si、Al 和强碳化物形成元素 Cr、W、Mo、V、Ti 及 P、Be 等。但应该指出，$w_{Cr}<7\%$ 时，A_3 下降；$w_{Cr}>7\%$ 时，A_3 才上升。

② 缩小 γ 相区（但不能使 γ 相区封闭）

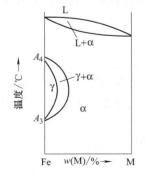

图 5-3　封闭 γ 相区并与 α-Fe 无限互溶
的 Fe-Me 相图

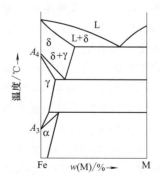

图 5-4　缩小 γ 相区的 Fe-Me 相图

合金元素使 A_3 升高，A_4 下降，使相区缩小但不能使其完全封闭。如图 5-4。这类合金元素有：B、Nb、Zr、Ta 等。

综上所述，可将合金元素分为两大类：将扩大 γ 相区的元素称为奥氏体形成元素；将缩小或封闭 γ 相区的元素称为铁素体的形成元素。显然，这种分类对生产实际有重要的指导意义。如为了保证钢具有良好的耐蚀性，需要在室温下获得单相组织，就可以运用上述合金元素与铁的相互作用规律，通过控制钢中合金元素的种类和含量，使钢在室温下获得单相组织。如欲发展奥氏体钢时，需要往钢中加入 Ni、Mn、N 等奥氏体形成元素；欲发展铁素体钢时，需要往钢中加入大量的 Cr、Si、Al、Mo、Ti 等铁素体形成元素。

最后应该指出，同时向钢中加入两类合金元素时，其作用往往相互有所抵消。但也有例外，例如 Cr 是铁素体形成元素，在 18％Cr 与 Ni 同时加入时却促进了奥氏体的形成。

5.1.3　合金元素与碳的相互作用

合金元素与钢中碳的作用主要表现在是否易于形成碳化物，或者形成碳化物倾向性的大小。碳化物是钢中最重要的强化相，对钢的组织和性能具有极其重要的意义。钢中的合金元素按照它们与碳的亲和力的大小可分为非碳化物形成元素和碳化物形成元素两大类。

非碳化物形成元素有：Ni、Si、Co、Al、Cu、N、P、S 等，它们与碳不能形成碳化物，但可固溶于 Fe 中形成固溶体，或者形成其它化合物，如氮化物等。

碳化物形成元素有：Fe、Mn、Cr、W、Mo、V、Nb、Zr、Ti 等。它们都是过渡族元素。

（1）形成碳化物的规律性

从周期表中的位置来看，碳化物形成元素（Ti、V、Cr、Mn、Zr、Nb、W、Mo 等）均位于 Fe 的左侧，而非碳化物形成元素（Ni、Si、Co、Al、Cu）等均处于周期表 Fe 的右侧。尽管 Ni 和 Co 也可形成独立的碳化物，但由于其稳定性很差（比 Fe_3C 还小），在钢中不会出现，故通常被当作非碳化物形成元素看待。Mn 是碳化物形成元素，但 Mn 极易溶入渗碳体中，故钢中没有发现 Mn 的独立碳化物。

碳化物形成元素均有一个未填满的 d 电子层，当形成碳化物时，碳首先将其外层电子填入合金元素的 d 电子层，从而使形成的碳化物具有金属键结合的性质，因此，具有金属的特性。合金元素与 Fe 原子比较，d 电子层越是不满，形成碳化物的能力就越强，即与碳的亲和力越大，所形成的碳化物也就越稳定。

应该指出，碳化物的稳定性并不是单纯地由 d 电子层的未填满程度所决定的。例如金属元素与碳结合生成碳化物时的热效应亦会影响所生成的碳化物的稳定性。一般说来，碳化物的生成热越大，其稳定性就越高。

按照碳化物形成元素所生成的碳化物稳定程度由强到弱的顺序，可将这些元素依此排列为：Ti、Zr、Nb、V、Mo、W、Cr、Mn、Fe。

（2）碳化物的类型

按照碳化物晶格类型的不同，碳化物可分为两类：

当 $r_C/r_{Me} > 0.59$（其中 r_C 为碳原子半径，r_{Me} 为合金元素的原子半径）时，碳与合金元素形成一种复杂点阵结构的碳化物。Cr、Mn、Fe 属于这类元素，它们形成下列形式的碳化物：$Cr_{23}C_6$、Cr_7C_3、Fe_3C。

当 $r_C/r_{Me} \leq 0.59$ 时，形成简单点阵的碳化物（间隙相）。Mo、W、V、Ti、Nb、Ta、Zr 均属于此类元素，它们形成的碳化物是：

MC 型：WC、VC、TiC、NbC、TaC、ZrC。

M_2C 型：W_2C、Mo_2C、Ta_2C。

此类碳化物具有下列特点：碳化物硬度大、熔点高（可高达 3000℃），分解温度高（可达 1200℃）；间隙相碳化物虽然含有 50%～60% 的非金属原子，但仍具有明显的金属特性；可以溶入各类金属原子，呈缺位溶入固溶体形式，在合金钢中常遇到这类碳化物。

实际上钢中的碳化物，除了上述两种类型外，在某些条件下，还可出现下述两种情形：一种是当合金元素含量很少时，合金元素将不能形成自己特有的碳化物，只能置换渗碳体中的铁原子，常以合金渗碳体的形式出现，如：$(FeCr)_3C$、$(FeMn)_3C$ 等；另一种是合金元素含量有所升高，但仍不足以生成自己特有的碳化物，这时将生成具有复杂结构的合金碳化物，如：Fe_3W_3C、Fe_4W_2C、Fe_3Mo_3C 等。表 5-1 列出了钢中常见的碳化物类型及基本特性。

表 5-1　钢中常见碳化物的类型及基本特性

类型	碳化物	硬度 HV	熔点/℃	在钢中溶解的温度范围/℃	含有此类碳化物的钢种
M_3C	Fe_3C	900～1050	约 1650	A_{c1} 至 950～1000	碳钢
	$(Fe,Me)_3C^{①}$	900～1050		A_{c1} 至 1050～1200	低合金钢
$M_{23}C_6$	$Cr_{23}C_6$	1000～1100	1550	950～1100	高合金工具钢及不锈钢、耐热钢
M_7C_3	Cr_7C_3	1600～1800	1665	大于 950，直到熔点	少数高合金工具钢
M_2C	W_2C			回火时析出，650～700 时转变为 M_6C	高合金工具钢，如高速钢，Cr12MoV,3Cr2W8V 等
	Mo_2C				
M_6C	Fe_3W_3C	1200～1300		1150～1300	同上
	Fe_3Mo_3C				
MC	VC	1800～3200	2830	大于 1100～1150	含钒大于 0.3% 的合金钢几乎所有含铌、钛钢种
	NbC		3500		
	TiC		3200	几乎不溶解	

① Me 指 Mn，Cr，Mo，W，V 等碳化物形成元素。

（3）碳化物的特性

如果将纯金属和碳化物的硬度作比较，便可看出碳化物的强化能力是很大的，如表 5-1 所示。形成碳化物倾向性越强的元素，其碳化物硬度也越高。

另外，碳化物是一种很重要的强化相，形成碳化物能力越强的元素，其碳化物稳定性越高。稳定的碳化物具有高熔点、高分解温度，难于溶入固溶体，因而也难以聚集长大。碳化物稳定性由弱到强的顺序是：Fe_3C、M_3C、$M_{23}C_6$、M_7C_3、M_6C、M_2C、MC。

如果碳化物稳定性高，在温度和应力长期作用下不易聚集长大，则可大大提高材料的性能和使用寿命。稳定性的另一个含义是指碳化物和固溶体（基体）之间不易在高温下因原子扩散作用而发生合金元素的再分配。碳化物的稳定性对于钢的热强性也很重要。首先碳化物可使钢在更高的温度下工作并保持其较高的强度和硬度。其次在达到相同硬度的条件下，碳化物稳定性高的钢可以在更高的温度下回火，使钢的塑性、韧性更好。所以合金钢的综合性能比碳钢的好。

5.1.4　合金元素对 $Fe\text{-}Fe_3C$ 相图的影响

合金元素对 $Fe\text{-}Fe_3C$ 相图的影响与对纯铁的影响类似，但相对要复杂一些。影响主要分两个方面。

（1）合金元素对奥氏体、铁素体区存在范围的影响

扩大 γ 相区的合金元素（如 Ni、Co、Mn 等）均扩大铁碳相图中奥氏体存在的区域。其中完全扩大 γ 相区的合金元素 Ni 或 Mn 的含量较多时，可使钢在室温下得到单相奥氏体

组织，例如 1Cr18Ni9 高镍奥氏体不锈钢和 ZGMn13 高锰耐磨钢等。缩小 γ 相区的合金元素（如 Cr、W、Mo、V、Ti、Si 等）均缩小铁碳相图中奥氏体存在的区域。其中完全封闭 γ 相区的合金元素（例如 Cr、Ti、Si 等）超过一定含量后，可使钢在包括室温在内的广大范围内获得单相铁素体组织，例如 1Cr17Ti 高铬铁素体不锈钢等。合金元素对 Fe-Fe₃C 相图中奥氏体区的影响如图 5-5 所示。

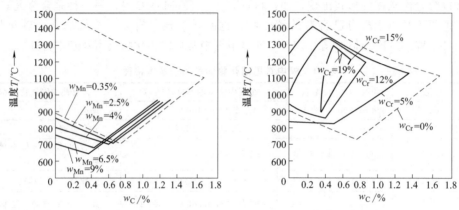

图 5-5 合金元素对 Fe-Fe₃C 相图中奥氏体区的影响

（2）合金元素对 Fe-Fe₃C 相图共析点 S 和共晶点 E 的影响

扩大 γ 相区的元素使铁碳相图中的共析转变温度下降，而缩小 γ 相区的元素使铁碳合金相图中的共析转变温度上升，如图 5-6 所示。几乎所有合金元素都使共析点 S 和共晶点 E 的碳含量降低，即 S 点和 E 点左移，如图 5-7 所示。S 点左移意味着共析体含碳量减少，如钢中含 12% Cr 时，共析体含碳量为 0.4%。E 点左移意味着出现莱氏体的含碳量降低，如高速钢中含碳量仅 0.8%，但已出现莱氏体组织。

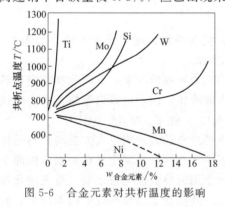

图 5-6 合金元素对共析温度的影响

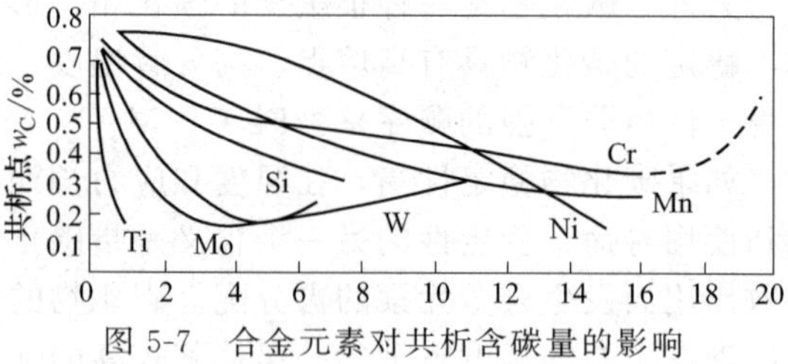

图 5-7 合金元素对共析含碳量的影响

5.2 合金元素对钢的热处理的影响

合金元素对钢的热处理的影响主要表现在对加热、冷却和回火过程中相变的影响。

5.2.1 合金元素对钢加热时奥氏体形成过程的影响

合金元素对钢加热时奥氏体形成过程的影响在于：一方面合金元素的加入改变了临界点的温度、S 点的位置和碳在奥氏体中的溶解度，使奥氏体形成的温度条件和碳浓度条件发生了变化；另一方面，由于奥氏体的形成是一个扩散过程，合金元素原子不仅本身扩散困难，而且还将影响铁和碳原子的扩散，从而影响奥氏体化过程。

（1）合金元素对奥氏体形成速度的影响

奥氏体的形成速度取决于奥氏体晶核的形成和长大，两者都与碳的扩散有关。Co 和 Ni 等非碳化物形成元素提高碳在奥氏体中的扩散速度，增大奥氏体的形成速度。Si、Al、Mn 等对碳在奥氏体中的扩散速度影响较小，故对奥氏体的形成速度影响不大。Cr、Mo、W、V 等强碳化物形成元素与碳的亲和力较大，可形成难溶于奥氏体的合金碳化物，显著妨碍碳在奥氏体中的扩散，大大减慢了奥氏体的形成速度。

此外，合金钢中的奥氏体成分均匀化过程包括碳和合金元素的均匀化。由于合金元素的扩散系数仅相当于碳的 $1/1000 \sim 1/10000$，因此，合金钢的奥氏体成分均匀化需要比碳钢更高的加热温度与保温时间。

（2）合金元素对奥氏体晶粒的大小的影响

大多数合金元素都有阻止奥氏体晶粒长大的作用，但影响程度各不相同。Ti、V、Zr、Nb 等强烈阻止奥氏体晶粒长大，Al 在钢中易形成高熔点 AlN、Al_2O_3 细质点，也能强烈阻止晶粒长大；W、Mo、Cr 等阻碍奥氏体晶粒长大的作用中等；Ni、Si、Cu、Co 等阻碍奥氏体晶粒长大的作用轻微；Mn、P、B 则有助于奥氏体的晶粒长大。Mn 钢有较强烈的过热倾向，其加热温度不应过高，保温时间应较短。

5.2.2　合金元素对钢的过冷奥氏体分解转变的影响

合金元素可以使钢的 C 曲线发生显著变化。除 Co 外，几乎所有的合金元素都能增大过冷奥氏体的稳定性，推迟珠光体型的转变，使 C 曲线右移。C 曲线右移的结果，降低了钢的临界冷却速度，提高了钢的淬透性。钢中最常用的提高淬透性的合金元素主要有以下六种：Cr、Mn、Mo、Si、Ni、B。前五种合金元素，除了有较强的提高钢的淬透性的能力以外，还可以大量地溶入钢中形成固溶强化，故是提高淬透性最为有效的元素。

应该强调指出的是，合金元素只有当淬火加热溶入奥氏体中时，才能起到提高淬透性的作用。含 Cr、Mo、W、V 等强碳化物形成元素的钢，若淬火加热温度不高，保温时间较短，碳化物未溶解时，非但不能提高淬透性，反而会由于未溶碳化物粒子能成为珠光体转变的核心，使淬透性下降。另外，两种或多种合金元素的同时加入对淬透性的影响要比两单个元素影响的总和强得多，例如铬锰钢、铬镍钢等。合金钢采用"多元少量"的合金化原则，可最有效地发挥各种合金元素提高钢的淬透性的作用。

（1）合金元素对珠光体转变和贝氏体转变的影响

当合金元素充分溶于奥氏体中时，除 Co 外，几乎所有的合金元素都能推迟过冷奥氏体向珠光体的转变。Ni、Mn 等扩大 γ 相区的元素能降低 A_1 点，使珠光体转变移向较低的温度；而 Cr、W、Mo、V、Si、Al 等缩小 γ 相区的元素能提高 A_1 点，则使珠光体转变移向高温。

在贝氏体转变中，合金元素的作用首先表现在对贝氏体转变上限温度 B_s 点的影响。Mn、Ni、Cr、Mo、V、Ti 等元素都降低 B_s 点，使得在贝氏体和珠光体转变温度之间出现过冷奥氏体的中温稳定区，形成两个转变的 C 曲线。此外，合金元素还改变贝氏体转变动力学过程，增长转变孕育期，减慢长大速度，其中 Mn、Ni、Cr、Si 的作用较强，W、Mo、V、Ti 的作用较小。

（2）合金元素对马氏体转变的影响

马氏体转变是无扩散型转变，形核和长大速度极快，所以合金元素对马氏体转变速度影响很小。合金元素的作用表现在对马氏体点 $M_s \sim M_f$ 温度的影响，并影响钢中残余奥氏体含量及马氏体的精细结构。

除 Co、Al 以外，绝大多数合金元素都使 M_s 和 M_f 下降，而使残余奥氏体增多，见图 5-8 和图 5-9。因此在相同的含碳量下，合金钢中的残余奥氏体含量比碳钢中的多。许多高碳、高合金钢淬火后，残余奥氏体的含量甚至可高达 $30\% \sim 40\%$。这对钢的性能将产生很大影响。残余奥氏体量过高时钢的硬度降低，疲劳抗力下降。对于合金结构钢，为了将残余奥氏体量控制在合适的范围，往往要进行附加的处理，例如冷处理或多次回火。多次回火过程中残余奥氏体发生合金碳化物的析出，使残余奥氏体的 M_s、M_f 点升高，而在回火后的冷却过程中，转变为马氏体或贝氏体（称为二次淬火），从而使残余奥氏体量减少。下列元素可明显地降低钢的 M_s 和 M_f 点，并增加残余奥氏体量，按照作用的强弱可列为：Mn、Cr、Ni、Mo、W、Si。

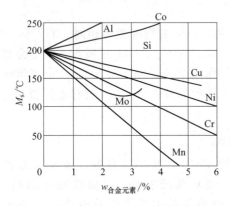

图 5-8　合金元素对 1.0%C 碳钢的影响

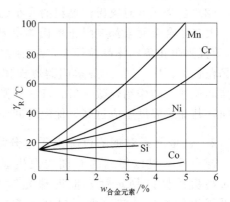

图 5-9　合金元素对 1.0%C 碳钢 1150℃淬火后残余奥氏体含量的影响

此外，合金元素还影响马氏体的形态，Ni、Cr、Mn、Mo、Co 等均增大片状马氏体形成的倾向。

5.2.3　合金元素对淬火钢的回火的影响

（1）提高回火稳定性

合金元素在回火过程中能推迟马氏体的分解和残余奥氏体的转变，提高铁素体的再结晶温度，使碳化物难以聚集长大，因此提高钢对回火软化的抗力，即提高了钢的回火稳定性。

提高回火稳定性作用较强的合金元素有 V、Si、Mo、W、Ni、Co 等。因此，相同含碳量的合金钢和碳钢达到相同硬度的情况下，合金钢的回火温度应比碳钢高，回火时间也应增长，这对消除应力有利，因而合金钢的塑性、韧性较碳钢好；而在相同温度回火时，合金钢的强度、硬度较碳钢高。

（2）产生二次硬化和二次淬火

W、Mo、V 等较强碳化物形成元素含量较高的高合金钢回火时，硬度随回火温度的升高不是单调降低，而是在某一回火温度后，硬度反而增加，并在某一温度（一般为 550℃左右）达到峰值，见图 5-10。这种在一定回火温度下硬度出现峰值的现象称为二次硬化。产生二次硬化的原因一方面是由于高温回火

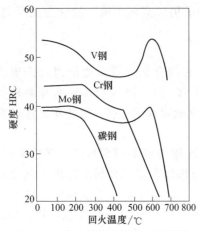

图 5-10　合金钢回火时的二次硬化

时从马氏体中析出的高度分散的合金碳化物粒子（如 W_2C，Mo_2C，VC）所造成的。这类碳化物粒子在高温下非常稳定，很不容易聚集长大，且与 α 相保持共格关系，从而使钢具有很好的高温强度；另一方面是由于回火冷却过程中残余奥氏体转变为马氏体的二次淬火造成的。在高温下工作的钢，特别是高速切削工具及热作模具用钢，二次硬化现象对需要较高红硬性的工模具钢是极为重要的。

（3）增大回火脆性倾向

淬火合金钢在一定温度范围内回火时，表现出明显的脆化现象，这种现象就是回火脆性。250～400℃间的第一类回火脆性，是由相变机制本身决定的，是一种不可逆回火脆性，不可能用热处理和合金化的方法消除，只能避开。但 Mo、W、V、Al 等元素可稍微减弱这类回火脆性；而 Mn、Cr 则促进这类回火脆性的发展。加入 Si、Cr 等可使这类回火脆性的温度向高温方向推移。450～600℃间发生的第二类回火脆性主要与某些杂质元素以及合金元素本身在原奥氏体晶界上的严重偏聚有关，这类回火脆性在各类合金钢中均有发生，只是程度不同而已，这是一种可逆回火脆性。

根据合金元素对第二类回火脆性的作用，可将合金元素分为三类：①增加回火脆性敏感性的元素有：Mn、Cr、Ni（与其它元素一起加入时）、P、V 等；②无明显影响的元素有：Ti、Zr、Si、Ni（单一元素作用时）；③降低回火脆性敏感性的元素有：Mo、W。

为防止合金钢中第二类回火脆性，在长期的生产实践中总结出了下列方法：①回火后快冷，一般小件用油冷，较大件用水冷。但工件尺寸过大时，即使水冷也难防止脆性产生；②加入合金元素 Mo、W 以抑制第二类回火脆性；③提高冶金质量，尽可能降低钢中有害元素的含量。

5.3　合金元素与钢的强韧化

钢中加入合金元素的主要目的是使钢具有更优异的性能。对于结构材料来说，首先是提高其力学性能，即既要有高的强度，又要保证钢具有足够的韧性。然而材料的强度和韧性常常是一对矛盾，增加强度往往要牺牲钢的一部分塑性和韧性，反之亦然。因此寻求高强度而同时有高韧性的材料是金属材料研究中的重要内容。

5.3.1　合金元素对钢的强度的影响

金属的强度一般是指金属材料对塑性变形的抗力，发生塑性变形所需的应力越高，强度也就越高。由于钢铁材料的实际强度与大量的位错密切相关，其力学本质是塑变抗力。为了提高钢铁材料的强度，要把着眼点放在提高塑变抗力上，阻止位错的运动。从这一基本点出发，钢中合金元素的强化作用主要有以下四种方式：固溶强化、细晶强化、第二相强化及位错强化。通过对这四种方式单独或综合加以运用，便可以有效地提高钢的强度。

（1）固溶强化

通过加入合金元素组成固溶体使金属材料得到强化称为固溶强化。固溶强化是由于溶质原子与基体金属原子大小不同，因而使基体的晶格发生畸变，造成一个弹性应力场。此应力场与位错本身的弹性应力场交互作用，增大了位错运动的阻力，从而导致强化。

一般认为间隙溶质原子的强化效应远比置换式溶质原子强烈，其强化作用相差 10～100倍，因此，间隙原子如 C、N 是钢中重要的强化元素。然而在室温下，它们在铁素体中的溶解度十分有限，因此，其固溶强化作用受到限制。

在工程用钢中，置换式溶质原子的固溶强化效果不可忽视。能与铁形成置换式固溶体的合金元素很多，如 Mn、Si、Cr、Ni、Mo、W 等。这些合金元素往往在钢中同时存在，强化作用可以叠加，使总的强化效果增大，尤其是 Si、Mn 的强化作用更大。

应该指出的是，固溶强化效果越大，则塑性、韧性下降得越多。因此选用固溶强化元素时一定不能只着眼于强化效果的大小，而应对塑性、韧性给予充分保证。所以，对溶质的浓度应加以控制。

（2）细晶强化

随晶粒细化，晶界增多，材料强度升高的现象，称为细晶强化，也叫晶界强化。它是一种极为重要的强化机制，不但可以提高强度，而且还能改善钢的韧性。这一特点是其它强化机制所不具备的。晶界强化是由于晶界的存在，引起在晶界处产生弹性变形不协调和塑性变形不协调。这两种不协调现象均会在晶界处诱发应力集中，以维持两晶粒在晶界处的连续性。其结果在晶界附近引起二次滑移，使位错迅速增殖，形成加工硬化微区，阻碍位错运动，从而导致强化。

晶粒越细小，晶界数量就越多，其强化效果就越好。这一关系可用 Hall-Petch 关系表示

$$R_e = R + K_s d^{-1/2}$$

式中　R_e——屈服强度；

　　　R——位错移动的摩擦阻力；

　　　K_s——晶格障碍强度系数；

　　　d——晶粒平均直径。

从 Hall-Petch 关系可以看出，利用晶界强化的主要途径有：①利用合金元素改变晶界的特性，提高 K_s 值。为此，可向钢中加入表面活性元素如 C、N、Ni 和 Si 等，以便在 α-Fe 晶界上偏聚，提高晶界阻碍位错运动的能力。②利用合金元素细化晶粒，通过减小晶粒尺寸增加晶界数量。常用的方法是向钢中加入 Al、Nb、V、Ti 等元素，形成难熔的第二相质点，阻碍奥氏体晶界移动，间接细化铁素体或马氏体的晶粒。

（3）第二相强化

第二相强化是指在金属基体中存在另外的一个或几个相，这些相的存在使金属的强度得到提高。第二相强化的效果与第二相的特性、数量、大小、形状和分布有关。第二相的体积比越大，强化效果越显著；第二相弥散度越大，强化效果越好；第二相呈等轴状且细小均匀地弥散分布时，强化效果最好；对位错运动阻力越大的硬质点，其强化效果也越大。

（4）位错强化

位错强化也是钢中常用的一种强化机制，是指运动位错碰上与滑移面相交的其它位错时，发生交割而使运动受阻，从而提高了钢的强度。位错所造成的强化量 ΔR 与金属中位错密度 ρ 的平方根成正比，可表示为

$$\Delta R = k_d \rho^{1/2}$$

式中，k_d 为比例系数；ρ 为位错密度。一般面心立方金属中的位错强化效应比体心立方金属中的大，因此在面心立方金属（如 Cu、Al）中利用位错强化是很有效的。

金属的冷变形能产生大量位错，所以强化效果显著。合金中的相变，特别是低温下伴随有容积变化的相变，如马氏体相变等，都会造成大量的位错，也能使合金显著强化。

实际金属中，都是几种强化机制同时起作用，很少只有一种强化机制起作用的。

5.3.2　提高钢韧性的途径

一般情况下，随着钢的强度提高，韧性将会降低。按上述强化机制进行强化，除了细晶

强化外，其它强化途径都会不同程度地降低材料的塑性与韧性，并使韧脆转化温度 T_K 提高。因此，合理地解决强度和韧性的矛盾，协调强度和韧性的配合，寻求既有高强度又有高韧性的材料是重要的研究任务。从合金化的角度提高和改善韧性的途径主要有以下几个方面。

① 细化奥氏体晶粒，从而就细化了铁素体晶粒与组织。起作用较大的主要元素有强碳化物形成元素 Ti、Nb、V、W、Mo 等以及 Al 元素。

② 提高钢的回火稳定性。提高了回火稳定性，也就可以在相同的强度水平下，提高回火温度，从而提高材料的韧性。所以提高回火稳定性的合金元素都可不同程度的起到这个作用。如强碳化物形成元素。

③ 改善基体韧性。在钢中，基体的韧性是整个材料韧性的关键，是一个主要因素。Ni 元素能有效地改善和提高钢基体的韧性。

④ 细化碳化物。粗大的碳化物或其它化合物对钢的韧性是非常不利的，往往成为变形过程中裂纹核心的起源。所以希望钢中的碳化物在大小、分布、形状和数量等特征参量上为小、匀、圆和适量。如钢中含有适量的 Cr、V，就可以改善碳化物的存在状况。

⑤ 降低和消除钢的回火脆性。在合金化方面主要起作用的是 W、Mo 元素。

⑥ 在保证强度水平下，适当降低含碳量。

⑦ 提高冶金质量。钢中杂质是非常有害的，所以提高冶金质量也是很好的一个途径。

⑧ 通过合金化形成一定量的残余奥氏体，利用稳定的残余奥氏体来提高材料的韧性。

5.4 钢的分类及编号

钢的种类繁多，通常按钢中是否加入合金元素，将钢分为碳钢和合金钢。

5.4.1 碳钢的分类

（1）按碳质量分数分类

① 低碳钢　$w_C \leqslant 0.25\%$ 的碳钢通常称为低碳钢。

② 中碳钢　$0.25\% < w_C \leqslant 0.6\%$ 的碳钢通常称为中碳钢。

③ 高碳钢　$w_C > 0.6\%$ 的碳钢通常称为高碳钢。

（2）按钢的质量分类

① 普通碳素钢　$w_S \leqslant 0.05\%$，$w_P \leqslant 0.045\%$ 的碳钢称为普通碳素钢。

② 优质碳素钢　$w_S \leqslant 0.035\%$，$w_P \leqslant 0.035\%$ 的碳钢称为优质碳素钢。

③ 高级优质碳素钢　$w_S \leqslant 0.02\%$，$w_P \leqslant 0.03\%$ 的碳钢称为高级优质碳素钢。

④ 特级优质碳素钢　$w_S \leqslant 0.015\%$，$w_P \leqslant 0.025\%$ 的碳钢称特级优质碳素钢。

（3）按钢的用途分类

① 碳素结构钢　主要用于各种工程构件，如桥梁、船舶、建筑构件等。也可用于不太重要的机件。

② 优质碳素结构钢　主要用于制造各种机器零件，如轴、齿轮、弹簧、连杆等。

③ 碳素工具钢　主要用于制造各种工具，如刃具、模具、量具等。

④ 一般工程用铸造碳素钢　主要用于制造形状复杂且需要一定强度、塑性和韧性的零件。

（4）按钢冶炼时的脱氧程度分类

① 沸腾钢　是指脱氧不彻底的钢。

② 镇静钢　是指脱氧彻底的钢。

③ 半镇静钢　是指脱氧程度介于沸腾钢和镇静钢之间。

④ 特殊镇静钢　是指进行特殊脱氧的钢。

5.4.2　碳钢的编号

(1) 碳素结构钢

碳素结构钢的牌号是由代表屈服点的字母（Q）、屈服点数值、质量等级符号（A、B、C、D）及脱氧方法符号等四个部分按顺序组成。其中质量等级为 A 级的碳素结构钢中硫、磷的含量最高，D 级的碳素结构钢中硫、磷的含量最低；脱氧方法符号的含义如下：F——沸腾钢、b——半镇静钢、Z——镇静钢、TZ——特殊镇静钢。通常多用镇静钢，故其符号 Z 一般省略不表示。

(2) 优质碳素结构钢

优质碳素结构钢的牌号一般用两位数字表示。这两位数字表示钢中平均碳的质量分数的万倍。这类钢全部是优质级，不标质量等级符号。如 45 表示该钢的 $w_C = 0.45\%$。优质碳素结构钢按含锰量的不同，分为普通含锰量（$w_{Mn} = 0.25\% \sim 0.8\%$）和较高含锰量（$w_{Mn} = 0.7\% \sim 1.2\%$）两组。含锰量较高的一组在其数字的尾部加"Mn"，如 15Mn、45Mn 等。

(3) 碳素工具钢

碳素工具钢的牌号一般用符号"T"加上碳的质量分数的千倍表示。其中符号"T"是"碳"字的汉语拼音字首。如 T10，T12 等。一般优质碳素工具钢不加质量等级符号，而高级优质碳素工具钢则在其数字后面再加上"A"字，如 T8A，T12A 等。这类钢锰的质量分数一般都严格控制在 0.4% 以下，个别钢为了提高其淬透性，锰的质量分数的上限可扩大到 0.6%，这时，在牌号的尾部标以 Mn，如 T8Mn，T8MnA。

5.4.3　合金钢的分类

合金钢的种类繁多，为了便于生产、管理和使用，可从不同角度进行科学分类。通常可按成分、用途、冶金质量及组织等进行分类。

(1) 按化学成分分类

① 按钢中所含合金元素的种类分，合金钢可分为：锰钢、铬钢、硅钢、硅锰钢、铬锰钛钢等。

② 按钢中合金元素总质量分数分，合金钢可分为：低合金钢（合金元素总质量分数小于 5%）、中合金钢（合金元素总质量分数在 5% ～ 10%）和高合金钢（合金元素总质量分数大于 10%）。

(2) 按钢的用途分类

① 合金结构钢　合金结构钢还可分为工程结构钢（低合金高强度结构钢）和机械零件用钢（合金渗碳钢、合金调质钢、合金弹簧钢、滚动轴承钢等）。

② 合金工具钢　合金工具钢还可分为刃具钢（低合金刃具钢和高速钢）、模具钢（冷作模具钢和热作模具钢）和量具钢。

③ 特殊性能钢　特殊性能钢还可分为不锈钢、耐热钢、耐磨钢。

(3) 按冶金质量分类

① 普通低合金钢

② 优质低合金钢

③ 高级优质合金钢

④ 特高级优质合金钢

（4）按金相组织分类

① 按退火后的组织合金钢可分为：亚共析钢（组织为铁素体和珠光体）、共析钢（组织为珠光体）、过共析钢（组织为珠光体和二次渗碳体）、莱氏体钢（在铸态组织中有莱氏体）。

② 按正火后的组织合金钢可分为：铁素体钢、珠光体钢、贝氏体钢、马氏体钢和奥氏体钢。

此外，还有把化学成分和用途结合起来分类的方法，如把不锈钢分为铬不锈钢、镍铬不锈钢、铬锰不锈钢等；按正火后的金相组织和用途特点把不锈钢分为马氏体型不锈钢、铁素体型不锈钢、奥氏体型不锈钢、奥氏体型-铁素体型不锈钢及沉淀硬化型不锈钢等，把耐热钢分为马氏体型耐热钢、铁素体型耐热钢、奥氏体型耐热钢等。

5.4.4 合金钢的编号

（1）合金结构钢

① 工程结构钢（低合金高强度结构钢）低合金高强度结构钢的牌号与碳素结构钢的牌号表示方法相同。

② 机器零件用钢　这类合金结构钢的牌号由三部分组成，即由"二位数字＋元素符号＋数字"组成。前面的两位数字表示钢的碳的质量分数的万倍，元素符号表示所含合金元素，后面的数字表示合金元素含量的百倍。凡合金元素质量分数小于 1.5％时，编号中只标明元素符号，一般不标含量。如果合金元素平均质量分数等于或大于 1.5％、2.5％、3.5％、…则在元素符号后相应标出 2、3、4、…合金结构钢中的 Nb、Ti、B 等元素，虽然含量很低，但属有意加入，故在钢的牌号中仍应表示出来。如 40B，其平均碳的质量分数为 0.4％，硼的质量分数仅为 0.0005％～0.0035％。合金结构钢都是优质钢、高级优质钢（牌号后加"A"字）或特级优质钢（牌号后加"E"字）。

必须指出的是，高碳铬轴承钢的牌号在头部加符号"G"，但不标碳含量。铬含量以千分之几计，其它合金元素按合金结构钢的合金含量表示。例如：平均含铬量为 1.50％的轴承钢，其牌号表示为"GCr15"。

（2）合金工具钢

合金工具钢的牌号表示方法与机器零件用钢相似，但当其平均碳的质量分数大于 1％时，含碳量不标出，当其平均碳的质量分数小于 1％时，则牌号前的数字表示平均碳的质量分数的千倍。合金元素的表示方法与合金结构钢相同。由于合金工具钢都属于高级优质钢，故不再在牌号后标出"A"字。如 9SiCr 表示平均碳的质量分数为 0.9％左右，铬、硅各为 1％左右；Cr12 表示平均碳的质量分数大于 1％，含铬为 12％左右。

必须指出的有三点：①高速工具钢与一般合金工具钢略有不同，主要区别在于不论碳的平均质量分数为多少均不予标出。如 W18Cr4V、W6Mo5Cr4V2 等。②低铬（平均铬含量小于 1％）的合金工具钢，在铬含量（以千分之几计）前加数字"0"。例如：平均含铬量为 0.60％的合金工具钢，其牌号表示为"Cr06"。③塑料模具钢在牌号头部加"SM"，牌号表示方法与优质碳素结构钢和合金工具钢相同。例如：SM45、SM3Cr2Mo。

（3）特殊性能钢

特殊性能钢和合金工具钢的牌号表示方法基本相同。碳含量用两位或三位阿拉伯数字表示最佳控制值（以万分之几或十万分之几计）。①先规定碳含量上限值，当碳含量上限不大于 0.10％时，以其上限的 3/4 表示碳含量；当碳含量上限大于 0.10％时，以其上限的 4/5 表示碳含量。例如：碳含量上限为 0.08％，碳含量以 06 表示，如牌号 06Cr18Ni18；碳含量上限为 0.15%，碳含量以 12 表示，如牌号 12Cr23Ni13。对超低碳不锈钢（即碳含量不大于 0.030%），用三位阿拉伯数字表示碳含量最佳控制值（以十万分之几计）。例如：碳含量上限为 0.030% 时，其牌号以 022 表示，如 022Cr19Ni10。②规定上、下限者，以平均碳含量×100 表示。例如：碳含量为 0.16%～0.25% 时，其牌号中的碳含量以 20 表示，如 20Cr25Ni20。

合金元素含量以化学元素符号及阿拉伯数字表示，表示方法同合金结构钢。钢中有意加入的铌、钛、锆、氮等合金元素，虽然含量很低，也应在牌号中标出。例如：碳含量不大于 0.08%，铬含量为 18.00%～20.00%，镍含量为 8.00%～11.00% 的不锈钢，牌号为 06Cr19Ni10。

除此而外，还有一些特殊专用钢，为表示钢的用途，在牌号前或后附以字母。如铸造合金钢的牌号是在一般合金钢的牌号前加 "ZG"，常用的铸造合金钢有：ZGMn2、ZG35SiMn、ZG37SiMn2MoV、ZG40CrMnMo、ZGMn13（高锰钢或耐磨钢）、ZG1Cr18Ni9（铸造不锈钢）等。又如易切削钢 Y15、Y40Mn、Y15Pb（GB/T 8731—1988），易切削非调质机械结构钢 YF35V 和热锻用非调质机械结构钢 F45V（GB/T 15712—1995）等。

思 考 题

1. 什么是合金钢？为什么合金元素能提高钢的强度？

2. 合金元素在钢中以什么形式存在？对钢的性能有哪些影响？

3. 合金元素对钢的淬火临界冷却速度有何影响？强烈阻碍奥氏体晶粒长大的元素有哪些？

4. 合金元素对钢的回火转变有什么影响？

5. 钢中常存的杂质有哪些？硫、磷对钢的性能有哪些有害和有益的影响？

6. 解释下列现象：

（1）含碳量≥0.4%、含铬量 12% 的铬钢属于过共析钢，而含碳 1.0%、含铬 12% 的钢属于莱氏体钢；

（2）截面尺寸小的调质件在回火后需快冷至室温。

7. 提高钢的强度有哪些措施？提高钢的韧性有哪些措施？

8. 合金元素 V、Cr、W、Mo、Mn、Co、Ni、Cu、Ti、Al 中哪些是铁素体形成元素？哪些是奥氏体形成元素？哪些能在 α-Fe 中形成无限固溶体？哪些能在 γ-Fe 中形成无限固溶体？

9. 分析合金元素对 $Fe-Fe_3C$ 相图影响规律对热处理工艺实施有哪些指导意义？

第6章 结 构 钢

用来制造工程结构件及机械零件的钢称为结构钢。它是工业用钢中用途最广、用量最大的一类钢。

6.1 工程结构钢

工程结构钢是指专门用来制造工程结构件的一大类钢种。它广泛用于国防、化工、石油、电站、车辆、造船等领域，如桥梁、船舶、屋架、锅炉及压力容器等。在钢总产量中，工程结构钢占 90%。

6.1.1 工程结构钢的性能要求

一般说来，工程构件的服役特点是不作相对运动，长期承受静载荷作用，有一定的使用温度和环境要求，如有的（如锅炉）使用温度可达 250℃以上，有的则在寒冷（$-30\sim$ -40℃）条件下工作、长期承受低温作用，通常在野外（如桥梁）或海水（如船舶）条件下使用，承受大气或海水的侵蚀作用。

因此工程结构钢所要求的力学性能是弹性模量大，以保证构件有更好的刚度；有足够的抗塑性变形及抗破断的能力，即 σ_s 和 σ_b 较高，而 δ 和 ψ 较好；缺口敏感性及冷脆倾向性较小等。并要求具有一定的耐大气腐蚀及海水腐蚀性能。除此之外，工程结构钢还必须保证良好的加工工艺性能。为了制成各种工程构件，需将钢厂供应的棒材、板材、型材、管材、带材等先进行必要的冷变形加工，制成各种部件，然后用焊或铆接方法连接起来，因而要求钢材必须具备良好的冷变形性和可焊性，其化学成分的设计和选择，必须满足这两方面要求。

6.1.2 工程结构钢的化学成分特点

为了满足性能要求，工程结构钢的化学成分有如下特点。

① 低碳。这类钢中碳含量一般小于 0.25%，主要是为了获得较好的塑性、韧性、焊接性能。随着含碳量增加，钢的强度增加，塑性降低，使得成型困难，同时使得在焊接过程中，引起严重的变形、开裂。此外随着碳含量的增加，钢中珠光体含量相应增加，珠光体由于有大量脆性的片状渗碳体，因而有较高的韧-脆转化温度，如 $w_C=0.3\%$ 的钢材，韧-脆转化温度约在 50℃左右，而 $w_C=0.1\%$ 的钢材，韧-脆转化温度则降低到 -50℃左右。

② 主加合金元素主要是 Mn。Mn 的点阵类型和原子尺寸与 α-Fe 相差较大，因而 Mn 的固溶强化效果较大。此外，Mn 的加入还可使 $Fe-Fe_3C$ 相图中的 S 点左移，使基体中珠光体数量增多，因而可使钢在相同的碳含量下，铁素体量减少，珠光体增多，致使强度不断提高。

③ 辅加合金元素 Al、V、Ti、Nb 等，形成稳定性高的碳、氮化合物，它们既可阻止热轧时奥氏体晶粒长大、保证室温下获得细铁素体晶粒，又能起第二相强化作用，进一步提高钢的强度。

④ 为改善这类钢的耐大气腐蚀性能，应加入一定量的 Cu 和 P。Cu 元素沉积在钢的表面，具有正电位，成为附加阴极，使钢在很小的阳极电流下达到钝化状态。P 在钢中可以起固溶强化的作用，也可以提高耐蚀性能。

⑤ 加入微量稀土元素可以脱硫去气，净化钢材，并改善夹杂物的形态与分布，从而改

善钢的力学性能和工艺性能。

6.1.3　碳素结构钢

这类钢大部分用作钢结构，少量用作机器零件。由于其易于冶炼，工艺性能好，价格低廉，在力学性能上一般能满足普通工程构件及机器零件的要求，所以工程上用量很大，占钢总产量的 70%～80%。它通常均轧制成钢板或各种型材供应，一般不经热处理强化。

根据国标 GB 700—88，将碳素结构钢分为 Q195、Q215、Q235、Q255、Q275 五类。其化学成分、力学性能和用途举例见表 6-1。

表 6-1　碳素结构钢的牌号、化学成分、力学性能及用途（摘自 GB/T 700—200 6）

牌号	等级	脱氧方法	化学成分①（质量分数）/%（≤）				拉伸试验②			冲击试验（V 型缺口）		用途举例
			C	Mn	P	S	屈服强度 R_{eH}/MPa	抗拉强度 R_m/MPa	断后伸长率 A/%	温度 ℃	冲击吸收功（纵向）/J	
Q195	—	F,Z	0.12	0.50	0.035	0.040	≥195	315～430	≥33	—	—	用于载荷不大的结构件、铆钉、垫圈、地脚螺栓、开口销、拉杆、螺纹钢筋、冲压件和焊接件
Q215	A	F,Z	0.15	1.20	0.045	0.050	≥215	335～450	≥31	—	—	
	B					0.045				+20	≥27	
Q235	A	F,Z	0.22	1.40	0.045	0.050	≥235	370～500	≥26	—	—	用于结构件、钢板、螺纹钢筋、型钢、螺栓、螺母、铆钉、齿轮、轴、连杆。Q235C、Q235D 可用作重要焊接结构件
	B		0.20			0.045				+20	≥27	
	C	Z	0.17		0.040	0.040				0		
	D	TZ			0.035	0.035				−20		
Q275	A	F,Z	0.24	1.50	0.045	0.050	≥275	410～540	≥22	—	—	强度较高，用于承受中等载荷的零件，如曲键、链、拉杆、转轴、链轮、链环片、螺栓及螺纹钢筋等
	B	Z	0.21		0.045	0.045				+20	≥27	
	C	Z	0.22		0.040	0.040				0		
	D	TZ	0.20		0.035	0.035				−20		

① Q195 钢的 $w(Si)$ ≤0.30%，其余牌号钢的 $w(Si)$≤0.35%。

② 屈服强度为钢材厚度（直径）≤16mm 时的数据，断后伸长率为钢材厚度（直径）≤40mm 时的数据。

注：表中为镇静钢、特殊镇静钢牌号的统一数字代号，沸腾钢的统一数字代号如下：Q195F—U11950；Q215AF—U12150，Q215BF—U12153；Q235AF—U12350；Q235BF—U12353；Q275AF—U12750。

6.1.4　低合金结构钢

低合金结构钢又称低合金高强度结构钢，它是在碳素结构钢的基础上，加入少量合金元素（一般 w_{Me}<3%）发展起来的具有较高强度的工程结构钢。这类钢比碳素结构钢的强度提高 20%～30%，节约钢材 20% 以上，从而可减轻构件自重量、提高使用可靠性等，目前已广泛用于建筑、石油、化工、铁道、造船等许多部门。

常用低合金结构钢按其屈服点（σ_s）的高低而分为 6 个级别：300、350、400、450、500、550～600MPa。其化学成分、力学性能和特性及用途分别如表 6-2 所示。Q345、Q420 是这类钢的典型牌号，分别属于 350MPa、450MPa 级别，多用于制作船舶、车辆、桥梁等大型钢结构。例如，武汉长江大桥采用 Q235 钢制造，其主跨跨度为 128m。南京长江大桥采用 Q345 钢制造，其主跨跨度 160m；而九江长江大桥采用 Q420 钢制造，其主跨跨度为 216m。300～450MPa 级的低合金结构钢均是在热轧状态（或正火状态）下使用，相应组织为铁素体＋少量珠光体。

当强度级别超过 500MPa 时，其 F＋P 组织很难达到要求，这时需在低碳钢中加入适量能延缓珠光体转变，而对贝氏体转变速度影响很小的元素如 Mo、微量 B、Cr 等，以保证空冷（正火）条件下得到大量下贝氏体组织，使 σ_s 显著提高，而仍具良好韧性和加工工艺性能。如 14CrMnMoVB，适用于制造受热 400～500℃ 的锅炉、高压容器等。

表 6-2 低合金高强度结构钢的牌号、化学成分和力学性能（摘自 GB/T 1591—2008）

牌号	质量等级	化学成分[1]（质量分数）/%，不大于														拉伸试验[2]			冲击试验[2]（V 型）		用途举例
		C	Si	Mn	P	S	Nb	V	Ti	Cr	Ni	Cu	N	Mo	B	下屈服强度 R_{eL}/MPa	抗拉强度 R_m/MPa	断后伸长率 A/%	温度/℃	冲击吸收功（纵向）/J	
Q345	A	0.20	0.50	1.70	0.035	0.035	0.07	0.15	0.20	0.30	0.50	0.30	0.012	0.10	—	≥345	470~630	20	—	—	具有良好的综合力学性能，塑性和焊接性能良好，冲击韧性较好，适于在热轧或正火状态下使用。适于制作桥梁、船舶、车辆、管道、锅炉、各种容器、油罐、电站、厂房结构、低温压力容器等结构件
	B				0.035	0.035													20	≥34	
	C				0.030	0.030													0	≥34	
	D	0.18			0.030	0.025												21	−20	≥34	
	E				0.025	0.020													−40	≥34	
Q390	A	0.20	0.50	1.70	0.035	0.035	0.07	0.20	0.20	0.30	0.50	0.30	0.015	0.10	—	≥390	490~650	20	—	—	具有良好的综合力学性能，焊接性及冲击韧性较好，一般在热轧状态下使用。中高压石油化工容器、锅炉、桥梁、船舶、较高负荷的焊接件、联接件等
	B				0.035	0.035													20	≥34	
	C				0.030	0.030													0	≥34	
	D				0.030	0.025													−20	≥34	
	E				0.025	0.020													−40	≥34	
Q420	A	0.20	0.50	1.70	0.035	0.035	0.07	0.20	0.20	0.30	0.80	0.30	0.015	0.20	—	≥420	520~680	19	—	—	具有良好的综合韧性能，焊接性和优良的低温韧性，冷热加工性好，一般在热轧或正火状态下使用。适于制作高压容器、重型机械、桥梁、船舶、锅炉及其他大型焊接结构件
	B				0.035	0.035													20	≥34	
	C				0.030	0.030													0	≥34	
	D				0.030	0.025													−20	≥34	
	E				0.025	0.020													−40	≥34	

续表

牌号	质量等级	化学成分[①]（质量分数）/%，不大于														拉伸试验[②]			冲击试验[②]（V型）		用途举例
		C	Si	Mn	P	S	Nb	V	Ti	Cr	Ni	Cu	N	Mo	B	下屈服强度 R_{eL}/MPa	抗拉强度 R_m/MPa	断后伸长率 A/%	温度/℃	冲击吸收功（纵向）/J	
Q460	C				0.030	0.030										≥460	550~720	17	0	≥34	经正火、正火加回火或淬火加回火处理后有很高的综合力学性能。主要用于各种大型工程结构及要求强度高、载荷大的轻型结构
	D	0.20	0.60	1.80	0.030	0.025	0.11	0.20	0.20	0.30	0.80	0.55	0.015	0.20	0.004				−20		
	E				0.025	0.020													−40		
Q500	C				0.030	0.030										≥500	610~770	17	0	≥55	用于机械制造、钢结构、起重和运输设备、制作各种机械，模具、光亮模具、工程机械、耐磨零件、石油化工反应器、热交换器、球罐、炉、反应罐、核反应堆压力容器、锅炉汽包、液化石油气罐、油罐、气罐、水轮机涡流壳等
	D	0.18	0.60	1.80	0.030	0.025	0.11	0.12	0.20	0.60	0.80	0.55	0.015	0.20	0.004				−20	≥47	
	E				0.025	0.020													−40	≥31	
Q550	C				0.030	0.030										≥550	670~830	16	0	≥55	
	D	0.18	0.60	2.00	0.030	0.025	0.11	0.12	0.20	0.80	0.80	0.80	0.015	0.30	0.004				−20	≥47	
	E				0.025	0.020													−40	≥31	
Q620	C				0.030	0.030										≥620	710~880	15	0	≥55	
	D	0.18	0.60	2.00	0.030	0.025	0.11	0.12	0.20	1.00	0.80	0.80	0.015	0.30	0.004				−20	≥47	
	E				0.025	0.020													−40	≥31	
Q690	C				0.030	0.030										≥690	770~940	14	0	≥55	
	D	0.18	0.60	2.00	0.030	0.025	0.11	0.12	0.20	1.00	0.80	0.80	0.015	0.30	0.004				−20	≥47	
	E				0.025	0.020													−40	≥31	

① 各牌号钢 C、D、E 三级的 w（Als）≥0.015%。

② 下屈服强度为钢材厚度（直径）≤16mm 时的数据，抗拉强度和断后伸长率为钢材厚度（直径）≤40mm 时的数据，冲击吸收功为钢材厚度（直径）为 12~150mm 时的数据。

6.1.5 提高低合金结构钢性能的途径

低合金结构钢的发展趋势如下。

① 微合金化与控制轧制相结合，以达最佳强韧化效果。加入少量 V、Ti、Nb 等微合金化元素，通过控制轧制时的再结晶过程，使钢的晶粒细化，进而达到强韧化效果。

② 通过多元微合金化（如 Cr、Mn、Mo、Si、B 等）改变基体组织（在热轧空冷下获得贝氏体组织，甚至马氏体组织），提高强度。

③ 超低碳化。为保证韧性与焊接、冲压性能，需进一步降低碳含量，甚至降低 $1.0\sim0.6$ 个数量级。此时须采用真空冶炼、真空去气等先进冶炼工艺。具体表现在以下几方面：

（1）发展微合金化低碳高强度钢

微合金化高强度钢成分特点是低碳，高锰并加入微量合金元素 V、Ti、Nb、Zr、Cr、Ni、Mo 及稀土元素等。常用 w_C 为 $0.12\%\sim0.14\%$，甚至降至 $0.03\%\sim0.05\%$，降低碳含量主要为了保证塑性、韧性和可焊性等。微量合金元素复合（$0.01\%\sim0.1\%$ 之间）加入对钢的组织、性能的影响主要表现在：改变钢的相变温度、相变时间，从而影响相变产物的组织和性能；细晶强化；沉淀强化；改变钢中夹杂物的形态、大小、数量和分布；可严格控制珠光体的体积分数，从而获得少珠光体钢、无珠光体钢（如针状铁素体）乃至无间隙固溶钢等新型微合金化钢种。但是必须与控制轧制、控制冷却和控制沉淀相结合，才能发挥其强韧化作用。

（2）发展新型低合金高强度钢

① 低碳贝氏体型钢　其主要特点是使大截面的构件在热轧空冷（正火）条件下，能获得单一的贝氏体组织。发展贝氏体型钢的主要冶金措施是向钢中加入能显著推迟珠光体转变而对贝氏体转变影响很小的元素（如在 $w_{Mo}=0.5\%$、$w_B=0.003\%$ 基本成分基础上，加入 Mn、Cr、V 等元素），从而保证热轧空冷条件下获得下贝氏体组织。这些钢种主要用于锅炉和石油工业中的中温压力容器。

② 低碳索氏体型钢　采用低碳低合金钢淬火得到低碳 M，然后进行高温回火以获得低碳回火索氏体组织，从而保证钢具有良好的综合力学性能和焊接性能。低碳索氏体型钢已在重型载重车辆、桥梁、水轮机及舰艇等方面得到应用。我国在发展这类钢中也做了不少工作，并成功地应用于导弹、火箭等国防工业中。

③ 针状铁素体型钢　为满足严寒条件下工作的大直径石油和天然气输出管道用钢的需要，目前世界各国正在发展针状铁素体型钢，并通过轧制以获得良好的强韧化效果。此类钢合金化的主要特点是：采用低碳（$w_C=0.04\%\sim0.08\%$）；主要用 Mn、Mo、Nb 进行合金化；对 V、Si、N 及 S 含量加以适当限制。

6.2 渗碳钢

渗碳钢通常是指经渗碳淬火、低温回火处理后使用的钢种，它一般为低碳的优质碳素结构钢与合金钢。

6.2.1 渗碳钢的性能要求

汽车、拖拉机变速箱齿轮等零件的受力情况很复杂，齿根部承受交变的弯曲应力；在啮合过程中，齿面相互成线接触并有滑动，其间存在接触疲劳和磨损作用；行车中离合器突然接合或刹车时，齿牙还受到较大的冲击。齿轮主要的失效形式是齿面磨损和剥落以及齿牙断裂，因此要求齿轮用钢应有高的弯曲疲劳强度和接触疲劳强度，高的耐磨性，心部组织还应有较高的强韧性以防止齿轮断裂。

6.2.2　渗碳钢的化学成分特点

根据性能要求，渗碳钢的化学成分有以下特点。

① 低碳，这类钢的碳含量一般较低，在 $0.12\%\sim0.25\%$ 范围内，以保证工件心部有足够的塑性和韧性。但含碳量过低，心部强度难以保证，表面渗层容易剥落；含碳量过高，心部的塑性和韧性降低，表层压应力减小，弯曲疲劳强度下降。

② 加入合金元素 Cr、Mn、Ni、Si、B 等以提高淬透性。这些元素一方面提高钢材的淬透性，提高工件的强度和韧性；另一方面利用碳化物形成元素 Cr 在渗碳后于表层形成碳化物，提高硬度和耐磨性。此外，Ni 对渗碳层和心部的韧性非常有利。

③ 加入少量阻碍奥氏体晶粒长大的合金元素。由于通常的渗碳温度高达 930℃ 左右，对于用 Mn、Si 脱氧的钢，奥氏体晶粒会发生急剧长大。为了防止奥氏体晶粒的长大，常加入少量强碳化物形成元素 V、Ti、Mo、W 等阻止奥氏体的晶粒长大，同时还可增加渗碳层硬度，进一步提高耐磨性。

6.2.3　典型渗碳钢及其应用

渗碳钢按淬透性的高低可分为低、中、高淬透性三类。表 6-3 为常用渗碳钢的牌号、化学成分、热处理、力学性能和用途。

（1）低淬透性渗碳钢

这类钢水淬临界直径为 $20\sim35$mm，其抗拉强度通常为 $\sigma_b=800\sim1000$MPa。典型钢种是 15、20、20Cr、20Mn2 等。这类钢的淬透性低、心部强度低，通常只适于制造受冲击载荷较小的，且对于心部要求不高的小型渗碳件，如小齿轮、活塞销、套筒、链条等。

（2）中淬透性渗碳钢

这类钢油淬临界直径为 $25\sim60$mm，其抗拉强度通常为 $\sigma_b=1000\sim1200$MPa。典型钢种是 20CrMnTi、20Mn2TiB、20MnVB、20SiMnVB 等。这类钢有良好的力学性能和工艺性能。淬透性较高，过热敏感性小。因此这种钢大量用于制造承受高速、中载并要求抗冲击和耐磨损的零件，特别是汽车、拖拉机上的重要齿轮及离合器轴等。

（3）高淬透性合金渗碳钢

这类钢油淬临界直径约为 100mm 以上，其抗拉强度通常为 $\sigma_b>1200$MPa。典型钢种是 12Cr2Ni4A、15CrMn2SiMo、18Cr2Ni4WA、20Cr2Ni4A 等。这类钢由于含有较多的 Cr 和 Ni 等合金元素，不但淬透性高，而且具有很好的韧性特别是低温冲击韧性，因此主要用于制造大截面、高载荷的重要齿轮和耐磨件，如飞机、坦克中的重要齿轮及曲轴等。

6.2.4　渗碳钢的热处理特点

渗碳钢零件，在机械加工前的预先热处理通常分两步进行。首先将钢件在 A_{c3} 线以上加热进行正火，然后根据合金钢的淬透性不同再分别进行退火（对珠光体型钢）和高温回火（对马氏体型钢）。正火的目的是细化晶粒，减少组织中的带状程度并调整好硬度，便于机械加工。经过正火后的钢材具有等轴状晶粒。对珠光体型钢通常用在 800℃ 左右的一次退火代替正火，可得到相同的效果，即既细化晶粒又改善切削加工性能；对马氏体型钢，则必须在正火之后，再在 A_{c1} 以下温度进行高温回火，以获得回火索氏体组织，这样可使马氏体型钢的硬度由 $380\sim550$HBS 降低到 $207\sim240$HBS，以顺利地进行切削加工。

表6-3 常用渗碳钢的牌号、化学成分、热处理、力学性能及用途（摘自 GB/T 699—1999 和 GB/T 3077—1999）

类别	钢号	化学成分[①]（质量分数）/%					毛坯尺寸/mm	热处理[②]（温度/℃，冷却剂）			力学性能（不小于）					退火硬度 HB≤	用途举例
		C	Mn	Si	Cr	其他		第一次淬火	第二次淬火	回火	σ_b/MPa	σ_s/MPa	δ_5/%	ψ/%	A_{KU2}/J		
低淬透性	15	0.12~0.18	0.35~0.65	0.17~0.37			25				375	225	27	55			小轴、小模数齿轮、活塞销等小型渗碳件
	20	0.17~0.23	0.35~0.65	0.17~0.37			25				410	245	25	55			小轴、小模数齿轮、活塞销等小型渗碳件
	20Mn2	0.17~0.24	1.40~1.80	0.17~0.37			15	880 水、油		200 水、空	785	590	10	40	47	187	代替20Cr作小齿轮、小轴、活塞销、十字削头等
	15Cr	0.12~0.18	0.40~0.70	0.17~0.37	0.70~1.00		15	880 水、油	780~820 水、油	200 水、空	735	490	11	45	55	179	船舶主机螺钉、活塞销、凸轮、滑阀、轴等
	20Cr	0.18~0.24	0.50~0.80	0.17~0.37	0.70~1.00		15	880 水、油	780~820 水、油	200 水、空	835	540	10	40	47	179	机床变速箱齿轮、齿轮轴、活塞销、凸轮、蜗杆等
	20MnV	0.17~0.24	1.30~1.60	0.17~0.37		V0.07~0.12	15	880 水、油		200 水、空	785	590	10	40	55	187	同上，也用做锅炉、高压容器、大型高压管道等
中淬透性	20CrMn	0.17~0.23	0.90~1.20	0.17~0.37	0.90~1.20		15	850 油		200 水、空	930	735	10	45	47	187	齿轮、轴、蜗杆、活塞销、摩擦轮
	20CrMnTi	0.17~0.23	0.80~1.10	0.17~0.37	1.00~1.30	Ti0.04~0.10	15	880 油	870 空	200 水、空	1080	850	10	45	55	217	汽车、拖拉机上的齿轮、齿轮、十字削头等
	20MnTiB	0.17~0.24	1.30~1.60	0.17~0.37		Ti0.04~0.10 B0.0005~0.0035	15	860 油		200 水、空	1130	930	10	45	55	187	代替20CrMnTi制造汽车、拖拉机截面较小、中等负荷的渗碳件
	20MnVB	0.17~0.23	1.20~1.60	0.17~0.37		V0.07~0.12 B0.0005~0.0035	15	860 油		200 水、空	1080	885	10	45	55	207	代替 2CrMnTi、20Cr、20CrNi制造重型机床齿轮和轴、汽车齿轮
高淬透性	18Cr2Ni4WA	0.13~0.19	0.30~0.60	0.17~0.37	1.35~1.65	Ni4.0~4.5 W0.8~1.2	15	950 空	850 空	200 水、空	1180	835	10	45	78	269	大型渗碳齿轮、轴类和飞机发动机齿轮
	20Cr2Ni4	0.17~0.23	0.30~0.60	0.17~0.37	1.25~1.65	Ni3.25~3.65	15	880 油	780 油	200 水、空	1180	1080	10	45	63	269	大截面渗碳件，如大型齿轮、轴等
	12Cr2Ni4	0.10~0.16	0.30~0.60	0.17~0.37	1.25~1.65	Ni3.25~3.65	15	860 油	780 油	200 水、空	1080	835	10	50	71	269	承受高负荷的蜗轮、蜗杆、轴、万向接头等

① 各牌号钢的 $w(S)$ ≤0.035%，$w(P)$ ≤0.035%。

② 15、20钢的力学性能为正火状态值。15钢正火温度为920℃，20钢正火温度为910℃。

　　合金渗碳钢渗碳后的热处理工艺（最终热处理）一般是渗碳后直接淬火，再低温回火。采用这种工艺的零件通常只要求表面高硬度和耐磨性，而对基体性能要求不高。如果除要求表面高硬度、高耐磨性外，对基体性能有较高要求时，渗碳后先进行空冷（即正火处理）使组织细化，而后再按渗碳后的表面成分进行淬火并低温回火。这种工艺主要用于渗碳后容易过热的钢种，如 20Cr、20Mn2 等。当对零件表面和基体性能的要求都很严格时，渗碳空冷后，必须进行两次淬火。第一次按钢的基体成分加热淬火，加热温度较高（870℃左右），目的是细化心部组织并消除表面渗碳层中的网状渗碳体；第二次按高碳钢的成分进行（表面）淬火，目的是使表面获得细小的马氏体加粒状碳化物组织，以满足表面高性能的要求，最后进行低温回火起消除应力、稳定组织和稳定尺寸的作用。这类热处理工艺主要用于航空发动机齿轮的热处理。

　　现以 20CrMnTi 钢为例，分析其制作汽车变速齿轮时热处理工艺在加工路线上的安排。热处理工艺曲线见图 6-1。

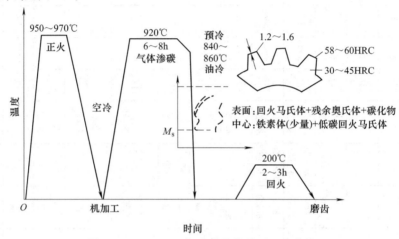

图 6-1　20CrMnTi 钢齿轮的热处理工艺曲线

　　20CrMnTi 钢制造汽车变速齿轮的加工工艺路线是：锻造—正火—加工齿形—局部镀铜—渗碳—预冷淬火、低温回火—喷丸—精磨。

　　齿轮毛坯锻造后正火，目的是降低锻造应力、细化晶粒、均匀化学成分、改善切削加工性能。正火后硬度为 170～210HBS，切削加工性能良好。

　　20CrMnTi 钢的渗碳温度为 920℃左右，经渗碳预冷到 840～860℃直接油淬。预冷的目的是减少淬火时残余奥氏体的量，防止淬火后的变形。预冷淬火后表层为细针状马氏体＋残余奥氏体＋碳化物，心部组织为低碳马氏体。淬火后经 200℃低温回火，表面层具有很高的硬度（58～60HRC）和耐磨性，心部具有高强度和足够的冲击韧性。

　　淬火回火后采用喷丸处理，可进一步提高表面的疲劳强度。

6.3　调质钢

　　调质钢一般是指经调质处理（淬火加高温回火）后使用的中碳钢或中碳合金钢。

6.3.1　调质钢的性能要求

　　许多重要的机器零件，如机床主轴、汽车拖拉机后桥半轴、柴油机曲轴、连杆等的工作负荷经常变动，有时还受到冲击作用，在轴颈或花键等部位还存在较剧烈摩擦。此类零件失效形式主要是疲劳断裂、过量变形、局部磨损，因此要求所用钢应有较高的强度（屈服强度和疲劳强度）；良好的塑性和韧性；表面和局部有一定的耐磨性等，既要求强度同时又要求塑性和韧性的配合，即应具有良好的综合力学性能。

6.3.2　调质钢的化学成分特点

根据性能要求，调质钢的化学成分有以下特点：

① 中碳，这类钢的碳含量一般在 0.3%～0.5% 范围内，以 0.4% 居多。碳含量过低，淬硬性不够；碳含量过高，热处理后韧性不足。对于合金调质钢，碳含量可适当偏低一些。

② 加入 Cr、Mn、Si、Ni、B 等合金元素以提高淬透性。调质件的性能与钢的淬透性密切相关，特别是对于截面尺寸较大的零件。加入 Mo、W、V、Ti 等碳化物形成元素，可以细化晶粒，增加钢的强韧性。

③ 加入少量抑制回火脆性的合金元素。由于调质处理是淬火后进行高温回火，回火温度又正好处于第二类回火脆性的温度范围。高温回火慢冷时极容易产生第二类回火脆性，合金调质钢一般用于制造大截面零件，用快速冷却难以抑制这类回火脆性，因此通常在这类钢中加入 Mo、W 来防止回火脆性。

6.3.3　典型调质钢及其应用

调质钢在机械制造业中是用量最大的一类钢种。我国常用调质钢的牌号、化学成分、热处理、力学性能和用途列于表 6-4。

通常根据淬透性高低，可将调质钢分为以下三类。

（1）低淬透性调质钢

低淬透性调质钢中，40、45 等碳素钢水淬临界直径为 8～17mm，而 40Cr、40CrV、40MnB、40MnVB 等合金钢油淬临界直径为 20～40mm，最典型的是 40Cr，可用于制造一般尺寸的重要零件。40MnB、40MnVB 钢是为了节约 Cr 而发展的代用钢，40MnB 的淬火稳定性较差，切削加工性能也差一些。

（2）中淬透性调质钢

中淬透性调质钢的油淬临界直径为 40～60mm，含有较多的合金元素，典型牌号有40CrMn、40CrNi、35CrMo、38CrMoAl 等。常用于制造截面较大、承受较高载荷的机器零件，如曲轴、连杆等。

（3）高淬透性调质钢

高淬透性调质钢的油淬临界直径为 60～100mm，多为铬镍钢。典型牌号有 40CrMnMo、40CrNiMoA、25Cr2Ni4WA 等。主要用于制造大截面、重载荷的重要机器零件，如汽轮机叶轮、航空发动机曲轴等。

6.3.4　调质钢的热处理特点

（1）预先热处理

调质钢因含不同种类、数量的合金元素，其热加工后的组织可能为铁素体和细片珠光体，也可能出现马氏体。对前者可加热至 A_{c3} 以上进行完全退火（如果钢的含碳量和合金元素含量较低，可用正火代替），以细化晶粒，减轻组织的带状程度，改善钢的切削加工性能。对于后者则应在正火后，再于 A_{c1} 以下高温回火，降低硬度，便于切削加工。

（2）最终热处理

调质钢最终热处理的第一工序是淬火。因调质钢是亚共析钢，其淬火加热温度在 A_{c3} 以上，具体温度的高低由钢的成分确定。淬火介质可根据钢的淬透性和零件的尺寸形状选择、实际上一般合金钢工件都在油中淬火。

表6-4 常用调质钢的牌号、化学成分、热处理、力学性能和用途（摘自 GB/T 699—1999 和 GB/T 3077—1999）

类型	钢号	化学成分①(质量分数)/% C	Mn	Si	Cr	其他	热处理(温度/℃、冷却剂) 毛坯尺寸/mm	淬火	回火③	力学性能②(不小于) σb/MPa	σc/MPa	δ5/%	ψ/%	AKU2/J	退火硬度 HB≤	用途举例
低淬透性	45	0.42~0.50	0.50~0.80	0.17~0.37	≤0.25		25	840 水	600	600	355	16	40	39	197	小截面、中载荷的调质件，如主轴、曲轴、齿轮、连杆、链轮等
	40Mn	0.37~0.44	0.70~1.00	0.17~0.37	≤		25	840 水	600	590	355	17	45	47	207	比45钢强韧性要求稍高的调质件
	40Cr	0.37~0.44	0.50~0.80	0.17~0.37	0.80~1.10		25	850 油	520	980	785	9	45	47	207	重要调质件，如轴类、连杆螺栓、机床齿轮、蜗杆、销子等
	45Mn2	0.42~0.49	1.40~1.80	0.17~0.37			25	840 油	550	885	735	10	45	47	217	代替40Cr作φ<50mm的重要调质件，如机床齿轮、钻床主轴、凸轮、蜗杆等
	45MnB	0.42~0.49	1.10~1.40	0.17~0.37		B0.0005~0.0035	25	840 油	500	1030	835	9	40	39	217	可代替40Cr或40CrMo制造汽车、拖拉机和机床的重要调质件，如轴、齿轮等
	40MnVB	0.37~0.44	1.10~1.40	0.17~0.37		V0.05~0.10 B0.0005~0.0035	25	850 油	520	980	785	10	45	47	207	除低温韧性稍差外，可全面代替40Cr和部分代替40CrNi
中淬透性	35SiMn	0.32~0.40	1.10~1.40	1.10~1.40			26	900 水	570	885	735	15	45	47	229	可代替40Cr作较大截面的重要件，如曲轴、主轴、连杆等
	40CrNi	0.37~0.44	0.50~0.80	0.17~0.37	0.45~0.75	Ni1.00~1.40	25	820 油	500	980	785	10	45	55	241	作较大截面作受冲击载荷不大的零件，如曲轴、主轴、齿轮、离合器等
	40CrMn	0.37~0.45	0.90~1.20	0.17~0.37	0.90~1.20		25	840 油	550	980	835	9	45	47	229	代替40CrNi作大截面齿轮和高负荷传动轴、发电机转子等
	35CrMo	0.32~0.40	0.40~0.70	0.17~0.37	0.80~1.10	Mo0.15~0.25	25	850 油	550	980	835	12	45	63	229	用于飞机调质件，如起落架、冷气瓶等
	30CrMnSi	0.27~0.34	0.80~1.10	0.90~1.20	0.80~1.10		25	880 油	520	1080	885	10	45	39	229	高级调质件，作重要丝杆、螺栓、天窗盖、高压阀门等
高淬透性	38CrMoAl	0.35~0.42	0.30~0.60	0.20~0.45	1.35~1.65	Mo0.15~0.25	30	940 水、油	640	980	835	14	50	71	229	高级氮化钢，作重要渗氮件
	37CrNi3	0.34~0.41	0.30~0.60	0.17~0.37	1.20~1.60	Ni3.00~3.50	25	820 油	500	1130	980	10	50	47	269	高强韧性的大型重要件，如汽轮机叶轮、转子轴等
	25Cr2Ni4WA	0.21~0.28	0.30~0.60	0.17~0.37	1.35~1.65	Ni4.00~4.50 W0.80~1.20	25	850 油	550	1080	930	11	45	71	269	大截面高负荷的重要调质件，如机主轴、叶轮等
	40CrNiMoA	0.37~0.44	0.50~0.80	0.17~0.37	0.60~0.90	Mo0.15~0.25 Ni1.25~1.65	25	850 油	600	980	835	12	55	78	269	高强韧性大型重要零件，如飞机起落架、航空发动机轴等
	40CrMnMo	0.37~0.45	0.90~1.20	0.17~0.37	0.90~1.20	Mo0.20~0.30	25	850 油	600	980	785	10	45	63	217	部分代替40CrNiMoA，如作卡车后桥半轴、齿轮轴等

① 各牌号钢的 w(S)≤0.035%，w(P)≤0.035%。
② 45、40Mn 钢的力学性能为正火状态值。45 钢正火温度为850℃，40Mn 钢正火温度为860℃。
③ 合金钢回火冷却剂为水或油。

回火是使调质钢件能定型化的重要工序。回火温度的选择是根据零件的技术要求和钢的化学成分综合决定。

通常调质钢的回火温度有以下两种选择方案。

① 高温回火　一般采用 500～600℃ 的回火温度，使钢得到回火索氏体组织，获得较高的强度和较高的塑性、韧性。应该注意，对于有第二类回火脆性倾向的钢，在高温回火出炉后应迅速入水（油）冷却，以防止回火脆性的发展。

② 低温回火　当零件要求很高的强度（$R_m = 1600～1800$MPa）时，只有适当牺牲塑性、韧性而在 200～250℃ 回火，获得中碳回火马氏体组织。例如凿岩机活塞、球头销等。

通常用调质钢制造的零件，除了要求较高的强、韧、塑性配合以外，往往还要求某些部位（如轴类零件的轴颈或花键部分）有良好的耐磨性。为此，在调质处理后，一般还要在局部部位进行高频感应表面淬火。

对于要求耐磨性良好的零件，通常选用含有 Cr、Mo、Al 的调质钢，在调质处理后，如进行氮化处理，可使工件表面形成 Cr、Mo、Al 的氮化物，使硬度、耐磨性都显著提高，故这类钢又称氮化钢。氮化工艺一般在 600℃ 以下进行。结构钢的氮化目的在于提高其硬度、耐磨性、热稳定性和耐蚀性。氮化前，零件应经过淬火＋高温回火。

现以 40Cr 钢制作拖拉机连杆螺栓为例（见图 6-2），说明热处理工艺的选用和在加工路线上的安排。

连杆螺栓的加工工艺路线是：锻造—退火（或正火）—机械加工（粗加工）—调质处理—机械加工（精加工）—装配。

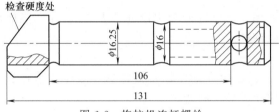

图 6-2　拖拉机连杆螺栓

退火（或正火）：作为预先热处理，其重要目的是为了改善锻造组织，细化晶粒、改善切削加工性能。

调质处理—淬火：加热温度（840±10）℃，油冷，获得马氏体组织。

回火：加热温度（520±10）℃，水冷（防止第二类回火脆性）。

经调质处理后组织为回火索氏体，不允许有块状铁素体出现，否则会降低强度和韧性，其硬度大约为 263～322HBS。

6.4　弹簧钢

弹簧是各种机械和仪表中的重要零件，按其使用场合和结构外形的不同，可分为板弹簧和螺旋弹簧两大类。用于制造弹簧类零件的钢种称为弹簧钢。

6.4.1　弹簧钢的性能要求

在各种机械设备中，弹簧的主要作用是吸收冲击能量，减轻机械的振动和冲击作用。如用于车辆上的板弹簧，连接着车轮和车架，不但承受巨大的车厢自重和载重，还要承受因地面不平引起的冲击和振动。弹簧还可以储存能量，使机器零件完成事先规定的动作，如汽门弹簧、高压液压泵上的柱塞弹簧、喷嘴簧等。因弹簧是利用其弹性变形来吸收或释放能量的，所以弹簧钢应具有高的弹性极限（亦可考虑为屈服强度）；弹簧一般都在交变应力作用下工作，因此弹簧钢应有高的疲劳强度；弹簧钢还应具有良好的工艺性能，具有一定的塑性以利于成形，过热敏感性小、不易脱碳等。另外，一些在高温、易蚀条件下工作的弹簧，还应有良好的耐热性和耐蚀性。

6.4.2　弹簧钢的化学成分特点

根据性能要求，弹簧钢的化学成分有以下特点。

① 中、高碳，以保证高的弹性极限与疲劳极限。碳素弹簧钢的碳含量一般为 0.8%～0.9%，合金弹簧钢的碳含量为 0.5%～0.7%。碳含量过低，达不到高的屈服强度的要求；碳含量过高，钢的脆性很大。

② 加入 Si、Mn 为主的合金元素。Si 和 Mn 是弹簧钢中经常采用的合金元素，目的是提高淬透性、强化铁素体（因为 Si、Mn 固溶强化效果最好）、提高钢的回火稳定性，使其在相同的回火温度下具有较高的硬度和强度。其中 Si 的作用最大，但 Si 含量高时增大 C 石墨化的倾向，且在加热时易于脱碳；Mn 则易于使钢过热。

③ 加入 Cr、W、V、Nb 克服硅锰弹簧钢的不足。因为 Cr、W、V、Nb 为碳化物形成元素，它们可以防止过热（细化晶粒）和脱碳，从而保证重要用途弹簧具有高的弹性极限和屈服极限。

此外，由于弹簧钢的纯度对疲劳强度有很大影响，因此，弹簧钢均为优质钢（$w_P \leq 0.04\%$，$w_S \leq 0.04\%$）或高级优质钢（$w_P \leq 0.035\%$，$w_S \leq 0.035\%$）。

6.4.3　典型弹簧钢及应用

我国常用弹簧钢的牌号、化学成分、热处理、力学性能和用途列于表 6-5。在实际应用中，可根据使用条件和弹簧的尺寸选择合适的钢种。

（1）碳素弹簧钢

碳素弹簧钢的淬透性差，当直径为 12～15mm 时在油中即不能淬透。因此碳素弹簧钢只用于制造直径较小、不太重要的弹簧。多用冷成形法制造。

（2）合金弹簧钢

合金弹簧钢按合金元素的种类和多少通常分为两类。一类是以合金元素 Si、Mn 合金化的弹簧钢，代表性的钢种为 65Mn 和 60Si2Mn 等。它们的淬透性显著高于碳素弹簧钢可用于制造截面尺寸较大的弹簧。Si、Mn 的复合合金化，其性能又高于单用 Mn 的好，这类钢主要用于汽车、拖拉机和机车上的板簧和螺旋弹簧等。另一类是含 Cr、W、V 等合金元素的弹簧钢，代表性的钢种为 50CrVA。Cr 和 V 的复合加入，不仅提高弹簧钢的淬透性，而且有较高的高温强度、韧性和较好的热处理工艺性能。因此，这类钢可用于制造 350～400℃下承受重载的大型弹簧，如阀门弹簧、高速柴油机的汽门弹簧等。60CrMnBA 钢具有很好的淬透性，油中淬透临界直径可达 100～150mm。适合制作超大型弹簧，如推土机的叠板弹簧、船舶上的大型螺旋弹簧和大型扭力弹簧。

6.4.4　弹簧钢的热处理特点

弹簧大体上可以分为冷成形弹簧和热成形弹簧两大类。其中冷成形弹簧是通过冷变形或热处理，使钢材具备一定性能之后，再用冷成形方法制成一定形状的弹簧。如先作冷变形的高强度钢丝（钢琴丝）、硬钢丝、不锈钢丝等；先作热处理的油淬回火钢丝等。冷成形的弹簧在冷成形之后要进行 200～400℃的低温回火。

热成形弹簧钢的热处理是淬火和中温回火。淬火温度一般为 830～870℃，温度过高易发生晶粒长大和脱碳现象。淬火加热后在 50～80℃油中冷却。回火温度一般为 420～520℃，获得回火屈氏体。回火后硬度在 39～52HRC 范围，螺旋弹簧回火后硬度一般为 45～50HRC，汽车板弹簧回火后硬度一般为 40～47HRC。

由于弹簧服役时的应力状态比较复杂，特别是弯曲和扭转应力的作用，对弹簧的表面状态要求较高。热处理加热过程中必须严格控制炉气并尽量缩短加热时间，以防止和尽量减少表面的氧化与脱碳。弹簧在热处理后通常还要进行喷丸处理，使表面强化并在表面产生残余压应力以提高疲劳强度。

表6-5　常用弹簧钢的牌号、化学成分、热处理、力学性能和用途（摘自GB/T 1222—2007）

牌号	化学成分①（质量分数）/% C	Si	Mn	Cr	P、S 不大于	其他	热处理制度② 淬火/℃	回火/℃	力学性能③，不小于 R_m/MPa	R_{eL}/MPa	A/%	$A_{11.3}$/%	Z/%	用途举例
65	0.62~0.70	0.17~0.37	0.50~0.80	≤0.25	0.035		840	500	980	785		9	35	调压调速弹簧、柱塞弹簧、测力弹簧及一般机械上用的圆的、方形螺旋弹簧
70	0.62~0.75	0.17~0.37	0.50~0.80	≤0.25	0.035		830	480	1030	835		8	30	火车、汽车、拖拉机的扁形及圆形螺旋弹簧
85	0.82~0.90	0.17~0.37	0.50~0.80	≤0.25	0.035		820	480	1130	980		6	30	小尺寸弹簧如、发条、弹簧环、气门簧、制动弹簧、离合器簧片、冷拔钢丝冷卷弹簧等
65Mn	0.62~0.70	0.17~0.37	0.90~1.20	≤0.25	0.035		830	540	980	785		8	30	中小型汽车的板簧和其他中等截面尺寸的板簧、螺旋弹簧等
55SiMnVB	0.52~0.60	0.70~1.00	1.00~1.30	≤0.35	0.035	V0.08~0.16 B0.0005~0.0035	860	460	1375	1225		5	30	汽车、拖拉机、机车的减振板簧、螺旋弹簧等
60Si2Mn	0.56~0.64	1.50~2.00	0.70~1.00	≤0.35	0.35		870	480	1275	1180		5	25	汽缸安全阀簧、止回阀簧、汽车减振板簧、抗塌损弹簧等
60Si2MnA	0.56~0.64	1.60~2.00	0.70~1.00	≤0.35	0.025		870	440	1570	1375		5	20	
60Si2CrA	0.56~0.64	1.40~1.80	0.40~0.70	0.70~1.00	0.025		870	420	1765	1570	6		20	250℃以下工作的高载荷大型弹簧、如汽轮机、汽封弹簧、调速器弹簧、破碎机缓冲缓位弹簧等
60Si2CrVA	0.56~0.64	1.40~1.80	0.40~0.70	0.90~1.20	0.025	V0.10~0.20	850	410	1860	1665	6		20	
55SiCrA	0.51~0.59	1.20~1.60	0.50~0.80	0.50~0.80	0.025		860	450	1450~1750	1300 ($R_{p0.2}$)	6		25	用于汽车、摩托车等行业制作的大型弹簧、气门簧、是生产行业悬架弹簧的常用钢种
55CrMnA	0.52~0.60	0.17~0.37	0.65~0.95	0.65~0.95	0.025		830~860	460~510	1225	1080 ($R_{p0.2}$)	9		20	用于重载荷、高应力下工作的大型弹簧、如汽车、拖拉机、机车的大截面板簧、直径较大的螺旋弹簧等
60CrMnA	0.56~0.64	0.17~0.37	0.70~1.00	0.70~1.00	0.025		830~860	460~520	1225	1080 ($R_{p0.2}$)	9		20	
50CrVA	0.46~0.54	0.17~0.37	0.50~0.80	0.80~1.10	0.025		850	500	1275	1130	10		40	大截面高负荷的重要弹簧及300℃以下工作的阀门弹簧、活塞弹簧、安全阀弹簧等
60CrMnBA	0.56~0.64	0.17~0.37	0.70~1.00	0.70~1.00	0.025	B0.0005~0.0040	830~860	460~520	1225	1080 ($R_{p0.2}$)	9		20	用作尺寸更大的板簧、螺旋弹簧、扭转弹簧等
30W4Cr2VA	0.26~0.34	0.17~0.37	≤0.40	2.00~2.50	0.025	V0.50~0.80 W4.00~4.50	1050~1100	600	1470	1325	7		40	500℃以下工作的耐热弹簧、如锅炉安全阀簧、汽轮机汽封弹簧片、400t铝合金弹簧等
28MnSiB	0.24~0.32	0.60~1.00	1.20~1.60	≤0.25	0.035	B0.0005~0.0035	900	320	1275	1180		5	25	汽车、拖拉机厚截面板簧

① 各牌号钢的 $w(\mathrm{Cu})$≤0.25%；65、70、85和65Mn钢的 $w(\mathrm{Ni})$≤0.25%，其他牌号钢的 $w(\mathrm{Ni})$≤0.35%。

② 淬火冷却剂为油。

③ R_m—抗拉强度，R_{eL}、$R_{p0.2}$—屈服强度，A、$A_{11.3}$—断后伸长率，Z—断面收缩率。

6.5　滚动轴承钢

用于制造滚动轴承的钢称为滚动轴承钢，它主要用来制造滚动轴承的套圈和滚动体等，也可用于制造精密量具、冷冲模等多种工具和耐磨件。

6.5.1　滚动轴承钢的性能要求

滚动轴承是一种重要的基础零件，其作用主要是支撑轴。滚动轴承通常是由内、外套圈、滚动体与保持架组成，保持架一般用低碳钢（08 钢）薄板冲制而成，其余部分均用滚动轴承钢制造。

轴承套因与滚动体的工作条件非常复杂和严峻。如图 6-3 所示，当轴承旋转时，内套和滚珠发生转动和滚动，内套的任一部分和滚珠都会周期性地进入负荷区。当它们进入负荷区时，所受负荷迅速地由零增加至极大值，又从极大值减小至零。因滚珠与套圈之间只有很小的接触面积，其接触应力常常达到很高的数值。据计算，最大接触应力可达到 3000～5000MPa。所以滚珠与套圈在工作时均受到周期性的高压负荷，存在着局部应力集中。轴承在运转过程中，滚珠不仅高速滚动，还有滑动，与套圈之间还存在摩擦。此外，轴承在使用中还承受冲击，并与水、润滑剂接触，受到一定的腐蚀作用。因此轴承工作一段时间发生破坏时，其损坏形式主要有套圈和滚珠的疲劳剥落、磨损、破裂、锈蚀等。据此，对滚动轴承钢提出了以下主要性能要求。

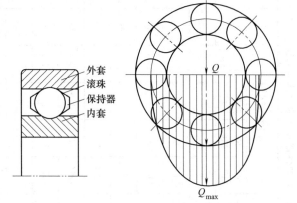

图 6-3　滚动轴承不同部位的钢球受力情况

① 高的接触疲劳强度和屈服强度。

② 高而均匀的硬度和耐磨性。

③ 适当的韧性和耐蚀性。

6.5.2　滚动轴承钢的化学成分特点

根据上述对滚动轴承钢的性能要求，其成分特点如下。

① 高碳。为了保证轴承钢有高的硬度和耐磨性，轴承钢的碳含量很高，一般为 0.95%～1.15%，属于过共析钢。轴承钢中的碳一部分存在于马氏体基体中以强化马氏体；另一部分形成足够数量的碳化物以获得所要求的耐磨性。但过高的碳含量会增加碳化物分布的不均匀性，且易生成网状碳化物而降低其性能。

② 加入主加合金元素 Cr，以增加钢的淬透性，提高耐蚀性。Cr 含量通常为 0.40%～1.65%。当 Cr 含量高于 1.65% 以后，则会使残余奥氏体增加，使钢的硬度和尺寸稳定性降低，同时还会增加碳化物的不均匀性，降低钢的韧性。

③ 加入 Si、Mn 等合金元素以进一步提高淬透性。制造大型轴承时，轴承钢中还需加入更多的合金元素以提高淬透性，通常加入 Mn、Si 提高淬透性，适量的 Si（0.40%～0.60%）还能明显地提高钢的强度和弹性极限。

④ 降低 S、P 含量，提高冶金质量。由于轴承钢的接触疲劳性能对钢材的微小缺陷十分敏感，所以夹杂物的种类、尺寸和形态、大小和分布都对轴承钢的性能有重要影响。通常要

求 $w_S < 0.02\%$，$w_P \leqslant 0.027\%$。

6.5.3　典型滚动轴承钢及应用

常用滚动轴承钢的牌号、化学成分、热处理及用途见表 6-6。

表 6-6　常用滚动轴承钢的牌号、化学成分、热处理及用途

钢号	化学成分/%					热处理规范			主要用途
	C	Cr	Si	Mn	其它元素	淬火/℃	回火/℃	HRC	
GCr6	1.05~1.15	0.40~0.70	0.15~0.35	0.20~0.40		800~820	150~170	62~66	<10mm 的滚珠、滚柱和滚针
GCr9	1.0~1.10	0.9~1.12	0.15~0.35	0.20~0.40		800~820	150~160	62~66	20mm 以内的各种滚动轴承
GCr9SiMn	1.0~1.10	0.9~1.2	0.40~0.70	0.90~1.20		810~830	150~200	61~65	壁厚<14mm，外径<250mm 的轴承套；(25~50)mm 的钢球；直径 25mm 左右的滚柱等
GCr15	0.95~1.05	1.30~1.65	0.15~0.35	0.20~0.40		820~840	150~160	62~66	与 GCr9SiMn 相同
GCr15SiMn	0.95~1.05	1.30~1.65	0.40~0.65	0.90~1.20		820~840	170~200	≥62	壁厚≥14mm、外径 250mm 的套圈；直径(20~200)mm 的钢球。其它同 GCr15
GMnMoVRe	0.95~1.05		0.15~0.40	1.10~1.40	V0.15~0.25 Mo0.4~0.6 Re0.05~0.10	770~810	170±5	≥62	代 GCr15 用于军工和民用轴承
GSiMnMo	0.95~1.10		0.45~0.65	0.75~1.05	V0.2~0.3 Mo0.2~0.4	780~820	175~200	≥62	与 GMnMoVRe 相同

常用的滚动轴承钢通常根据其合金元素的种类分为两类。

（1）铬轴承钢

铬轴承钢的典型代表是 GCr15，使用量占轴承钢的绝大部分。由于淬透性不是很高，因此多用于制造中小型轴承。

（2）添加 Mn、Si、Mo、V 的轴承钢

这类轴承钢是在铬轴承钢中加入 Mn、Si 以提高淬透性，如 GCr15SiMn 钢等，主要用于制造大型轴承；为了节约 Cr，可以加入 Mo、V，得到不含铬的轴承钢，如 GSiMnMoV、GSiMnMoVRe 钢等，其性能与铬轴承钢相比，具有较好的淬透性、物理性能和锻造性能，但易脱碳且耐蚀性较差。

对于轧钢设备、矿山挖掘机等承受很大冲击载荷的滚动轴承，可采用渗碳钢代替滚动轴承钢来制造，如 20Cr2Ni4A 等。对于石油机械、造船工业及食品工业中要求耐蚀性好的轴承，常用不锈钢代替滚动轴承钢来制造，如 9Cr18、9Cr18Mo 等。

6.5.4 滚动轴承钢的热处理特点

滚动轴承钢制造滚动轴承的一般生产工艺路线是：

轧制、锻造—球化退火—机械加工—淬火加低温回火—磨削加工—成品。

（1）球化退火

由于滚动轴承钢是过共析钢，并且对碳化物的形状和分布要求较高，因此其预先热处理通常采用球化退火。球化退火的目的是降低钢的硬度，退火后硬度一般为207～229HBS，这样可改善切削加工性能，更重要的是获得细球状珠光体和均匀分布的细粒状碳化物，为最终热处理作组织准备。球化退火工艺一般是将钢材加热到790～800℃，在710～720℃保温3～4h。

（2）淬火加低温回火

轴承钢的最终热处理是淬火加低温回火。淬火温度要求十分严格，对GCr15钢，淬火加热温度为820～840℃。温度过高会引起过热，晶粒长大，使钢的韧性和疲劳强度下降，且易淬裂和变形；温度过低，则奥氏体中溶解的铬和碳的含量不够，钢淬火后硬度不足（图6-4）。马氏体中的碳含量在0.45%～0.5%时，轴承钢既具有高硬度，又有良好的韧性，还具有最高的接触疲劳寿命。GCr15钢的淬火组织为隐晶马氏体上细小均匀分布的粒状碳化物（7%～9%）和少量残余奥氏体。淬火后应立即回火，以消除内应力，提高韧性，稳定组织和尺寸；回火温度一般为150～160℃，保温时间为2～4h。为使回火性能均匀一致，回火温度也要严格控制，最好在油中进行。

轴承钢经淬火及回火后的组织为极细的回火马氏体、均匀分布的细粒状碳化物以及少量的残余奥氏体，硬度为62～66HRC。

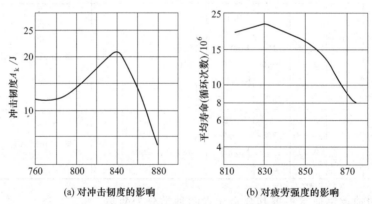

(a) 对冲击韧度的影响　　(b) 对疲劳强度的影响

图6-4　淬火温度对GCr15冲击韧度和弯曲疲劳强度的影响（150℃回火）

必须指出的是，轴承在淬火及回火后的磨削加工过程中，还会产生磨削应力，因此通常还要进行一次附加回火（回火温度为120～150℃，回火时间为2～3h）以稳定组织和尺寸。对于精密轴承，为了保证能长期存放和使用中不变形，在淬火后要立即进行"冷处理"，以使钢中未转变的残余奥氏体进一步发生转变；再在磨削加工后进行附加回火（回火温度为120～150℃，回火时间为5～10h）。

思　考　题

1. 什么是调质钢？试述调质钢的合金化原则。

2. 车床主轴要求轴颈部位硬度为54～58HRC，其余地方为20～25HRC，其加工工艺路线为：

下料——锻造——正火——机加工——调质——机加工（精）——轴颈表面淬火、低温回火——磨加工

指出：（1）主轴应用的材料；

　　　　（2）正火和调质的目的和大致热处理工艺；

　　　　（3）表面淬火目的；

　　　　（4）低温回火目的及工艺；

　　　　（5）轴颈表面组织和其余地方组织。

3. 为什么低合金高强钢用锰作为主要的合金元素？

4. GCr15 钢中的合金元素有哪些，作用是什么？这种钢在制造业中可以制造什么零件，说明其热处理工艺。

5. 现有一汽车变速箱齿轮，齿面硬度要求为 58～63HRC，齿心部硬度要求为 33～45HRC，其余力学性能要求为：$\sigma_S \geq 850MPa$，$\sigma_{-1} \geq 440MPa$，$A_{KV} \geq 65J$。试从下列材料中选择制造该齿轮的钢号，写出工艺流程，并分析各热处理工艺的目的及相应的金相组织。

　　　　38CrMoAlA，20CrMnTi，20，40Cr

6. 为什么合金弹簧钢以硅为重要的合金元素？弹簧淬火后为什么要进行中温回火？为了提高弹簧的使用寿命，在热处理后应采用什么有效措施？

第7章 工 具 钢

工具钢主要用于制造各种加工工具的钢种。根据用途不同，工具钢可分为刃具钢、模具钢和量具钢。按化学成分不同，工具钢又可分为碳素工具钢、合金工具钢和高速工具钢三类。

工具钢在使用性能和工艺性能上有许多共同的要求。如高硬度、高耐磨性是工具钢重要的使用性能之一。工具若没有足够高的硬度便不能进行切削加工；工具钢若没有良好的耐磨性会使其使用寿命大为下降，并且使加工或成形的零件精度的稳定性降低。当然不同用途的工具钢也有各自的特殊性能要求。例如，刃具钢除要求高硬度、高耐磨性外，还要求红硬性及一定的强度和韧性；冷作模具钢在要求高硬度、高耐磨性的同时，还要求有较高的强度和一定的韧性；热作模具钢则要求高的韧性和耐热疲劳性及一定的硬度和耐磨性；对于量具钢，在要求高硬度、高耐磨性的基础上，还要求高的尺寸稳定性。

工具钢对钢材的纯度要求较高，S、P含量一般严格限制在0.02%～0.03%，属于优质钢或高级优质钢。钢材出厂时，其化学成分、脱碳层、碳化物不均匀程度等均应符合国家标准的有关规定，否则会影响工具的使用寿命。

必须指出的是，一种工具钢也可以兼有几种用途，如T8钢既可以用来制造简单模具，也可以制造量具、木工工具、钳工工具等；9Mn2V既可以用于制作小型冷作模具，也可以制作量规、铰刀等。因此在选用工具钢时，应考虑这些因素。

7.1 刃具钢

刃具钢是指用来制造各种切削加工工具的钢种。刃具的种类繁多，如各种车刀、铣刀、刨刀、钻头、丝锥及板牙等。

7.1.1 刃具钢的基本性能

刃具在切削加工过程中与被加工工件的表面金属相互作用，使切屑产生变形与断裂，并从工件上剥离下来。故刃具本身将承受弯曲、扭转、剪切应力和冲击、振动等负荷，同时还要受到工件和切屑的强烈摩擦作用。由于切屑层金属的变形以及刃具与工件、切屑间强烈的摩擦所产生的大量摩擦热，使刃具的温度上升，有时刃具温度可高达600℃。由此，刃具钢应具有如下使用性能。

① 高硬度，以保证刀刃能进入工件并防止卷刃。硬度一般应在60HRC以上，加工软材料时可为45～55HRC。

② 足够的耐磨性，保证刃具的使用寿命。

③ 足够的塑性和韧性，以防止使用过程中崩刃或折断。

④ 高的红硬性。钢的红硬性是指钢在受热的条件下，仍能保持足够高的硬度和切削能力，这种性能也称为钢的热硬性。

7.1.2 碳素刃具钢

碳素刃具钢的含碳量在0.65%～1.35%，因其生产成本低，冷热加工工艺性能好，热处理工艺简单，热处理后能达到高硬度，在低速切削时也有较好的耐磨性，因此在生产上得到了广泛的应用。碳素刃具钢的锻造性能一般较好，锻造加热时间要尽量缩短，以减少表面氧化脱碳。

碳素刃具钢的预先热处理是球化退火，目的是得到粒状珠光体以降低硬度，并为淬火作好组织准备。球化退火的加热温度一般为 750～770℃。球化退火的硬度不大于 217HBS。

碳素刃具钢的最终热处理为淬火加低温回火。正常淬火加热温度为 $A_{c1}+30$～50℃，属于不完全淬火。碳素刃具钢淬火过热时，因晶粒易于长大，将使强度和韧性迅速下降。碳素刃具钢淬火后应力很大，应立即回火，以免工具变形开裂，回火温度一般为 180～200℃。最后的正常组织是隐晶回火马氏体和细粒状渗碳体及少量残余奥氏体。

碳素工具钢淬火后的硬度虽然相近，但随着含碳量的增加，未溶渗碳体的含量增多，使钢的耐磨性增加，而韧性降低。所以 T7、T8 适合于制造承受一定冲击而要求韧性较高的刃具，如木工用斧、钳工用凿子等；T9、T10、T11 钢用于制造冲击较小而要求高硬度与耐磨的刃具，如小钻头、丝锥、手锯条等，T10A 钢还可用于制造一些尺寸不大、形状简单、工作负荷不大的冷作模具；T12、T13 钢硬度及耐磨性最高，但韧性最差，用于制造不承受冲击的刃具，如锉刀、铲刮刀等。表 7-1 列出碳素工具钢的牌号、成分、性能及用途。

表 7-1　碳素工具钢的牌号、成分、性能及用途

| 牌号 | 化学成分/% | | | | | 退火状态 | 硬度 试样淬火 | | 用途举例 |
| | C | Mn | Si | S | P | | 淬火温度/℃ 淬火介质 | HRC | |
				不大于		HBS 不大于		不小于	
T7 T7A	0.65～0.74	≤0.40	≤0.35	0.030	0.035	187	800～820 水	62	淬火、回火后，常用于制造能承受振动、冲击，并且在硬度适中情况下有较好韧性的工具，如錾子、冲头、木工工具、大锤等
T8 T8A	0.75～0.84	≤0.40	≤0.35	0.030	0.035	187	780～800 水	62	淬火、回火后，常用于制造要求较高硬度和耐磨性的工具，如冲头、木工工具、剪切金属用剪刀等
T8Mn T8MnA	0.80～0.90	0.40～0.60	≤0.35	0.030	0.035	187	780～800 水	62	性能和用途与 T8 钢相似，但由于加入锰，提高淬透性，故可用于制造截面较大的工具
T9 T9A	0.85～0.94	≤0.40	≤0.35	0.030	0.035	192	760～780 水	62	用于制造一定硬度和韧性的工具，如冲模、冲头、磨岩石用錾子等
T10 T10A	0.95～1.04	≤0.40	≤0.35	0.030	0.035	197	760～780 水	62	用于制造耐磨性要求较高，不受剧烈振动，具有一定韧性及具有锋利刃口的各种工具，如刨刀、车刀、钻头、丝锥、手锯锯条、拉丝模、冷冲模等
T11 T11A	1.05～1.14	≤0.40	≤0.35	0.030	0.035	207	760～780 水	62	用途与 T10 钢基本相同，一般习惯上采用 T10 钢

牌号	化学成分/%					硬度			用途举例
	C	Mn	Si	S	P	退火状态	试样淬火		
				不大于		HBS 不大于	淬火温度/℃ 淬火介质	HRC 不小于	
T12 T12A	1.15~1.24	≤0.40	≤0.35	0.030	0.035	207	760~780 水	62	用于制造不受冲击、要求高硬度的各种工具,如丝锥、锉刀、刮刀、铰刀、板牙、量具等
T13 T13A	1.25~1.35	≤0.40	≤0.35	0.030	0.035	217	760~780 水	62	用于制造不受振动、要求极高硬度的各种工具,如剃刀、刮刀、刻字刀具等

碳素工具钢的缺点是:①淬透性低,盐水中最大淬透直径约为15mm,油中淬透直径仅为5mm,因此必须在水或盐水中淬火冷却,故变形开裂倾向大。②组织稳定性低,无红硬性。碳素工具钢刃具在受热温度高于200℃时,硬度将明显下降。③耐磨性不够,因无高硬度的合金碳化物。因此碳素工具钢只能制作尺寸小、形状简单、切削速度低(受热温度不高)、不受大冲击的工具。

7.1.3　低合金刃具钢

(1) 低合金刃具钢的成分特点

① 碳含量　为了保证合金刃具用钢具有高的硬度和高的耐磨性,其碳含量一般为0.75%~1.5%。

② 合金元素　加入的合金元素主要为Cr、Mn、Si、W和V等。其中Cr、Mn、Si主要是提高钢的淬透性,提高回火稳定性;W、V能提高硬度和耐磨性,并防止钢在加热时的过热,保持晶粒细化;Cr、Mn元素溶入渗碳体,形成合金渗碳体时,也利于提高钢的耐磨性。Si加入在回火过程中能阻碍马氏体的分解和渗碳体的聚集,因而提高了钢的回火稳定性。但Si是石墨化元素,在高碳钢中,高温加热时容易引起脱碳和促进石墨化,必须同时添加W、Cr、Mn等,减少脱碳倾向。Mn也提高钢的淬透性,并且淬火后有较多的残余奥氏体可减少钢的变形量,但Mn增加钢的过热倾向。

(2) 低合金刃具钢的热加工及热处理

低合金刃具钢的热加工要求与碳素工具钢基本相同。碳含量较高的和碳化物较多的刃具钢(如Cr06、Cr2等)由于碳化物分布不均匀,尤其是大规格的钢材,需要采用反复镦粗拔长的方法进行锻造。终锻温度要在A_{cm}以下,但不低于800℃,然后快冷至500~600℃再缓冷。其它低合金刃具钢锻后应立即缓冷以防止开裂。

低合金刃具钢的预先热处理通常采用球化退火,且多为等温退火,以缩短退火时间,并且组织比较均匀一致。球化退火温度过高会增加钢的氧化和脱碳倾向;退火温度过低,则碳化物过细,退火后钢的硬度太高且碳化物网不易消除。

低合金刃具钢的最终热处理也采用淬火加低温回火。与碳素工具钢相比由于合金元素的加入改变了钢的临界点,增加了钢的淬透性,降低了钢的过热敏感性以及提高了钢的回火稳定性等。因此淬火加热温度一般较高,加热温度范围稍宽,脱碳倾向增大。由于合金刃具钢的导热性变差,对于形状复杂、截面尺寸大的工件,在淬火加热前往往先在600~650℃进行预热,然后再淬火加热。由于淬透性提高,所以淬火时的冷却介质可用油或熔盐等,

表 7-2　常用低合金刀具钢的牌号、化学成分、热处理规范及用途

牌号	化学成分 /%					热 处 理					主 要 特 性	应 用 举 例
	C	Mn	Si	Cr	W	淬火			回火			
						淬火加热温度 /℃	冷却介质	硬度 HRC	回火温度	硬度 HRC		
9SiCr	0.85~0.95	0.30~0.60	1.20~1.60	0.95~1.25	—	820~860	油	≥62	180~200	60~62	淬透性比铬钢好，热处理变形较小，加热时脱碳倾向较大	用于制造形状复杂、要求变形小、而耐磨性较高、切削速度不高的刀具，如板牙、丝锥、铰刀，拉刀等，也可用作冷冲模、冷轧辊等工件
8MnSi	0.75~0.85	0.80~1.10	0.30~0.60	—	—	800~820	油	≥60	—	—	淬透性与耐磨性比 T8 钢好	各种木工工具，如凿子、锯条等
Cr06	1.30~1.45	≤0.40	≤0.40	0.50~0.70	—	780~810	水	≥64	160~180	62~64	淬火后硬度及耐磨性均较好，但较脆，淬透性低	一般经冷轧成薄钢带后，制作剃刀、刮胡刀片、雕刻刀、羊毛剪刀等
Cr2	0.95~1.10	≤0.40	≤0.40	1.30~1.65	—	830~860	油	≥62	150~170	60~62	成分与 GCr15 相当，硬度、耐磨性、淬透性等比碳素工具钢高	用作低速走刀量小、加工材料不很硬的切削刀具，如车刀、插刀等，也可用于制造拉丝模、冷锻模等以及量具如样板、量规等
9Cr2	0.80~0.95	≤0.40	≤0.40	1.30~1.70	—	820~850	油	≥62	150~180	59~61	与 Cr2 相似	主要用来制作冷作模具，如冲头、凹模，木工工具、冷轧辊等
W	1.05~1.25	≤0.40	≤0.40	1.10~0.30	1.80~1.20	800~830	水	≥62	150~180	59~61	硬度和耐磨性高，热处理过热敏感性小，淬火裂纹和变形倾向小，但淬透性较低	尺寸较小的工具，如小规格钻头、丝锥、板牙、手用铰刀、锯条、造币用冲模、剪子、凿子、风镐等

少数淬透性较低的钢，如 Cr06、W 等仍需采用水淬。与碳素刃具钢相比，合金刃具钢要获得同样硬度的回火温度也稍微提高，一般为 160～200℃。

（3）典型的低合金刃具钢及其应用

常用低合金刃具钢的牌号、化学成分、热处理及应用如表 7-2 所示。

由表可见低合金刃具钢分为两个体系。

针对提高钢的淬透性的要求而发展的，如 9SiCr 和 Cr2 等钢。其中 9SiCr 钢油淬临界直径可达 40～50mm，适宜于制造形状复杂、变形小的刃具，特别是薄刃刃具，如板牙、丝锥、钻头等。也可以用于制造冲模、打印模和搓丝板等。

针对提高钢的耐磨性的要求而发展的，如 Cr06 和 W 等钢。Cr06 钢碳含量比较高（1.30%～1.45%），淬火后硬度及耐磨性比较高，这种钢中的碳化物比较多，但冷轧成薄钢带后，碳化物分布均匀，适于制造剃刀和刀片。

综上所述，低合金刃具钢解决了淬透性低、耐磨性不足等缺点。但由于合金元素数量不多，故其红硬性仍然不高，不能满足高速切削的生产要求。如使用温度高于 300℃ 时，硬度值已降低到 60HRC 以下。因此要想大幅提高钢的红硬性，靠低合金刃具钢难以解决，故发展了高速钢。

7.1.4　高速钢

为了提高切削速度，除了改善机床和刃具的设计外，刃具材料一直是核心问题。在高速切削过程中，刃具的刃部温度高达 600℃ 以上，显然低合金刃具钢已不适用。为此发展了合金元素含量高的高速钢。高速钢经热处理后，在 600℃ 时仍保持高的硬度，可达 60HRC 以上，故可在较高温度条件下保持高速切削能力和高耐磨性；同时具有足够高的强度，并兼有适当的塑性和韧性。高速钢还具有很高的淬透性，中小型刃具甚至在空气中冷却也能淬透，故有风钢之称。

高速钢与碳素刃具钢及低合金刃具钢相比，切削速度可提高 2～4 倍，刃具寿命提高 8～15 倍。高速钢广泛用于制造尺寸大、切削速度快、负荷重及工作温度高的各种机加工工具。如车刀、刨刀、拉刀、钻头等。此外，还可用于制造部分模具及一些特殊的轴承。在现代工具材料中，高速钢占刃具材料总量的 65%，而产值则占 70% 左右。所以高速钢是一种极其重要的工具材料。

（1）高速钢的化学成分特点

高速钢成分大致范围为：$w_C = 0.7\% \sim 1.65\%$、$w_W = 0 \sim 22\%$、$w_{Mo} = 0 \sim 10\%$、$w_{Cr} \approx 4\%$、$w_V = 1\% \sim 5\%$ 及 $w_{Co} = 0 \sim 12\%$，高速钢中也往往含有其它合金元素如 Al、Nb、Ti、Si 及稀土元素，其总量一般小于 2%。

高速钢中的碳在淬火加热时可以溶入基体相中，提高了基体中碳的浓度，这样既可提高钢的淬透性，又可获得高碳马氏体，进而提高了硬度；高速钢中的碳还可以与合金元素 W、Mo、Cr、V 等形成合金碳化物，以提高硬度、耐磨性和红硬性。

① 碳的作用　碳在高速钢中是为了形成足够的碳化物和保证马氏体中的碳浓度，因而碳含量决定了钢中的组成相和相的相对含量。

高速钢中碳含量必须与合金元素含量相匹配，过高或过低都对其性能有不利影响。研究发现合金元素及碳含量满足合金碳化物分子式中定比关系时，钢淬火及回火时的合金碳化物的沉淀对钢的硬化（二次硬化）效果最好，这被称为定比碳规律（也称为平衡碳理论）。定比碳经验关系式为：$w_C = 0.033w_W + 0.063w_{Mo} + 0.20w_V + 0.06w_{Cr}$。

表 7-3　高速工具钢① 的牌号、化学成分、热处理、硬度和用途（摘自 GB/T 9943—2008）

牌号	化学成分（质量分数）/% C	Mn	Si	Cr	V	W	Mo	Co	交货硬度（退火态）/HBW	淬火温度/℃ 盐浴炉	箱式炉	回火温度/℃	硬度/HRC	用途举例
W3Mo3Cr4V2	0.95~1.03	≤0.40	≤0.45	3.80~4.50	2.20~2.50	2.70~3.00	2.50~2.90	—	≤255	1180~1200	1180~1200	540~560	≥63	金属锯、麻花钻、铣刀、拉刀、刨刀等
W4Mo3Cr4VSi	0.83~0.93	0.20~0.40	0.70~1.00	3.80~4.40	1.20~1.80	3.50~4.50	3.50	—	≤255	1170~1190	1170~1190	540~560	≥63	机用锯条、钻头、木工刨刀、机械刀片、立铣刀等
W18Cr4V	0.73~0.83	0.10~0.40	0.20~0.40	3.80~4.50	1.00~1.20	17.20~18.70	—	—	≤255	1250~1270	1260~1280	550~570	≥63	600（以下）高速刀具，如车刀、钻头、铣刀、刀等
W2Mo8Cr4V	0.77~0.87	≤0.40	≤0.70	3.50~4.50	1.00~1.40	1.40~2.00	8.00~9.00	—	≤255	1180~1200	1180~1200	550~570	≥63	麻花钻、丝锥、铣刀、铰刀、锯片等
W2Mo9Cr4V2	0.95~1.05	0.15~0.40	≤0.70	3.50~4.50	1.75~2.20	1.50~2.10	8.20~9.20	—	≤255	1190~1210	1200~1220	540~560	≥64	丝锥、板牙等螺纹制作工具，钻头、冷冲模具等
W6Mo5Cr4V2	0.80~0.90	0.15~0.40	0.20~0.45	3.80~4.40	1.75~2.20	5.50~6.75	4.50~5.50	—	≤255	1200~1220	1210~1230	540~560	≥64	承受冲击力较大的刀具，如插齿刀、钻头等
CW6Mo5Cr4V2	0.86~0.94	0.15~0.40	0.25~0.45	3.80~4.50	1.75~2.10	5.90~6.70	4.70~5.20	—	≤255	1190~1210	1200~1220	540~560	≥64	切削性能要求较高的刀具，如铰刀等
W6Mo6Cr4V2	1.00~1.10	≤0.40	≤0.45	3.80~4.50	2.30~2.60	5.90~6.70	5.50~6.50	—	≤262	1190~1210	1190~1210	540~560	≥64	成形刀具、铲形钻头、铣刀、拉刀等
W9Mo3Cr4V	0.77~0.87	0.20~0.40	0.20~0.40	3.80~4.40	1.30~1.70	8.50~9.50	2.70~3.30	—	≤255	1200~1220	1220~1240	540~560	≥64	适用性强，制造各种切削刀具，如车刀、刨刀、丝锥等
W6Mo5Cr4V3	1.15~1.25	0.15~0.40	0.20~0.45	3.80~4.50	2.70~3.20	5.90~6.70	4.70~5.20	—	≤262	1180~1200	1190~1210	540~560	≥64	制作一般刀具及要求特别耐磨的工具，如拉刀、滚刀、丝锥、钻头等
CW6Mo5Cr4V3	1.25~1.32	0.15~0.40	≤0.70	3.75~4.50	2.70~3.20	5.90~6.70	4.70~5.20	—	≤262	1180~1200	1190~1210	540~560	≥64	丝锥等
W6Mo5Cr4V4	1.25~1.40	≤0.40	≤0.45	3.80~4.50	3.70~4.20	5.20~6.00	4.20~5.00	—	≤269	1200~1220	1200~1220	550~570	≥64	高耐磨复杂刀具和冷作模具等
W6Mo5Cr4V2Al	1.05~1.15	0.15~0.40	0.20~0.60	3.80~4.40	1.75~2.20	5.50~6.75	4.50~5.50	Ai:0.80~1.20	≤269	1200~1220	1230~1240	550~570	≥65	难加工材料切削刀具，如镗刀、铣刀、插齿刀、刨刀等。刀具寿命长
W12Cr4V5Co5	1.50~1.60	0.15~0.40	0.15~0.40	3.75~5.00	4.50~5.25	11.75~13.00	—	4.75~5.25	≤277	1220~1240	1230~1250	540~560	≥65	特殊耐磨切削刀具，如螺纹梳刀、铣刀、滚刀等
W6Mo5Cr4V2Co5	0.87~0.95	0.15~0.40	0.20~0.45	3.80~4.50	1.70~2.10	5.90~6.70	4.70~5.20	4.50~5.50	≤269	1190~1210	1200~1220	540~560	≥64	高温有一定振动的刀具，如钻头、丝锥、车刀、铣刀等
W6Mo5Cr4V3Co8	1.23~1.33	0.15~0.40	≤0.70	3.80~4.50	2.70~3.20	5.90~6.70	4.70~5.30	8.00~8.80	≤285	1170~1190	1170~1190	550~570	≥65	高硬、抗碎裂、热硬性较高
W7Mo4Cr4V2Co5	1.05~1.15	0.20~0.60	0.15~0.50	3.75~4.50	1.75~2.25	6.25~7.00	3.25~4.25	4.75~5.75	≤269	1180~1200	1190~1210	540~560	≥66	齿轮铣刀、钻头、冲头等复杂刀具，如成形刀、料用刀
W2Mo9Cr4VCo8	1.05~1.15	0.15~0.40	0.15~0.65	3.50~4.25	0.95~1.35	1.15~1.85	9.00~10.00	7.75~8.75	≤269	1170~1190	1180~1200	540~560	≥66	制作高精度复杂刀具，如齿轮刀、滚刀、高温合金切削刀具等
W10Mo4Cr4V3Co10	1.20~1.35	≤0.40	≤0.45	3.80~4.50	3.00~3.50	9.00~10.00	3.20~3.90	9.50~10.50	≤285	1220~1240	1220~1240	550~570	≥65	精密拉刀、铣刀、滚刀、高温合金切削刀具等

① 各牌号钢的 ω(S)≤0.030%，ω(P)≤0.039。

② 各牌号钢的预热温度为 800~900℃，淬火冷却剂为油或盐浴。回火温度为 540~560℃时，每次 1h；回火温度为 550~570℃时，回火 2 次，每次 2h。

② 钨和钼的作用　W 是高速钢获得红硬性的主要合金元素。W 在钢中形成 M_6C 型碳化物，在淬火加热时，一部分 M_6C 碳化物溶入奥氏体，增加了奥氏体的合金化程度。同时，剩余的未溶碳化物能阻止高温下奥氏体晶粒长大。此外，淬火后 W 存在于马氏体中，提高马氏体的分解温度，使高速钢中的马氏体加热到 $600\sim625℃$ 附近时还比较稳定。更主要的是高速钢在 $500\sim600℃$ 回火时，马氏体中的 W 以 W_2C 的形式弥散析出，引起二次硬化；而且 W_2C 不易聚集长大，使高速钢能够有高的红硬性。

Mo 和 W 属于同族元素，在高速钢中的作用与 W 相似，可相互取代，1% 的 Mo 可代替 2%W。

③ 钒的作用　V 在高速钢中的作用是能显著提高钢的红硬性、硬度和耐磨性，同时 V 还能细化晶粒，降低钢的过热敏感性。V 在钢中大部分以 VC 的形式存在，但也有部分存在于 M_6C 化合物中，M_6C 中的 V 在加热时部分溶于奥氏体，淬火后存在于马氏体中，增加了马氏体的回火稳定性，从而提高了钢的红硬性，在回火时以细小的 VC 析出，产生弥散硬化。VC 的硬度较高，能提高钢的耐磨性，但给磨削加工造成困难。

④ 铬的作用　几乎所有高速钢中 Cr 含量均在 4% 左右，其主要作用是提高钢的淬透性。Cr 在钢中一部分形成 $Cr_{23}C_6$ 碳化物，淬火加热时，$Cr_{23}C_6$ 几乎全部溶于奥氏体中，使钢具有很高的淬透性；而部分 Cr 也存在于 M_6C 中，使 M_6C 的稳定性下降，促使碳化物在淬火加热时易于溶解，提高奥氏体的合金化程度，从而增加钢的淬透性。此外 Cr 还能使高速钢在切削过程中的抗氧化作用增强，利用 Cr 氧化膜的致密性防止粘刀，降低磨损。

⑤ 钴的作用　Co 是非碳化物形成元素，淬火加热时溶于奥氏体中，淬火后存在于马氏体中，提高马氏体的回火稳定性，加强二次硬化效果，有较好的热硬性。Co 与 W、Mo 原子结合力强，可降低 W、Mo 的原子扩散系数，减慢合金碳化物的析出与聚集长大，增加热硬性。所以高性能高速钢中一般都含有 5%～12% 的 Co。

表 7-3 为我国国家标准规定的高速钢钢棒用钢牌号和化学成分。

(2) 高速钢的铸态组织及热加工

虽然高速钢在成分上差异较大，但主要合金元素大体相同，属于高合金莱氏体钢，其组织很相似。图 7-1 为 Fe-C-18%W-4%Cr 的伪二元相图。当碳含量为 0.7%～0.8% 时，近似于 W18Cr4V 钢的成分，当钢液在接近平衡冷却时，由相图可以看出，因为合金元素的作用，使相图中的 E 点左移，这样在室温下的平衡组织为莱氏体＋珠光体＋碳化物（组成相

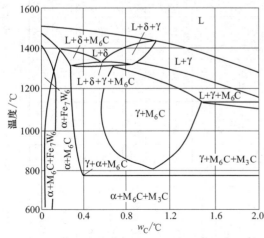

图 7-1　Fe-C-18%W-4%Cr 系伪二元相图

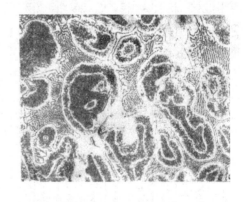

图 7-2　W18Cr4V 高速钢的铸态组织

为 $\alpha+M_6C+Fe_3C$）。但在实际铸锭冷却条件下，合金元素来不及扩散，在结晶及固态相变过程中的转变不能完全进行，因而在铸锭冷却条件下得不到上述平衡组织。从合金元素对 C 曲线的影响效果来看，C 曲线大大右移，淬火临界冷却速度大为降低，故已有一定量的马氏体形成。所以其铸态组织常常为鱼骨状莱氏体（Ld）+δ 共析体（黑色）+马氏体（M 白亮色）及残余奥氏体（A 残）组成。如图 7-2 所示。

高速钢铸态组织中的碳化物数量很高（一般可达 18%～27%），且分布极不均匀。虽然铸锭组织经过开坯和轧制，但碳化物的不均匀性仍然非常显著。这种碳化物的不均匀性对高速钢的力学性能和工艺性能及所制造的刃具的使用寿命均有很大影响。对于高速钢铸态组织不均匀必须采用反复锻造方法，将共晶碳化物和二次碳化物打碎，使其均匀分布在基体中。高速钢仅锻造一次是不够的，往往要经过二次、三次甚至多次的镦粗、拔长，锻造比越大越好。实际上高速钢的反复镦拔总的锻造比达 10% 左右时，效果最佳。钨系高速钢的始锻温度一般为 1140～1180℃，终锻温度为 900℃ 左右；钼系及钨钼系高速钢的始锻温度要低一些，为了减少氧化与脱碳，可以降低至 1000℃ 左右，终锻温度为 850～870℃。终锻温度太低会引起锻件开裂，而终锻温度太高（大于 1000℃）会造成晶粒的不正常长大，出现萘状断口。高速钢的导热性能较差，锻造加热过程中，一般在 850～900℃ 以下应缓慢进行；锻造或轧制后为防止产生过多的马氏体组织，应缓慢冷却（常用灰坑缓冷），以防止产生过高的应力和开裂。高速钢锻后硬度为 240～270HBS。

近年来，已有用粉末冶金的方法制造高速钢，这样可获得细小、均匀分布、无偏析的碳化物，从而提高刃具的寿命。

（3）高速钢的热处理

高速钢的热处理通常包括机械加工前的球化退火和成形后的淬火回火处理。高速钢锻造以后必须进行球化退火（预先热处理），其目的不仅在于降低钢的硬度，以利于切削加工，而且也为最终热处理作组织上的准备。

① 球化退火 高速钢的球化退火工艺有普通球化退火和等温球化退火两种。W18Cr4V 钢退火温度为 860～880℃，即略超过 A_1 温度，保温 2～3h。这样溶入奥氏体中的合金元素

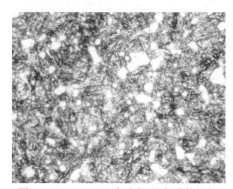

图 7-3 W18Cr4V 高速钢退火后的组织

不多，奥氏体的稳定性较小，易于转变为软组织。如果加热温度太高，奥氏体内溶入大量的碳及合金元素，其稳定性增大，反而对退火不利。W6Mo5Cr4V2 钢的退火温度，则采用上述温度的下限。为了缩短退火时间，可以采用等温球化退火，即在 860～880℃ 保温，迅速冷却至 720～750℃ 保温后冷至 500℃ 出炉。W18Cr4V 钢退火后的组织为索氏体基体上分布着均匀细小的碳化物颗粒（如图 7-3 所示）。退火后的硬度为 207～255HBS。

② 淬火 高速钢的优越性只有在正确的淬火及回火之后才能发挥出来。其淬火温度一般较低合金刃具钢要高得多。对于高速钢，淬火加热温度越高，合金元素溶入奥氏体的数量越多，淬火之后马氏体的合金元素亦越高。只有合金元素含量高的马氏体才具有高的红硬性。对高速钢红硬性作用最大的合金元素（W、Mo、V）只有在 1000℃ 以上时，其溶解度才急剧增加，温度超过 1300℃ 时，虽然可继续增加这些合金元素的含量，但此时奥氏体晶粒则急剧长大，甚至在晶界处发生局部熔化现象。因而淬火钢的韧性大大下降。所以对于高速钢的淬火加热温度，只要在不发生过热的前提下，高速钢的淬火温度越高，其红硬性则越好。常用高速钢

的淬火加热温度如表 7-4 所示。

表 7-4　常用高速钢的淬火加热温度/℃

牌号	W18Cr4V	W6Mo5Cr4V2	W6Mo5Cr4V3	W6Mo5Cr4V2Co5
淬火温度范围	1260～1310	1200～1240	1200～1230	1210～1230
常用淬火温度	1280	1220	1220	1220

因为高速钢的导热性差，而淬火温度又极高，所以常常分两段或三段加热，即先在 800～850℃ 预热，然后再加热到淬火温度。大型刃（工）具及复杂刃（工）具应当采用两次预热（三段加热），第一次在 500～600℃，第二次在 800～850℃。此外，高速钢采用先预热还可缩短在高温处理停留的时间，这样可减少氧化脱碳及过热的危险性。

W18Cr4V 钢过冷奥氏体转变曲线见图 7-4。由于奥氏体合金度高，分解速度较缓慢，珠光体转变区间在 $A_1 \sim 600℃$ 间，转变开始到终了时间最快为 1.0～10h。$600℃ \sim B_s$（360℃）间为过冷奥氏体中温稳定区，B_s 到 175℃ 间为贝氏体转变区间，但转变进行不到底。M_s（220℃）以下为马氏体转变区间。淬火后约含有 70% 的隐晶马氏体，还有 20%～25% 残余奥氏体。在冷却过程中中温停留或慢冷，将发生奥氏体热稳定化，使 M_s 点下降，残余奥氏体量增多。

高速钢的淬火冷却通常在油中进行，但对形状复杂、细长杆件或薄片零件可采用分级淬火和等温淬火等工艺。冷却速度太慢时，在 800～1000℃ 温度范围内会有碳化物自奥氏体中析出，对钢的红硬性产生不良影响；分级淬火可使残余奥氏体量增加 20%～30%，使工件变形、开裂倾向减小，使钢的强度、韧性提高。高速钢的正常淬火组织为马氏体（60%～65%）+碳化物（10%）+残余奥氏体（25%～30%）（如图 7-5 所示）。必须强调，对于分级淬火的分级温度停留时间一般不宜太长，否则二次碳化物可能大量析出，对钢的性能不利。

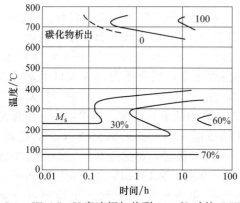

图 7-4　W18Cr4V 高速钢加热到 1300℃ 时的 CCT 图　　　图 7-5　W18Cr4V 高速钢 1280℃ 淬火后的组织

高速钢的等温淬火组织中除马氏体、碳化物及残余奥氏体外，还含有下贝氏体。等温淬火可进一步减小工件变形，并提高韧性。

③ 回火　为了消除淬火应力，稳定组织，减少残余奥氏体的数量，达到所需要的性能，高速钢一般进行三次 560℃ 保温 1h 的回火处理。高速钢的回火转变比较复杂，在回火过程中组织最显著的变化是从马氏体和残余奥氏体中析出合金碳化物，从而引起钢的基体成分和性能的变化。图 7-6 为回火温度对 W18Cr4V 高速钢基体成分、硬度、强度和塑性的影响。

回火过程中，从室温到 270℃ 首先自马氏体中析出 ε 碳化物，然后逐步转变为 Fe_3C 并聚集长大，相应地硬度有所下降；在 400～500℃ 回火温度范围内，马氏体中的 Cr 向碳化物

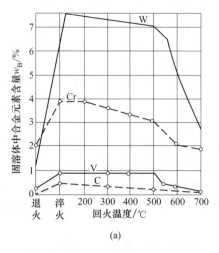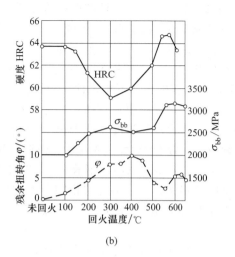

(a)   (b)

图 7-6　回火温度对 W18Cr4V 高速钢基体成分、硬度、强度和塑性的影响

中转移，与此同时，渗碳体型的碳化物逐渐转变为弥散的富 Cr 的合金碳化物（M_6C），使钢的硬度又逐渐上升。在 500～600℃之间，钢的硬度、强度和塑性均有提高，而在 550～570℃时自马氏体中析出弥散的钨（钼）及钒的碳化物（W_2C、Mo_2C、VC），使钢的硬度大幅度地提高，可达到硬度、强度的最大值。所以高速钢多采用 550～570℃回火。

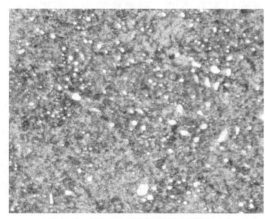

图 7-7　W18Cr4V 高速钢正常淬火
三次回火后的组织

必须指出的是，由于高速钢中残余奥氏体的数量较多，经一次回火后仍有 10% 的残余奥氏体未转变，再经两次回火，才能使其低于 5%。正常回火后的组织为回火马氏体＋碳化物，如图 7-7 所示，硬度为 63～66 HRC。

为了减少回火次数，可进行冷处理（−70～−80℃），由于高速钢淬火后在室温停留 30～60min 以后残余奥氏体会迅速稳定化，因而冷处理最好应立即进行，然后再进行一次回火处理，以消除冷处理产生的应力。

高速钢在回火过程中应当注意，每次回火后必须冷到室温后再进行下一次回火，否则易产生回火不足的现象。因此，生产中常采用金相法测量残余奥氏体量，以检验高速钢回火转变是否进行充分。

综上所述，高速钢在热处理操作时，必须严格控制淬火加热及回火温度，淬火、回火保温时间，淬火、回火冷却方法。如果热处理工艺参数控制不当，易产生过热、过烧、萘状断口、硬度不足及变形开裂等缺陷。

（4）典型的高速钢及其应用

目前国内外高速钢的种类约有数十种。高速钢通常可以分为两大类，一类为通用型高速钢，又可进一步分为钨系、钼系和钨钼系，典型的钢种为 W18Cr4V（简称 18-4-1）、W2Mo9Cr4V2 和 W6Mo5Cr4V2（简称 6-5-4-2）。

W 系高速钢（18-4-1）具有很高的红硬性，可以制造在 600℃ 以下工作的工具。但在使用过程中发现 W 系高速钢的脆性较大，易于产生崩刃现象。其主要原因是碳化物不均匀性较大所致。为此发展了以 Mo 为主要合金元素的 Mo 系高速钢。从保证红硬性的角度来看，Mo 与 W 的作用相似，常用的钢种为 W2Mo8Cr4V（美国牌号 M1）和 Mo8Cr4V2（M10）。Mo 系高速钢具有碳化物不均匀性小和韧性较高等优点，但又存在两大缺点，一是脱碳倾向性较大，对热处理保护要求较高；二是晶粒长大倾向性较大，易于过热，故要求严格控制淬火加热温度，淬火加热温度略低于 W 系高速钢，一般为 1175～1220℃。为了克服 Mo 系高速钢的缺点，又综合 W 系和 Mo 系高速钢的优点，发展了 W-Mo 系高速钢，常用的钢种有 6-5-4-2（M2）。W-Mo 系高速钢兼有 W 系和 Mo 系高速钢的优点，即既有较小的脱碳倾向性与较低的过热敏感性，又有碳化物分布均匀且韧性较高的优点。因此近年来 W-Mo 系高速钢获得了广泛应用，特别是 6-5-4-2 钢在许多国家已取代了 18-4-1 高速钢而占据统治地位。

另一类为高性能或特殊用途高速钢，又可进一步分为高碳高钒（W12Cr4V4Mo）、高钴（W2Mo9Cr4VCo8）和超硬型（W2Mo10Cr4VCo8）三类。高钒高速钢主要是为适应提高耐磨性的需要而发展起来的；高钴高速钢是为适应提高红硬性的需要而发展起来的；超硬型高速钢是为了适应加工难切削材料（如耐热合金等）的需要，在综合高碳高钒高速钢与高碳高钴高速钢优点的基础上而发展起来的。

值得指出的是，目前高速钢的使用范围已经超出了切削刃具的范围，已开始在模具方面应用。近年来对于轧辊以及高温弹簧、高温轴承和以高温强度、耐磨性能为主要要求的零件，实际上都是高速钢可以发挥作用的领域。

7.2 模具钢

模具是机械制造、汽车制造、航空航天、无线电仪表、电机电器等工业部门中制造零件的主要加工工具。模具的质量直接影响着压力加工工艺的质量、产品的精度和生产成本。而模具的质量与使用寿命除了靠合理的结构设计和加工精度外，主要取决于模具材料的性能。因此只有合理地设计模具材料的化学成分、组织结构，才能获得所需的力学性能。为此首先要对模具的工作条件、失效形式及其对钢材的性能要求进行综合分析，寻找失效的主要因素，确定合适的材料种类和热处理工艺，以提高模具的使用寿命。

模具钢是用来制造冷冲模、热锻模、压铸模等模具的钢种，其品种繁多，在我国国标中多达数十种。但是，根据模具的使用性质通常分为两大类：冷作模具钢和热作模具钢。下面分别予以介绍。

7.2.1 冷作模具钢

冷作模具钢包括冲裁模（落料、冲孔、修边模、冲头、剪刀模等）、冷镦模、压弯模、冷挤压模和拉丝模等，工作温度一般不超过 300℃。

冷作模具钢在服役时，由于被加工材料的变形抗力比较大，模具的工作部分承受很大的压应力、弯曲力、冲击力及摩擦力。因此冷作模具钢的主要失效形式是磨损，有时也因断裂、崩刃和变形超差而提前失效。由此可见，冷作模具钢对性能的要求与刃具钢具有一定的相似性：即要求模具有高的硬度和耐磨性、高的抗弯强度和足够的韧性，以保证冲压过程的顺利进行。当然也存在明显的差别：模具形状及加工工艺比较复杂，而且摩擦面积大，磨损可能性大，所以修磨困难，因此要求模具钢具有更高的耐磨性；模具服役时承受冲击力大，又由于形状复杂易于产生应力集中，所以要求具有较高的韧性；此外，模具尺寸大、形状复杂，所以要求较高的淬透性、较小的变形及较小的开裂倾向性。

总之，冷作模具钢在淬透性、耐磨性与韧性等方面的要求要较刃具钢高一些，而在红硬性方面却要求较低或基本上没有要求，所以也相应研制了一些适于制造冷作模具的专用钢种。例如，发展了高耐磨、高韧性、微变形冷作模具钢等。

常用的合金冷作模具钢化学成分见表 7-5。

表 7-5 常用的合金冷作模具钢的牌号、化学成分

牌　　号	化 学 成 分/%			
	C	Si	Mn	Cr
Cr12	2.0～2.30	≤0.40	≤0.40	11.50～13.00
Cr12Mo1V1	1.40～1.60	≤0.60	≤0.60	11.00～13.00
Cr12MoV	1.45～1.70	≤0.40	≤0.40	11.00～12.50
Cr5Mo1V(A2)	0.95～1.05	≤0.50	≤1.00	4.75～5.50
9Mn2V	0.85～0.95	≤0.40	1.70～2.00	—
CrWMn	0.90～1.05	≤0.40	0.80～1.10	0.90～1.20
9CrWMn	0.85～0.95	≤0.40	0.90～1.20	0.50～0.80
Cr4W2MoV	1.12～1.25	0.40～0.70	≤0.40	3.50～4.00
6Cr4W3Mo2VNb	0.60～0.70	≤0.40	≤0.40	3.80～4.40
6W6Mo5Cr4V	0.55～0.65	≤0.40	≤0.60	3.70～4.30

（1）低合金冷作模具钢

冷作模具钢在服役条件和性能要求等方面和刃具钢有相似之处，因此刃具钢也可用于制造部分冷作模具。对于尺寸小、形状简单、轻负荷的冷作模具，例如小冲头、剪落钢板的剪刀等，可选用 T7A、T8A、T10A、T12A 等碳素工具钢制造。用这类钢制造的优点是可加工性好、价格便宜、来源容易；但又有明显的缺点，如淬透性低、耐磨性差、淬火变形大。因此这类钢只适于制造一些尺寸小、形状简单、轻负荷的工具以及要求硬化层不深并保持高韧性的冷镦模等。

对于尺寸稍大、形状复杂、轻负荷的冷作模具，常用 9Mn2V、CrWMn、9SiCr、GCr15 等制造。这些钢在油中的淬透直径大体上可在 40mm 以上。其中 9Mn2V 钢是我国发展的一种不含 Cr 的冷作模具钢，可代替或部分代替含 Cr 的钢。其碳化物不均匀性、淬火开裂倾向性和脱碳倾向性比 9SiCr 钢小，而淬透性比碳素工具钢大，因此是一个值得推广使用的钢种。但 9Mn2V 钢也存在一些缺点，如冲击韧性不高，回火稳定性较差等。

CrWMn 钢具有较高的碳含量，一方面满足了碳化物形成元素形成一定量的过剩碳化物的需要；另一方面在淬火加热时又有足够的 C 溶入奥氏体，从而保证钢有高的硬度和耐磨性。Cr 的加入主要是增加钢的淬透性，尤其与 W 一起加入时作用更大；W 还可以形成一些不易溶解的碳化物，阻止奥氏体晶粒长大；Mn 除增加淬透性外，还可使 M_s 点大大降低，增多残余奥氏体的数量。CrWMn 钢经热处理后硬度可达 64～66HRC。淬火后有较多的残余奥氏体，故淬火变形小，有低变形钢之称。生产中常采用调整淬火温度和冷却介质的不同

配合，使形状复杂的薄壁工具达到微变形或不变形。这种钢适于制造截面尺寸不大、要求淬火时变形小、形状复杂的高精度冷冲模具和高压油泵的精密偶件（柱塞）等。也可用于工作温度不高、制造要求变形小的细而长的形状复杂的切削工具。如板牙、拉刀、长丝锥、长绞刀等，也可作量具。

低合金冷作模具钢的热处理和前面讲述的低合金刃具钢类似。但是对于含 W 的钢种，如 CrWMn 钢等，其预先热处理有时不采用球化退火，而采用高温回火（CrWMn 钢的正火温度为 $970\sim990℃$），这是由于退火温度过高或时间过长时会使钨转变成难溶的 WC，从而使淬火效果降低。

（2）高铬和中铬冷作模具钢

① 高铬冷作模具钢 高铬冷作模具钢（简称高铬钢）含有较高的 C（$1.4\%\sim2.3\%$）和大量的 Cr（$11\%\sim13\%$），有时还加入少量的 Mo 和 V，典型牌号是 Cr12 和 Cr12MoV，常统称为 Cr12 型钢。高碳以保证获得高硬度和高耐磨性；高碳高铬主要是形成大量的（Cr、Fe）$_7$C$_3$ 型碳化物（退火态时，这类钢中含有碳化物的体积分数为 $16\%\sim20\%$），在铬的各类碳化物中，Cr$_7$C$_3$ 型碳化物具有最高的硬度，为 2100HV，极大地提高了模具钢的耐磨性，同时铬还显著提高钢的淬透性；辅加 Ti、Mo、V，适当减少 C 含量，除了进一步提高钢的回火稳定性，增加淬透性外，还能减少并细化共晶碳化物，细化晶粒，改善韧性。

Cr12 型钢的组织和性能与高速钢有许多相似之处，也属于莱氏体钢。铸态组织和高速钢相似，有网状共晶莱氏体存在，必须通过轧制或锻造，破碎共晶碳化物，以减少碳化物的不均匀分布。

Cr12 型钢锻造后通常采用等温球化退火进行软化，即加热到 $850\sim870℃$，保温 $3\sim4h$ 后炉冷到 $720\sim740℃$ 等温 $6\sim8h$，然后炉冷至 $500℃$ 出炉。退火后的组织为索氏体和粒状碳化物。硬度为 207~267HBS。

Cr12 型钢的热处理通常有以下两种工艺方法。

a. 一次硬化法。这种方法采用较低的温度淬火与低温回火。选用较低的淬火温度，晶粒较细，钢的强度和韧性较好。通常 Cr12MoV 钢选用 $980\sim1030℃$ 淬火，如希望得到较高的硬度，淬火温度可取上限。Cr12 钢的淬火温度选用 $950\sim980℃$。这样处理后，钢中的残余奥氏体量在 20% 左右。回火温度一般在 $200℃$ 左右。回火温度升高时，硬度降低，但强度和韧性提高。一次硬化法使钢具有高的硬度和耐磨性，较小的热处理变形。大多数 Cr12 型钢制冷变形模具均采用一次硬化法工艺。

b. 二次硬化法。这种方法采用高的淬火温度，然后进行多次高温回火，以达到二次硬化的目的。这样可以获得高的回火稳定性，但钢的强度和韧性较一次硬化法有所下降，工艺上也较复杂。为了得到二次硬化，Cr12MoV 钢选用 $1050\sim1080℃$ 的淬火温度，淬火后钢中有大量残余奥氏体，硬度比较低。然后采用较高的温度（$490\sim520℃$）回火并多次进行（常用 $3\sim4$ 次），硬度可以提高到 60~62HRC。为了减少回火次数，对尺寸不大、形状简单的模具，可以进行冷处理（$-78℃$）。二次硬化法适于工作温度较高（$400\sim500℃$）且受荷不大或淬火后表面需要氮化的模具。

② 中铬冷作模具钢 中铬冷作模具钢常用钢号有 Cr6WV、Cr4W2MoV 和 Cr5Mo1V。由于碳含量、铬含量相对低，属于过共析钢，但由于凝固时偏析的原因，故在铸态下仍有部分莱氏体共晶。这类钢中的碳化物也是以 Cr$_7$C$_3$ 型为主，并有少量的合金渗碳体及 M$_6$C 和 MC 型碳化物。这类钢中的碳化物分布较为均匀，退火态含有 15% 左右的碳化物，其耐磨性好，热处理变形小，适用于制造既要求有耐磨性又具有一定韧性的模具。

中铬冷作模具钢的热处理与 Cr12 型钢类似。

Cr6WV 钢的淬火温度通常采用 960~980℃ 油中淬火后采用 150~200℃ 回火，硬度为 58~62HRC。若采用 990~1010℃ 高温淬火后 150~180℃ 回火，可获得最高的淬火硬度和淬透性。Cr6WV 钢的耐磨性稍低于 Cr12 型钢，但有较好的韧性。

Cr4W2MoV 钢由于含有较多的 W、Mo 和 V，能细化奥氏体晶粒，具有较高的淬透性、较好的回火稳定性及综合力学性能。最终热处理也有两种方式：在要求较高的硬度和强韧性时，可采用较低的淬火加热温度（960~980℃），经低温（260~300℃）回火两次；对要求热稳定性好以及需要进行化学热处理时，则采用较高的淬火加热温度（1020~1040℃），经 500~540℃ 回火三次。

Cr5Mo1V 钢可在两个温度区间加热淬火，低温淬火在 940~960℃，高温淬火在 980~1010℃，淬火后硬度可达 63~65HRC。Cr5Mo1V 钢淬火和不同温度回火时，在 200℃ 和 400℃ 有两个韧性峰值，在每一韧性峰值之后的回火温度下，韧性降低，这是由于残余奥氏体分解的结果，因此模具在回火时应避免在脆性温度区回火。

表 7-6 为常用合金冷作模具钢的热处理、主要特性和用途举例。

表 7-6　常用合金冷作模具钢的热处理、主要特性和用途举例

牌号	热处理		主 要 特 性	应 用 举 例
	淬火温度/℃ 和冷却剂	硬度值 HRC，≥		
Cr12	950~1000 油	60	应用很广泛的高碳高铬冷作模具钢，具有高的强度、耐磨性和淬透性，淬火变形小。但较脆，脱碳倾向大	用于要求耐磨性高，而承受冲击载荷较小的工件，如冷冲模、冲头、冷剪切刀、拉丝模、搓丝板等
Cr12Mo1V1	820 预热，1000（盐浴）或 1010（炉控气氛）加热，保温 10~20min 空冷，200 回火	59	与 Cr12MoV 钢相似，但晶粒细化效果更好，淬透性和韧性均比 Cr12MoV 好	用作截面更大、更复杂、工作更繁重的各种冷作模具以及冷切剪刀、钢板深拉深模等
Cr12MoV	950~1000 油	58	钢的淬透性、淬、回火后的硬度、强度、韧性等均比 Cr12 钢高，热处理时体积变化小。碳化物分布也较均匀	用作截面较大、较复杂、工作条件较繁重的各种冷冲模，如冲孔凹模、切边模、钢板深拉深模、冷切剪刀及量规等
Cr5Mo1V（A2）	790 预热，940（盐浴）或 950（炉控气氛）加热，保温 5~15min 空冷，200 回火	60	碳化物细小均匀，有较高的空淬性能。截面尺寸小于 100mm 的工件也能淬透，且变形小，韧性高。但耐磨性较 Cr12 钢低	用于需要耐磨，又同时需要韧性的冷作模具钢，可代替 CrWMn，9Mn2V 钢制作小型冷冲裁模，下料模、成型模和冲头等
9Mn2V	780~810 油	62	钢的淬透性和耐磨性比碳素工具钢高，淬火后变形也很小，过热敏感性低，价格也较低	用于制作小型冷作模具，特别是制作要求变形小、耐磨性高的量具（如样板、块规、量规等），也可用于精密丝杆、磨床主轴以及丝锥板牙、铰刀等

续表

牌号	热处理		主 要 特 性	应 用 举 例
	淬火温度/℃和冷却剂	硬度值 HRC,≥		
CrWMn	800～830 油	62	它的淬透性、硬度和耐磨性比 9Mn2V 高,也有较好的韧性、淬火后变形和扭曲很小,但易形成网状碳化物,使刀具刃口易剥落	制造要求变形小的细而长的形状复杂的刀具、特别是量具。形状复杂、尺寸不大的高精度冷冲模具,也常选用此钢
9CrWMn	800～830 油	62	同 CrWMn,但含碳量较低,故碳化物偏析较 CrWMn 轻此。但硬度稍低,耐磨性差些	用途同 CrWMn
Cr4W2MoV	960～980、1020～1040 油	60	具有较高的淬透性与淬硬性,共晶碳化物颗粒细小且分布均匀,较好的耐磨性和尺寸稳定性	可代替 Cr12 型钢制作电器硅钢片冲裁模,寿命比 Cr12 型钢长得多,还可制冷镦模,落料模等
6Cr4W3Mo2VNb	1100～1160 油	60	有较高的硬度和强度,较好的韧性和疲劳强度,较好的冷热加工性和热处理工艺性	主要用于制造形状复杂,又承受冲击载荷的各种冷作模具,冷镦模具及螺钉冲头等
6W6Mo5Cr4V	1180～1200 油	60	淬透性好,并具有类似高速钢的高硬度高耐磨性等综合力学性能。缺点是热加工范围窄,且容易脱碳	主要用于黑色金属的冷挤压模及其它冷作模具

（3）基体钢

基体钢是根据通用高速钢淬火后基体成分而设计的钢种,它既具有高速钢的高强度、高硬度,又不含由过多的未溶碳化物带来的脆性。对基体钢目前虽还没有确切的定义,但一般认为凡是在高速钢基体成分上添加少量其它元素,适当增减碳含量,以改善钢的性能的钢都称为基体钢。表 7-7 是常用基体钢的化学成分。

表 7-7 常用基体钢的化学成分

钢 号	代号	化学成分/%			
		C	Cr	W	Mo
65Cr4W3Mo2VNb	65Nb	0.60～0.70	3.8～4.4	2.5～3.0	2.0～2.5
6Cr4Mo3Ni2WV	CG-2	0.55～0.64	3.8～4.4	0.9～1.2	2.8～3.3
5Cr4Mo3SiMnVAl	012Al	0.47～0.55	3.8～4.5	—	2.8～3.5

65Nb 钢就是在 W6Mo5Cr4V2 钢淬火基体成分的基础上适当提高碳含量并用少量 Nb 合金化而发展的钢种。这种钢的淬火加热温度为 1080～1180℃,然后在 520～580℃ 回火两次,其抗弯强度和韧性比通用高速钢高,适于制造形状复杂、受冲击载荷较大和尺寸较大的冷作模具,又可做热作模具。

CG-2 钢则是在 W6Mo5Cr4V2 钢淬火基体成分上添加 2%Ni,用以改善韧性、塑性和疲劳抗力而发展的钢种。这种钢既可以用于冷作模具,也可以兼作热作模具。对于冷作模具,适宜的热处理工艺为 450℃ 及 850℃ 两次预热,再加热到 1120℃ 保温后油冷淬火,并进行 520～560℃ 回火两次,回火后的硬度为 59～62HRC,适于制造要求变形小、韧性高的冷作模具；如用作热作模具，则需要将回火温度升高到 560℃或 600～620℃，保温 2h，回火两次，回火后的硬度为 50～54HRC。

012Al 则采用了碳化物元素 Cr、Mo、V 与非碳化物形成元素 Si、Al 和弱碳化物形成元素 Mn 相结合的综合合金化的设计思路研制成功的。由于这种钢的碳含量较低，能够较好地适应冷热变形模具的不同要求。也可以既用于冷作模具，又可以用作热作模具。对于冷作模具，适宜的热处理工艺为 500℃及 850℃两次预热，再加热到 1090～1120℃保温后油冷淬火，并进行 510℃2h 回火两次，回火后的硬度为 60～62HRC；如用作热作模具，则需要将回火温度升高到 560℃或 600～620℃，保温 2h 回火两次，回火后的硬度为 52～54HRC。

7.2.2 热作模具钢

热作模具主要包括锤锻模、热挤压模和压铸模三类。热作模具服役条件的主要共同特点是与热态金属直接接触。因此会带来以下两个方面的影响：一是模腔表面金属受热（锤锻模模腔表面可达 300～400℃，热挤压模可达 500～800℃，压铸模模腔温度与压铸材料的熔点及浇注温度有关，对于黑色金属高达 1000℃以上），使模腔表面硬度和强度显著降低；二是模腔表面金属在承受反复热、冷的作用下出现热疲劳（龟裂）。因此对热作模具钢的性能要求一方面是高的高温硬度、高的热塑性变形抗力，实际上反映了钢的高回火稳定性；另一方面是要求钢具有高的热疲劳抗力。

（1）热作模具钢的化学成分和热处理工艺特点

① 中碳，以保证钢具有足够的韧性。热作模具钢的碳含量一般为 0.3%～0.6%，碳含量过低会导致钢的硬度和强度下降，碳含量过高，钢的导热性能低，对抗热疲劳不利。

② 加入 Cr、Mn、Ni、Si、W、V 等合金元素，可强化铁素体基体，增加淬透性，提高回火稳定性，并在回火过程中产生二次硬化效应，从而提高钢的高温强度、高的热塑性变形抗力和热疲劳抗力。由于这类钢的最终热处理是淬火加高温回火。因此为了防止回火脆性，钢中还常加入 Mo、W 等合金元素。表 7-8 列出了常用的热作模具钢的牌号和化学成分。

表 7-8 常用的热作模具钢的牌号和化学成分

钢 号	化 学 成 分/%			
	C	Si	Mn	Cr
5CrMnMo	0.50～0.60	0.25～0.60	1.20～1.60	0.60～0.90
5CrNiMo	0.50～0.60	≤0.40	0.50～0.80	0.50～0.80
3Cr2W8V	0.30～0.40	≤0.40	≤0.40	2.20～2.70
5Cr4Mo3SiMnVAl	0.47～0.57	0.80～1.10	0.80～1.10	3.80～4.30
3Cr3Mo3W2V	0.32～0.42	0.60～0.90	≤0.65	2.80～3.30
5Cr4W5Mo2V	0.40～0.50	≤0.40	≤0.40	3.40～4.40
8Cr3	0.75～0.85	≤0.40	≤0.40	3.20～3.80
4CrMnSiMoV	0.35～0.45	0.80～1.10	0.80～1.10	1.30～1.50
4Cr3Mo3SiV	0.35～0.45	0.80～1.20	0.25～0.70	3.00～3.75
4Cr5MoSiV	0.33～0.43	0.80～1.20	0.20～0.50	4.75～5.50
4Cr5MoSiV1	0.32～0.45	0.80～1.20	0.20～0.50	4.75～5.50
4Cr5W2VSi	0.32～0.42	0.80～1.20	≤0.40	4.50～5.50

热作模具钢一般为亚共析钢（合金元素含量高的已属于过共析钢），为了获得热作模具所要求的力学性能，要进行淬火及高温回火。经淬火及高温回火后，基体组织为回火屈氏体或回火索氏体组织，以保证较高的韧性；合金元素 W、Mo、V 等碳化物在回火过程中析出，产生二次硬化，使模具钢在较高的温度下仍能保持相当高的硬度。

（2）典型的热作模具钢及应用

表 7-9 为常用合金热作模具钢的热处理、主要特性和用途举例。

表 7-9　常用合金热作模具钢的热处理、主要特性和用途举例

钢号	热处理		主 要 特 性	应 用 举 例
	淬火温度/℃和冷却剂	硬度值 HRC，≥		
5CrMnMo	820～850 油		性能与 5CrNiMo 相近，但高温强度、韧性和耐热疲劳性比它差	适用于制作中型锤锻模（边长小于 400mm）
5CrNiMo	830～860 油		是应用最广泛的锤锻模具钢，具有良好的韧性、强度和耐磨性，到 500～600℃时其力学性能比室温下低不了多少。淬透性较高，此钢有形成白点倾向	用于制造形状复杂、冲击负荷重的各种大、中型锤锻模。（边长可大于 400mm）
3Cr2W8V	1075～1125 油		常用的压铸模具钢，具有较高的韧性，良好的导热性，在高温下有较高的强度和硬度。耐热疲劳性好，有高的淬透性。但韧性、塑性较差	适用于制造在高温、高应力下、但不受冲击载荷的凹凸模，如压铸模、热挤压模、精锻模以及有色金属成型模等
5Cr4Mo3SiMnVAl	1090～1120 油	60	有较高的耐热疲劳性、抗回火稳定性以及较高的强韧性，淬透性也较好。但耐磨性差	主要用于制造热作模具，代替 3Cr2W8V；也可作冷作模具用，代替 Cr12 型钢和高速钢制热挤压冲头，冷、热锻模及冲击钻头
3Cr3Mo3W2V	1060～1130 油		冷热加工性能均良好，有较好的热强性、抗热疲劳性、耐磨性和抗回火稳定性等。耐冲击性属中等	用于热锻锻模、热辊锻模等，其使用寿命比 3Cr2W8V、5CrMnMo 等高
5Cr4W5Mo2V	1100～1150 油		有较高的热强性和热稳定性，较高的耐磨性	适用于制造中小型精锻模、平锻模、热切边模等，也可代替 3Cr2W8V 钢用来制造某些热挤压模
8Cr3	850～880 油		有较好的淬透性，且形成的碳化物颗粒均匀、细小。有一定的室温和高温强度，价格也较低	用来制造冲击载荷不大，在磨损条件下低于 500℃下工作的热作模具，如螺栓热顶锻模、热切边模等

钢号	热处理		主 要 特 性	应 用 举 例
	淬火温度/℃和冷却剂	硬度值HRC,≥		
4CrMnSiMoV	870~930 油		强度高,耐热性好,作模具其使用寿命比 5CrNiMo 钢高,但冲击韧性稍低	适用于制造大、中型锤锻模和压力机锤模,也可用于校正模和弯曲模等
4Cr3Mo3SiV	790 预热,1010(盐浴)或 1020(炉控气氛)加热,保温 5~15min,空冷,550 回火		淬透性好,有很好的韧性和高温强度。在 450~550℃ 回火后,得二次硬化效果	可代替 3Cr2W8V 钢用于制造热锻模、热冲模、热滚锻模和压铸模等
4Cr5MoSiV	790 预热,1000(盐浴)或 1010(炉控气氛)加热,保温 5~15min,空冷,550 回火		在 600℃ 以下具有较好的热强度、高的韧性和耐磨性,较好的耐冷热疲劳性,热处理变形小,使用寿命比 3Cr2W8V 钢高	适用于作铝合金压铸模、压力机锻模、高精度锻模以及塑压模等。另外,也可用于制造飞机、火箭等耐热 400~500℃ 工作温度的结构零件
4Cr5MoSiV1	790 预热,1000(盐浴)或 1010(炉控气氛)加热,保温 5~15min,空冷,550 回火		与 4Cr5MoSiV 钢的特性基本相同,但其中温(约 660℃)性能要好些	用途与 4Cr5MoSiV 相同
4Cr5W2VSi	1030~1050 油或空		有较好的冷热疲劳性能,在中温下有较高的热强度、热硬度以及较高的耐磨性和韧性	用于制作热挤压模和芯棒,铝、锌等金属的压铸模,热顶锻耐热钢和结构钢工具,也可用于制造高速锤用模具等

① 锤锻模用钢　对于锤锻模具用钢,有两个突出的特点:一是服役时承受冲击负荷的作用,二是锤锻模的截面尺寸相对较大(可达 400mm)。因此这类钢对力学性能要求较高,特别是对塑性变形抗力及韧性要求较高;同时要求钢有较高的淬透性,以保证整个模具组织和性能均匀。

常用的锤锻模钢 5CrNiMo、5CrMnMo 及 4CrMnSiMoV 等,其化学成分与调质钢相近,只是对于强度和硬度要求更高些,因此需要将钢的碳含量作适当提高。其中 5CrNiMo 和 5CrMnMo 钢是使用最广泛的锤锻模用钢。5CrNiMo 钢经淬火并在 500~600℃ 回火后,具有较高的硬度(40~48HRC)和高的强度及冲击韧性($R_m = 1200~1400$MPa,$a_k = 40~70$J/cm^2)。5CrNiMo 钢适于制造形状复杂、冲击负荷重且要求高强度和较高韧性的大型模具。5CrMnMo 钢与 5CrNiMo 钢的性能相近,但韧性稍低($a_k ≈ 20~40$J/cm^2)。此外,5CrMnMo 钢的淬透性和热疲劳性能也稍差,它适于代替 5CrNiMo 钢制造受力较轻的中、小型锻模。

② 热挤压模用钢　对于热挤压模具钢,主要要求有高的热稳定性,较高的高温强度、耐热疲劳性以及高的耐磨性。这类钢基本上可以分为三类,即 Cr 系、W 系和 Mo 系。其中应用较广泛的是 Cr 系和 W 系。

Cr 系热作模具钢一般含有约 5%Cr,并加入 W、Mo、V、Si。这类钢具有良好的淬透性,淬火及高温回火后具有高的强度和韧性,并且具有高的抗热疲劳性和良好的抗氧化性。目前应用较广泛的有 4Cr5MoSiV1(H13)、4Cr5MoSiV(H11)和 4Cr5MoWSiV(H12)。

4Cr5MoSiV1 钢有较高的临界点，A_{c1} 为 875℃，A_{cm} 为 935℃。淬火温度为 1020～1050℃，回火温度为 550～600℃。Cr 系热作模具钢主要用于尺寸不大的热锻模、铝及铜合金的压铸模、钢及铜合金的热挤压模、热剪切模、精密锻造模及各种冲击和急冷条件下工作的模具，成为主要的热作模具钢钢种。

W 系热作模具钢的主要特点是具有高的热稳定性，含 W 量愈高，热稳定性愈高。典型的是 3Cr2W8V。Cr 增加钢的淬透性，使模具具有较好的抗氧化性能；W 提高热稳定性和耐磨性；V 可增强钢的二次硬化效果。这种钢由于含有大量的合金元素，使得共析点 S 大大左移，因此其 C 含量虽然很低，但已属过共析钢。较低的 C 含量可以保证钢的韧性和塑性；碳化物形成元素 W 和 Cr 能提高钢的临界点，因而提高钢的抗热疲劳性能，同时在高温下比低合金热作模具钢具有更高的强度和硬度。

3Cr2W8V 钢的最终热处理工艺采用淬火及高温回火，淬火加热一般采用 800～850℃预热，1080～1150℃淬火加热。淬火时的冷却可采用油冷，为了减少变形，也可进行分级淬火。淬火后的组织为马氏体和过剩碳化物（6％左右）以及残余奥氏体。硬度为 50～55HRC。回火温度一般采用 560～600℃，回火两次。为避免回火脆性，回火后应采用油冷，回火后组织为回火马氏体与过剩碳化物，硬度为 40～48HRC。这类钢主要用于制造高温下承受高应力，但不承受冲击负荷的压铸模、热挤压模和顶锻模等。

③ 压铸模用钢 对于压铸模用钢，其使用性能基本与热挤压模相近，即以要求高的回火稳定性与高的热疲劳抗力为主。所以通常所选用的钢种大体上与热挤压模相同，如常采用 3CrW8V 和 4Cr5W2SiV 等。但又有所不同，如对熔点较低的 Zn 合金压铸模，可选用 40Cr、30CrMnSi 及 40CrMo 等；对 Al 和 Mg 合金压铸模，则可选用 4Cr5W2SiV、4Cr5MoSiV 等；对 Cu 合金，多采用 3Cr2W8V。

7.2.3 塑料模具用钢

随着工业技术的发展，塑料制品的应用越来越广泛，尤其是在电子、电器及仪表工业中。国内外采用塑料制品代替金属、木材、皮革等传统资源性材料制品已成为发展趋势。因此，近年来塑料制品成型用模具的需求量迅速增加，许多工业发达国家或地区塑料制品成型用模具的产值已经超过了冷作模具的产值，在模具制造业中占据首位。目前研究开发的专门用于塑料制品成型模的系列牌号还比较少，基本上都是其他模具材料应用于塑料模具。但是随着塑料模具的大量应用，许多国家已经形成了范围很广的塑料模具用材料系列，包括碳素钢、渗碳型塑料模具钢、时效硬化型塑料模具钢、预硬型塑料模具钢、易切削塑料模具钢、耐蚀塑料模具钢、马氏体时效钢、镜面塑料模具钢以及铜合金、铝合金等。塑料制品很多是采用模压成型的，无论是热塑性塑料还是热固性塑料的成型，压制塑料的工作温度通常在 200～250℃范围。部分塑料品种，如含氯、氟的塑料，在压制时会放出有害气体，对模具型腔有一定的侵蚀作用。

根据塑料模的工作条件和特点，对塑料模具用钢提出以下要求。

① 模具加工表面应有较低的粗糙度，因此要求模具材料夹杂物少，组织均匀，表面硬度高。

② 表面具有较高的耐磨性和一定的耐蚀性，能长期保持一定的表面粗糙度。

③ 有足够的强度、硬度和良好的韧性，能承受一定的负荷而不变形。

④ 热处理变形要小，以保证互换性和配合精度，这点对于精密产品更为重要。

塑料模具用钢范围十分广泛，但作为塑料模具专用钢并已纳入国家标准的仅有几种，主要为合金塑料模具钢。常用的塑料模具钢及其化学成分见表 7-10。

表 7-10　常用合金塑料模具钢的化学成分

牌号	化学成分/%							
	C	Si	Mn	Cr	Mo	Ni	V	其他
SM3Cr2Mo	0.28～0.40	0.20～0.80	0.60～1.00	1.40～2.00	0.30～0.55	—	—	—
SM3Cr2Ni1Mo	0.32～0.42	0.20～0.80	1.00～1.50	0.30～0.55	1.40～2.00	0.80～1.20	—	—
SM3Cr2NiMo	0.30～0.40	0.20～0.40	1.00～1.50	0.30～0.55	1.40～2.00	0.80～1.20	—	—
3Cr2MnNiMo	0.32～0.40	0.20～0.40	1.10～1.50	0.25～0.40	1.70～2.00	0.85～1.15	—	—
SM1	0.55～0.70	—	1.00～1.50	1.00～1.50	≤1.00	1.20～2.00	≤1.00	S≤0.20
8Cr2MnWMoVS	0.75～0.85	≤0.40	1.30～1.70	2.30～2.60	0.50～0.80	—	0.10～0.25	W0.70～1.10
SM1CrNi3	0.05～0.15	0.10～0.37	0.35～0.75	1.25～1.75	—	3.25～3.75	—	—
SM2CrNi3MoAl1S	0.20～0.30	0.20～0.50	0.50～0.80	1.20～1.80	0.20～0.40	3.00～0.40	—	Al1.00～1.60
SM4Cr5MoSiV	0.33～0.43	0.80～1.25	0.20～0.60	4.75～5.50	1.10～1.60	—	0.30～0.60	—
SM4Cr5MoSiV1	0.32～0.45	0.80～1.25	0.20～0.60	4.75～5.50	1.10～1.75	—	0.80～1.20	—
SMCr12Mo1V1	1.40～1.60	0.10～0.60	0.10～0.60	11.0～13.0	0.70～1.20	—	0.50～1.10	—
SM20Cr13	0.16～0.25	≤1.00	≤1.00	12.0～14.0	—	—	—	—
SM40Cr13	0.36～0.45	≤0.60	≤0.80	12.0～14.0	—	—	—	—
SM3Cr17Mo	0.28～0.35	≤0.80	≤1.00	16.0～18.0	0.75～1.25	≤0.60	—	—

　　塑料模具用钢应根据模具的工作条件和生产情况，结合模具材料的基本性能和相关因素来选择，既要考虑模具的使用性，又要综合考虑其经济性及技术上的先进性，有时还需要考虑模具材料的通用性。塑料模具的制作成本比较高，材料费用仅占模具成本的一小部分，一般为 10%～20%，因此，模具材料一般优先选用工艺性好、性能稳定和使用寿命长的材料。常用塑料成型用模具钢的选择见表 7-11。

表 7-11　常用塑料成型用模具钢的选择

类别	名称	生产批量			
		$<10^5$	10^5～$(5×10^5)$	$(5×10^5)$～10^6	$>10^6$
热固性塑料	通用型塑料，酚醛，三聚氰胺，聚酯等	SM45,SM50,SM55,渗碳钢	SM4Cr5MoSiV1,渗碳合金钢	Cr5MoSiV1,Cr12,Cr12MoV	Cr12MoV,Cr12MoV1,7Cr7Mo2V2Si
	加入纤维或金属粉等增强型塑料	渗碳合金钢	渗碳合金钢,Cr5Mo1V,SM4Cr5MoSiV1	Cr5Mo1V,Cr12,Cr12MoV	Cr12MoV,SMCr12MoV1,7Cr7Mo2V2Si
热塑性塑料	通用型塑料，聚乙烯，聚丙烯，ABS 等	SM45,SM55,SM3Cr2Mo,渗碳合金钢	3Cr2NiMnMo,SM3Cr2Mo,渗碳合金钢	SM4Cr5MoSiV1,5NiCrMnMoVGaS,时效硬化钢,SM3Cr2Mo	SM4Cr5MoSiV1,时效硬化钢,Cr5Mo1V
	尼龙、聚碳酸酯等工程塑料	SM45,SM55,3Cr2NiMnMo,SM3Cr2Mo,渗碳合金钢	SM3Cr2Mo,3Cr2NiMnMo,时效硬化钢,渗碳合金钢	SM4Cr5MoSiV1,5NiCrMnMoVGaS,Cr5Mo1V	Cr5Mo1V,Cr12,Cr12MoV,SMCr12Mo1V1,7Cr7Mo2V2Si

类别	名称	生产批量			
		$<10^5$	$10^5 \sim (5 \times 10^5)$	$(5 \times 10^5) \sim 10^6$	$>10^6$
热塑性塑料	加入增强纤维或金属粉等的增强工程塑料	3Cr2NiMnMo,SM3Cr2Mo,渗碳合金钢	SM4Cr5MoSiV1,Cr5Mo1V,渗碳合金钢	SM4Cr5MoSiV1,Cr5Mo1V,Cr12MoV	Cr12,Cr12MoV,SMCr12Mo1V1,7Cr7Mo2V2Si
	添加阻燃剂的塑料	SM3Cr2Mo＋镀层	30Cr13,Cr14Mo	95Cr18,Cr18MoV	Cr18MoV＋镀层
	氟化塑料	Cr14Mo,Cr18MoV	Cr14Mo,Cr18MoV	Cr18MoV	Cr18MoV＋镀层
	聚氯乙烯	SM3Cr2Mo＋镀层	30Cr13,Cr14Mo	95Cr18,Cr18MoV	Cr18MoV＋镀层

　　非合金塑料模具专用钢主要有 SM45、SM50、SM55 等，工业生产中用量比较大，主要用于一般零件塑料件上。对于中、小型且不很复杂的模具，现在还较多地采用 T7A、T10A、9Mn2V、Cr2、CrWMn 等工具钢制造。在热处理时要采取措施使变形尽量减小，使用硬度一般为 45～55HRC。对于大型、精密塑料模具，可采用 SM4Cr5MoSiV、SM4Cr5MoSiV1 或空冷微变形钢。如要求较高耐磨性时可选用 SMCr12Mo1V1 和 Cr12MoV 钢。

　　渗碳型塑料模具用钢一般不宜采用结构中的渗碳钢，如 20Cr、20CrMnTi 等。对于塑料模具零件，从工作性质、服役条件和对性能的要求来看，大多数没有必要采用渗碳钢和渗碳工艺来强化。有些复杂而精密的模具可使用 SM1CrNi3、12Cr2Ni4A 等渗碳钢制造，以减小淬火变形，也可采用空冷微变形钢和预硬钢制作。预硬钢是将模块预先进行热处理，供使用者直接进行成形和切削加工，不再进行热处理。预硬钢的使用硬度一般为 30～40HRC，过高的硬度将使可加工性变坏。常用的预硬钢有 40CrMo、5CrNiMo 等传统钢和专门开发的塑料模具钢 SM3Cr2Mo、SM3Cr2Ni1Mo、8Cr2MnWMoVS 等。

　　对于成型时会产生有害气体的塑料用模具，可采用 SM20Cr13、30Cr13、40Cr13Mo、95Cr18 等不锈钢制作。SM20Cr13、30Cr13 制作的模具可在 950～1000℃加热淬火，油中冷却，在 200～220℃回火。即使是大型模具，热处理后硬度也可达到 45～50HRC。这类模具不需要镀铬。

　　塑料模具在淬火加热时要注意保护，防止表面氧化和脱碳。回火后，模具的工作表面要经过研磨和抛光，最好是进行镀铬，以防止腐蚀、黏附，同时也可提高模具的耐磨性。

7.3　量具钢

7.3.1　量具用钢应具有的基本性能

　　量具，如卡尺、千分尺、块规等，是用来计量工件尺寸的工具。量具在使用和存放过程中须保持尺寸精度，这是对量具最基本的性能要求，为此量具用钢应具备以下性能。

　　(1) 高的硬度和耐磨性

　　量具使用时常与被测工件接触易于磨损而发生尺寸改变，因而量具应具有高的硬度（58～64HRC）。

　　(2) 组织稳定

　　量具钢在热处理后由于马氏体分解、残余奥氏体转变及残余应力作用都会引起尺寸变化，因此精密量具必须尽量减少不稳定组织和降低内应力。

　　(3) 低的表面粗糙度

　　对于块规等高精度量具，为保证彼此紧密接触和贴合，应有很低的表面粗糙度，因此要求钢材纯净，组织致密。

（4）耐蚀性

在腐蚀条件下工作的量具，应有较好的耐蚀性。

7.3.2 量具钢的选择

根据量具的种类和精度要求，量具可分别选用不同钢种制造。

（1）低合金工具钢

量具最常用的钢类是低合金工具钢，如 CrWMn、GCr15 等。这些钢由于合金元素作用淬透性较高，淬火时油冷且残余奥氏体量稍多，所以变形较小。加入的 Cr、Mn 元素，使残余奥氏体趋于稳定，所以使用过程中组织稳定性增加。这类钢的含碳量较高，钢中有特殊碳化物存在，硬度与耐磨性较高。GCr15 钢在非金属夹杂物和碳化物偏析上控制较严格，冶金质量较好，经正确热处理后，钢的耐磨性、尺寸稳定性及抛光性能优良，因此一些精度要求较高的量具，如块规、螺纹塞头等，多用 GCr15 钢制作。

（2）其它钢种的选用

形状简单，精度要求不高的量具可选用碳素工具钢，如 T10A、T11A、T12A。因碳素工具钢淬透性低，尺寸大的量具水淬易变形，所以只能用来制造尺寸小、形状简单、精度较低的卡尺、样板、量规等。

使用中易受冲击、精度不高的量具，如简单平样板、卡规、直尺等，可选用渗碳钢 15、20、15Cr、20Cr 等制造。经渗碳淬火并低温回火后表面具有高耐磨性，心部保持较好的韧性。这些量具也可以用中碳钢 50、55、60、65 制造，经调质后再进行高频表面淬火。

要求特别高硬度、耐磨性及尺寸稳定的量具，可选用渗氮钢 38CrMoAl 或冷作模具钢 Cr12MoV 制造。38CrMoAl 钢经调质后精加工成形，渗氮后研磨可使量具有高的耐磨性。良好的抗蚀性及尺寸稳定性。Cr12MoV 钢经淬火回火后再进行渗氮或碳氮共渗，也可使量具有很高的耐磨性、耐蚀性和尺寸稳定性。

在腐蚀条件下工作的量具可选用不锈钢 4Cr13、9Cr18 等制造，经热处理后钢的硬度达到 56～58HRC。可同时保证量具有良好的耐蚀性和耐磨性。

7.3.3 量具钢的热处理

对于制造量具的合金工具钢，通常正常的淬火，低温回火可以获得高硬度和高耐磨性。为了保证量具的尺寸精度和组织稳定，在热处理工艺上还应采取以下附加措施。

① 量具淬火加热时要进行预热，以减小变形。

② 在保证高硬度条件下尽量降低淬火温度，淬火采用分级或等温淬火，以减小残余奥氏体量。

③ 采用较长的低温回火时间，提高组织稳定性。

④ 精度要求较高的量具，淬火后要进行冷处理，使残余奥氏体继续转变为马氏体、增加钢的尺寸稳定性。冷处理应在淬火冷至室温后立即进行，温度一般为 -80～-70℃，冷处理后再进行低温回火。

⑤ 精度要求特别高的量具在低温回火后须进行时效处理。时效温度一般为 120～130℃，时间在几小时至十小时范围选取。时效可以使残余奥氏体稳定，更彻底消除残余内应力，并使马氏体进一步析出碳化物，降低正方度，使量具组织和尺寸趋于非常稳定。时效以后的工件还须精磨，精磨中产生的内应力，通过 120～130℃ 保温 8h 的第二次时效予以消除。

对于制造量具的碳素工具钢，因所制量具一般精度要求不高，尺寸小，形状简单，可采用通常的热处理工艺。

思 考 题

1. 9SiCr、9Mn2V、CrWMn 钢中合金元素的作用。

2. 叙述高碳高铬模具钢的成分、热处理、性能特点及用途。

3. W18Cr4V 钢预备热处理采用什么热处理工艺？淬火温度为什么要选择为 1275℃±5℃？淬火后为什么要经过三次 560℃ 回火？回火后的组织是什么，回火后的组织与淬火组织有什么区别？能否用一次长时间回火代替三次回火？

4. 什么是红硬性？为什么它是高速钢的一种重要性能？哪些元素在高速钢中能够提高钢的红硬性？

5. 由 T12 材料制成的丝锥，硬度要求为 60～64HRC。生产中混入了 45 钢料，如果按 T12 钢进行淬火＋低温回火处理，问其中 45 钢制成的丝锥的性能能否达到要求？为什么？

6. 试述热作模具钢的成分特点及热处理特点，并说明预备热处理和最终热处理的目的。

7. 高碳-高铬工具钢的淬火回火处理通常有两种工艺方法，即一次硬化处理：如对 Cr12MoV 钢，通常选用 980～1030℃ 淬火＋200℃ 回火；二次硬化处理：如对 Cr12MoV 钢，通常选用 1050～1080℃ 淬火＋490～520℃ 多次回火。试分析这两种工艺方法对 Cr12MoV 钢的组织和性能的影响。

第8章 不锈钢与耐热钢

用于制造在酸、碱、盐等腐蚀性环境下或在一定的温度条件下服役的各类机械零件的钢材，需要只有特殊的力学、物理、化学性能。这类零件常采用不锈钢或耐热钢。不锈钢和耐热钢在机械制造、石油、化工、仪表仪器、工业加热及国防工业等部门有着广泛的用途。

8.1 不锈钢

在化工机械设备中，许多机件在工作过程与酸、碱、盐及腐蚀性气体和水蒸气直接接触，使机件产生腐蚀而失效。因此，用于制造这些机件的钢除应满足力学性能及加工工艺性能要求之外，还必须具有良好的抗腐蚀性能。

不锈钢是指在大气和弱腐蚀介质中有一定抗蚀能力的钢，而在各种强腐蚀介质（酸）中耐腐蚀的钢称为耐酸钢。

要了解这类钢对腐蚀性介质的抗腐蚀原理，必须首先了解钢在这些介质中所产生的腐蚀过程及失效形式。

8.1.1 金属腐蚀的概念

金属与周围介质发生化学或电化学作用而引起的破坏，称为金属的腐蚀。按照性质腐蚀分为两大类：一类是金属与介质发生化学反应而破坏的化学腐蚀，例如钢在高温下的氧化以及在干燥空气、石油、燃气中的腐蚀等。另一类是金属与电解质溶液发生电化学过程而破坏的电化学腐蚀，例如钢在酸、碱、盐等介质中的腐蚀。

在化学腐蚀过程中，金属将直接与腐蚀介质发生化学反应，化学反应的结果将使金属逐渐被破坏。但如果反应所形成产物层很致密，而且与基体结合得很牢固，它将能有效地阻挡外界腐蚀介质原子往里扩散，对基体起到保护作用。例如，含 Al、Cr、Si 等元素的合金钢，在受高温氧化性气氛作用时，其表面将会形成 Al_2O_3、Cr_2O_3 及 SiO_2 等致密的氧化膜（钝化膜），从而阻碍氧化过程的继续进行，增强钢的抗氧化性能。

在电化学腐蚀过程中，因金属与电解质溶液接触，形成原电池或微电池，发生电化学作用而引起腐蚀。因此，在电化学腐蚀过程会有电流产生，根据原电池原理，产生电化学腐蚀的条件是：①必须有两个电位不同的电极；②有电解质溶液与两电极接触；③两个电极构成通路。

当碳钢与电解质溶液接触时，在碳钢的平衡组织中具有两种相，即铁素体和碳化物。这两个相的电极电位不相同，铁素体的电极电位低（阳极），而渗碳体的电极电位高（阴极）。由金相组织照片可见，这两种相是互相接触连通的，因此就构成一对电极。当接触电解质时，如在其表面滴上硝酸酒精溶液，就会形成无数的微电池，发生电化学作用，从而使低电位的铁素体被腐蚀。钢的金相试样制备过程也是利用这一电化学腐蚀原理，使原来已被抛光成镜面的表面变得凹凸不平。片状珠光体电化学腐蚀的结果如图 8-1 所示。

由上述可知，要提高金属的耐蚀性，一方面要尽量使合金在室温下呈单相组织，另一方面更重要的是提高合金本身的电极电位。为达到上述目的，一般在合金钢中常加入较多 Cr、Ni 等合金元素。

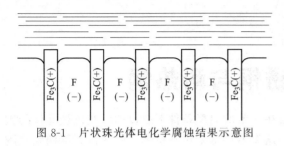

图 8-1 片状珠光体电化学腐蚀结果示意图

8.1.2 不锈钢的化学成分特点

为了提高钢的抗腐蚀性能，其主要途径是合金化。往钢中加入合金元素，其主要目的如下。

① 使钢具有均匀化学成分的单相组织；

② 减小两极之间的电极电位差，提高阳极的电极电位；

③ 使钢的表面形成致密的氧化膜保护层（钝化膜）。

不锈钢的碳含量为 $0.08\%\sim0.95\%$，其主加元素为 Cr、Ni，辅加元素为 Ti、Mo、Nb、Cu、Mn、N 等。

在不锈钢中，碳的变化范围很大，其选取主要考虑两个方面。一方面从耐蚀性的角度来看，碳含量越低越好。因为碳会与铬形成碳化物 $Cr_{23}C_6$，沿晶界析出，使晶界周围基体严重贫铬。当铬贫化到必须的最低含量（约 12%）以下时，贫铬区迅速被腐蚀，造成沿晶界发展的晶间腐蚀，使金属产生沿晶脆断的危险。大多数不锈钢的碳含量为 $0.1\%\sim0.2\%$。

但用于制造刀具和滚动轴承的不锈钢，碳含量应较高，达到 $0.85\%\sim0.95\%$。同时必须相应提高铬含量。

Cr 是决定不锈钢抗腐蚀性能好坏的主要元素之一。Cr 可与氧形成致密的 Cr_2O_3 的保护膜，同时还能提高铁素体的电极电位，如图 8-2 所示。铁素体的电极电位随着 Cr 质量分数增大至大于 13% 时，其电极电位将由 $-0.56V$ 突然升高到 $0.2V$。此外，Cr 是缩小 γ 区的元素，当含 Cr 量较高时能使钢呈单一的铁素体组织，所以，Cr 是不锈钢中的必要元素。

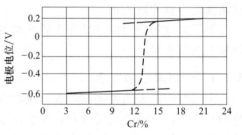

图 8-2 铁铬合金的电极电位

Ni 是扩大 γ 区的元素，当钢中含 Ni 量达到一定值时，可使钢在常温下呈单相奥氏体组织，从而提高抗电化学腐蚀性能。因此，Ni 也是不锈钢中的常用元素。

Ti、Nb 是强碳化物形成元素，与碳的亲和力极强，会优先与碳形成碳化物，使 Cr 保留在基体中，避免晶界贫铬，从而减轻钢的晶间腐蚀倾向。

Mo、Cu 的加入可提高钢在非氧化性酸中的耐蚀性。

Mn、N 也是扩大 γ 区的元素，它们的加入是为了部分取代 Ni，以降低成本。

8.1.3 常用不锈钢

按正火状态的组织分类，通常可将不锈钢分为马氏体型、铁素体型、奥氏体型不锈钢三种类。常用不锈钢的牌号、成分、热处理、性能及用途见表 8-1。

（1）马氏体不锈钢

典型的马氏体不锈钢有 w_{Cr} 为 13% 的 Cr13 型不锈钢及 95Cr18 不锈钢。在马氏体不锈钢中，当基体 $w_{Cr}>11.7\%$ 时，能在阳极区域基体表面形成一层富 Cr 的氧化物保护膜。这层膜会阻碍阳极区域反应，并增加其电极电位，使基体化学腐蚀过程减缓，从而使含 Cr 不锈钢具有一定的耐蚀性能。由于马氏体不锈钢只有 Cr 进行单一的合金化，它们只在氧化性介质（如在水蒸气、大气、海水、氧化性酸中）有较好的耐蚀性，在非氧化性介质（如盐酸、碱溶液等）中不能获得良好的钝化状态，耐蚀性很低。

表 8-1 常用不锈钢的牌号、化学成分、热处理、力学性能和用途（摘自 GB/T 1220—2007）

| 类型 | 新牌号[①]（旧牌号） | 化学成分[②]（质量分数）/% | | | | 热处理/℃ 冷却剂[③] | 力学性能（不小于） | | | | 硬度 HBW | 用途举例 |
		C	Ni	Cr	其他		$R_{p0.2}$/MPa	R_m/MPa	A/%	Z/%		
奥氏体型	12Cr17Ni7（1Cr17Ni7）	≤0.15	6.00~8.00	16.00~18.00	N≤0.10	固溶处理 1010~1150	205	520	40	60	≤187	最易冷变形强化的钢，用于铁道车辆、传送带、紧固件等
	12Cr18Ni9*（1Cr18Ni9）	≤0.15	8.00~10.00	17.00~19.00	N ≤0.10	固溶处理 1010~1150	205	520	40	60	≤187	经冷加工有高的强度，作建筑用装饰部件
	06Cr19Ni10*（0Cr18Ni9）	≤0.08	8.00~11.00	18.00~20.00	—	固溶处理 1010~1150	205	520	40	60	≤187	用量最大、使用最广，制作深冲成型部件、输酸管道
	022Cr19Ni10（00Cr19Ni10）	≤0.03	8.00~12.00	18.00~20.00	—	固溶处理 1010~1150	175	480	40	60	≤187	耐晶间腐蚀性能优越，用于焊接后不进行热处理的部件
	10Cr18Ni12（1Cr18Ni12）	≤0.12	10.50~13.00	17.00~19.00	—	固溶处理 1010~1150	175	480	40	60	≤187	适于旋压加工、特殊拉拔，如作镦钢用等
	06Cr19Ni10N（0Cr19Ni9N）	≤0.08	8.00~11.00	18.00~20.00	N0.10~0.16	固溶处理 1010~1150	275	550	35	50	≤217	用于有一定耐腐性、较高强度和减重要求的设备或部件
	06Cr17Ni12Mo2*（0Cr17Ni12Mo2）	≤0.08	10.00~14.00	16.00~18.00	Mo 2.0~3.0	固溶处理 1010~1150	205	520	40	60	≤187	主要用于耐点蚀材料、热交换用部件、高温耐蚀螺栓
	022Cr17Ni12Mo2N（00Cr17Ni13Mo2N）	≤0.03	10.00~13.00	16.00~18.00	Mo 2.0~3.0 N 0.10~0.16	固溶处理 1010~1150	245	550	40	50	≤217	耐晶间腐蚀性好，用于化肥、造纸、制药、高压设备等
	06Cr19Ni13Mo3（0Cr19Ni13Mo3）	≤0.08	11.00~15.00	18.00~20.00	Mo 3.0~4.0	固溶处理 1010~1150	205	520	40	60	≤187	用于制作造纸、印染设备等
	06Cr18Ni13Si4*（0Cr18Ni13Si4）	≤0.08	11.50~15.00	15.00~20.00	Si 3.00~5.00	固溶处理 1010~1150	205	520	40	60	≤207	用于含氯离子环境，如汽车排气净化装置等
奥氏体-铁素体型	022Cr22Ni5Mo3N	≤0.03	4.50~6.50	21.00~23.00	Mo 2.5~3.5 N0.08~0.20	固溶处理 950~1200	450	620	25	—	≤290	焊接性良好，制作油井管、化工储罐、热交换器等
	022Cr25Ni6Mo2N	≤0.03	5.50~6.50	24.00~26.00	Mo 1.2~2.5 N 0.10~0.20	固溶处理 950~1200	450	620	20	—	≤260	耐点蚀最好的钢，用于石化领域、制作热交换器等
铁素体型	06Cr13Al*（0Cr13Al）	≤0.08	（≤0.60）	11.50~14.50	Al 0.1~0.3	退火 780~830	175	410	20	60	≤183	用于石油精制装置、压力容器衬里、汽轮机叶片等
	10Cr17Mo（1Cr17Mo）	≤0.12	（≤0.60）	16.00~18.00	Mo 0.75~1.25	退火 780~850	205	450	22	60	≤183	主要用作汽车轮毂、紧固件及车外装饰材料

续表

类型	新牌号①(旧牌号)	化学成分②(质量分数)/%				热处理/℃ 冷却剂③	力学性能(不小于)				硬度 HBW HRC	用途举例
		C	Ni	Cr	其他		$R_{p0.2}$/MPa	R_m/MPa	A/%	Z/%		
马氏体型	12Cr13*(1Cr13)	0.08~0.15	(≤0.60)	11.5~13.50	Si≤1.00 Mn≤1.00	950~1000 淬 700~750 回	345	540	25	55	≥159	用于韧性要求较高且受冲击的刀具、叶片、紧固件等
	20Cr13*(2Cr13)	0.16~0.25	(≤0.60)	12.00~14.00	Si≤1.00 Mn≤1.00	920~980 淬 600~750 回	440	640	20	50	≥192	用于承受高负荷的零件,如汽轮机叶片、热轴泵、叶轮
	30Cr13(3Cr13)	0.26~0.35	(≤0.60)	12.00~14.00	Si≤1.00 Mn≤1.00	920~980 淬 600~750 回	540	735	12	40	≥217	300℃以下工作刀具、弹簧,400℃以下工作的轴等
	40Cr13(4Cr13)	0.36~0.45	(≤0.60)	12.00~14.00	Si≤0.60 Mn≤0.80	1050~1100 淬 200~300 回	—	—	—	—	≥50 HRC	用于外科医疗用具、阀门、轴承、弹簧等
	68Cr17(7Cr17)	0.60~0.75	(≤0.60)	16.00~18.00	Si≤1.00 Mn≤1.00	1010~1070 淬 100~180 回	—	—	—	—	≥54 HRC	耐有机酸和盐类腐蚀的刀具、量具、轴类、阀门等
	95Cr18(9Cr18)	0.90~1.00	(≤0.60)	17.00~19.00	Si≤0.80 Mn≤0.80	1000~1050 淬 200~300 回	—	—	—	—	≥55 HRC	用于耐蚀高强度耐磨件,如轴、弹簧、紧固件等
沉淀硬化型	05Cr17Ni4Cu4Nb(0Cr17Ni4Cu4Nb)	≤0.07	3.00~5.00	15.00~17.50	Cu3.00~5.00 Nb0.15~0.45	固溶处理 1020~1060	—	—	—	—	≤363	主要用于既要求具有不锈性又要求具有高强度的部件,如汽轮机末级动叶片以及在腐蚀环境下,工作温度低于300℃的结构件
						480 时效	1180	1310	10	40	≥375	
						550 时效	1000	1070	12	45	≥331	
						580 时效	865	1000	13	45	≥302	
						620 时效	725	930	16	50	≥277	
	07Cr17Ni7Al(0Cr17Ni7Al)	≤0.09	6.50~7.75	16.00~18.00	Al0.75~1.50 Si≤1.00 Mn≤1.00	固溶处理 1000~1100	≤380	≤1030	20		≤229	具有良好的冷加工工艺性能,用于350℃以下长期工作的结构件、容器、管道、弹簧、垫圈等
						510 时效	1030	1230	4	10	≥388	
						565 时效	960	1140	5	25	≥363	

① 标*的钢也可做耐热钢使用。

② 除标明者外,表中奥氏体钢和双相钢的 w(Si)≤1.0%,w(Mn)≤2.0%,铁素体钢和双相钢的 w(Si)≤1.0%,w(Mn)≤1.0%;奥氏体钢的 w(P)≤0.045%,w(S)≤0.030%;铁素体钢、马氏体钢和沉淀硬化钢的 w(P)≤0.040%,w(S)≤0.030%,双相钢 S22253 的 w(P)≤0.030%,w(S)≤0.020%,双相钢 S22553 的 w(P)≤0.035%,w(S)≤0.030%,括号内数值为可加入或允许含有的最大值。

③ 奥氏体钢和双相钢固溶处理后快冷;铁素体钢退火后空冷或缓冷;马氏体钢淬火介质为油;马氏体钢退火后空冷或缓冷;回火后快冷或空冷;沉淀硬化钢固溶处理后快冷。

Cr13 型不锈钢中含碳量较低的 12Cr13、20Cr13 具有良好的力学性能，可进行深弯曲、圈边及焊接成型，但其切削性能较差，主要用于制造不锈的结构件（如汽轮机叶片等）。而 30Cr13 及 40Cr13 钢含碳量较高，其强度、硬度均高于 20Cr13，但变形及焊接性能比 20Cr13 差，主要用于制造要求高硬度的医疗工具、餐具及不锈钢轴承等工件。

95Cr18 是一种高碳不锈钢，经淬火及低温回火处理后，其硬度值通常大于 55HRC，适于制造优质刀具、外科手术刀及耐腐蚀轴承。

马氏体不锈钢淬火后回火温度应根据需要而定。12Cr13、20Cr13 钢常用于制作构件，要求良好的综合力学性能，因而大都在高温回火（660～790℃）后使用。30Cr13、40Cr13 和 95Cr18 钢制作的零件，需要较高的强度、硬度和耐磨性，所以低温回火（200～300℃）后使用。

马氏体不锈钢有回火脆性，回火后应快冷。另外，马氏体不锈钢在 400～600℃ 回火后易出现应力腐蚀开裂。

（2）铁素体不锈钢

铁素体型不锈钢的成分特点是含碳量低而含铬量高。其碳含量一般小于 0.25%，铬含量为 13%～30%，有时还加入其它合金元素。典型的铁素体不锈钢有 Cr13 型、Cr17 型和 Cr25 型。

铁素体不锈钢的金相组织主要是铁素体，加热及冷却过程中没有 α→γ 转变，不能用热处理进行强化。当加入合金元素 Mo 时，则可在有机酸及含 Cl^- 的介质中有较强的抗蚀性。同时，它还具有良好的热加工性。铁素体不锈钢主要用来制作要求较高的耐蚀性而强度要求较低的构件，广泛用于制造硝氮肥等设备和化工使用的管道等。

铁素体不锈钢的主要缺点是韧性低、脆性大。其主要原因有以下几方面。

① 晶粒粗大　铁素体不锈钢在加热和冷却时不发生相变，粗大的铸态组织只能通过压力加工碎化，而无法用热处理来改变它。当温度超过 900℃ 时，晶粒将显著粗化。

② 475℃脆性　铁素体不锈钢在 350～500℃ 之间长时间停留加热及冷却，将会导致脆化，强度升高，而塑性、韧性急剧降低。在 475℃ 发展最快，这种脆化现象最为明显，因而称 475℃脆性。产生这种脆化现象的原因是在此温度下，铁素体将析出富 Cr 的化合物，使钢的脆性剧增。所以，铁素体不锈钢应力求避免在此温度范围使用。如出现脆性的钢件，可将其加热到 760～800℃，保温 0.5～1h，脆性便可消除。

③ σ相脆性　铁素体不锈钢在 550～850℃ 长时间停留时，将从铁素体中析出高硬度的 σ 相（FeCr），并伴随着很大的体积变化，且 σ 相常常沿晶界分布，因此造成钢有很大脆性。

（3）奥氏体不锈钢

奥氏体不锈钢是克服了马氏体不锈钢耐蚀性不足和铁素体不锈钢脆性过大而发展起来的。主要含有 Cr、Ni 合金元素，因而又称铬镍不锈钢。

奥氏体不锈钢的含碳量很低，大多在 0.10% 以下。此类钢在常温下通常为单相奥氏体组织。其强度、硬度较低（135HBS 左右），无磁性，塑性、韧性及耐腐蚀性均较马氏体不锈钢要好。奥氏体不锈钢较适宜作冷成型。其焊接性能也较好，一般可采用冷加工变形强化措施来提高其强度及硬度。与马氏体不锈钢比较，其切削加工性能较差，当碳化物在晶界析出时，还会产生晶间腐蚀现象，应力腐蚀倾向也较大。

钢中 Cr 元素的主要作用是产生钝化，阻碍腐蚀过程的阳极反应，提高钢的耐蚀性能。而 Ni 元素的主要作用是扩大 γ 区，使钢在常温下呈单相的奥氏体组织，同样具有提高抗电化学腐蚀的效果。钢中加 Ti 元素的主要作用是抑制 $(Cr，Fe)_{23}C_6$ 在晶界上析出，以防止晶间腐蚀的出现。Ti 的质量分数一般 ≤0.8%，过多会使钢析出铁素体和产生 Ti 夹杂物，反而会降低钢的耐腐蚀性能。

为了提高奥氏体型不锈钢的性能，常用的热处理方法有固溶处理、稳定化处理及去应力处理等几种。

① 固溶处理　奥氏体不锈钢加热至单一奥氏体状态后，若以缓慢的速度进行冷却，在冷却过程中，奥氏体将会析出 $(Cr, Fe)_{23}C_6$ 碳化物，并发生奥氏体向铁素体转变。因此缓冷至室温时，将获得 $A+F+(Cr, Fe)_{23}C_6$ 混合组织，而并非单相奥氏体组织，而使其耐蚀性能降低。为保证奥氏体不锈钢具有最为良好的耐蚀性能，必须设法使它获得单相奥氏体组织。在生产上常用的方法是进行固溶处理，即将钢加热至 $1050 \sim 1150℃$，让所有碳化物溶于奥氏体中，然后快速冷却（水冷），使奥氏体在冷却过程中来不及析出碳化物或发生相变，冷却后，钢在室温状态下将呈单相奥氏体组织。

对奥氏体不锈钢，固溶处理不但可消除第二相组织的存在，提高耐蚀性能，同时对经冷塑性变形产生加工硬化的材料或工件，也是软化钢材、降低硬度、提高塑性和韧性的有效方法。

② 稳定化处理　稳定化处理是针对含 Ti 的奥氏体不锈钢进行的，在固溶处理后，由于碳化物消失，碳全部固溶在奥氏体中，使奥氏体呈过饱和状态。一旦在使用过程中受热至 $550 \sim 800℃$ 较长时间，将会促进碳化物在晶界析出，使晶界处于贫 Cr 状态，在接触电解质溶液时将会导致沿晶界腐蚀的现象，即晶间腐蚀，而 Ti 正是为消除晶间腐蚀而特意加入的合金元素。稳定化处理的目的是彻底消除晶间腐蚀。稳定化处理的加热温度应该高于 $(Cr, Fe)_{23}C_6$ 溶解的温度，而低于 TiC 完全溶解的温度，使 $(Cr, Fe)_{23}C_6$ 完全溶解在奥氏体中，而 TiC 部分保留，随后应以较缓慢的速度进行冷却，使加热时溶于奥氏体的那一部分 TiC 冷却时能充分析出。这样，碳就几乎全部稳定于 TiC 中，使 $(Cr, Fe)_{23}C_6$ 不会在晶界析出，防止晶界贫 Cr 现象的出现，从而消除晶间腐蚀的倾向。

稳定化处理的加热温度通常为 $850 \sim 880℃$，保温后空冷或炉冷。

③ 应力处理　经过冷塑性变形或焊接的奥氏体型不锈钢都会存在残余应力，如果不设法将应力消除，工件在工作过程中将会引起应力腐蚀，降低性能而导致早期断裂。

对于消除冷塑性变形而引起的残余应力，常用的方法是将钢件加热到 $300 \sim 350℃$，保温后空冷。

为了消除焊接而引起的残余应力，宜将钢件加热至 $850℃$ 以上，保温后慢冷。这样可同时起到减轻晶间腐蚀倾向的作用。因为当将钢加热至 $850℃$ 以上时，$(Cr, Fe)_{23}C_6$ 将完全溶解，并且通过扩散使晶界处存在的贫 Cr 区消失，晶间腐蚀的倾向可减轻。

8.2　耐热钢

在发动机、化工、航空等部门，有很多零件是在高温下工作的，要求具有高的耐热性。工业上通常把在高温下能承受一定压力并具有抗氧化或抗腐蚀能力的钢称为耐热钢。

8.2.1　耐热钢的一般概念

钢的耐热性包括高温抗氧化性和高温强度两方面的涵义。金属的高温抗氧化性是指金属在高温下对氧化作用的抗力；而高温强度是指钢在高温下承受机械负荷的能力。所以，耐热钢既要求高温抗氧化性能好，又要求高温强度高。

（1）高温抗氧化性

金属的高温抗氧化性，通常主要取决于金属在高温下与氧接触时，表面能形成致密且熔点高的氧化膜，以避免金属的进一步氧化。一般碳钢在高温下很容易氧化，这主要是由于在高温下钢的表面生成疏松多孔的氧化亚铁（FeO），容易剥落，而且氧原子不断地通过 FeO 扩散，使钢继续氧化。

为了提高钢的抗氧化性能，一般是采用合金化方法，加入铬、硅、铝等元素，使钢在高温下与氧接触时，在表面上形成致密的高熔点的 Cr_2O_3、SiO_2、Al_2O_3 等氧化膜，牢固地附在钢的表面，使钢在高温气体中的氧化过程难以继续进行。如在钢中加 $15\%Cr$，其抗氧化温度可达 $900℃$；在钢中加 $20\%\sim25\%Cr$，其抗氧化温度可达 $1100℃$。

（2）高温强度

金属在高温下所表现的力学性能与室温下大不相同。在室温下的强度值与载荷作用的时间无关，但金属在高温下，当工作温度大于再结晶温度、工作应力大于此温度下的弹性极限时，随时间的延长，金属会发生极其缓慢的塑性变形，这种现象叫做"蠕变"。蠕变的现象可用图 8-3 所示的蠕变曲线来描述。蠕变曲线可划分为以下几个阶段：

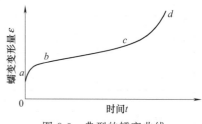

图 8-3　典型的蠕变曲线

oa 段为加载后立即发生的弹性变形和塑性变形阶段。

ab 段为蠕变不稳定变形阶段，此阶段材料以不均匀速度变形。

bc 段为蠕变的稳定变形阶段，此阶段以恒定的速度变形。

cd 段为蠕变的最后阶段，此阶段变形速度不断加快，直至 *d* 点断裂。

蠕变变形只有在一定温度以上，超过一定的应力才发生的，这个温度界限就是金属的再结晶温度，应力的界限就是金属的弹性极限。因此，金属只要在高于再结晶温度下工作时，所承受的应力超过材料的弹性极限，随着时间的延长便会产生蠕变。

在高温下，金属的强度是用蠕变强度和持久强度来表示。蠕变强度是指金属在一定温度下，一定时间内，产生一定变形量所能承受的最大应力。而持久强度是指金属在一定温度下，一定时间内，所能承受的最大断裂应力。

为了提高钢的高温强度，通常采用以下几种措施。

① 固溶强化　固溶体的热强性首先取决于固溶体自身的晶体结构，由于面心立方的奥氏体晶体结构比体心立方的铁素体排列得更紧密，因此奥氏体耐热钢的热强性高于铁素体为基的耐热钢。在钢中加入 Mo、W、Co 等合金元素时，因增大了原子间的结合力，减缓元素的扩散，提高再结晶温度，故提高钢热强性。

② 析出强化　在固溶体中沉淀析出稳定的碳化物、氮化物、金属间化合物，也是提高耐热钢热强性的重要途径之一。如加入 Nb、Ti、V 等合金元素时，形成的 NbC、TiC、VC 碳化物在晶内弥散析出，阻碍位错的滑移，提高塑变抗力，从而提高热强性。

③ 强化晶界　材料在高温下其晶界强度低于晶内强度，晶界成为薄弱环节。通过加入 Mo、Zr、V、B 等晶界吸附元素，降低晶界表面能，使晶界碳化物趋于稳定，使晶界强化，从而提高钢的热强性。

8.2.2　常用的耐热钢

耐热钢的常用牌号、成分、热处理、性能及用途见表 8-2。

选用耐热钢时，必须注意钢的工作温度范围以及在这个温度下的力学性能指标，耐热钢

表8-2 常用耐热钢的牌号、化学成分、热处理、力学性能和用途（摘自 GB/T 1221—2007、GB/T 3077—1999、GB/T 8492—2002）

类型	新牌号(旧牌号)	化学成分[1]/%(质量分数)						热处理/℃ 冷却剂[2]	力学性能(不小于)				硬度 HBW	用途举例
		C	Si	Mn	Cr	Mo	其他		$R_{p0.2}$/MPa	R_m/MPa	A/%	Z/%		
珠光体型	12CrMo	0.08~0.15	0.17~0.37	0.40~0.70	0.40~0.70	0.40~0.55	—	淬900空 回650空	265	410	24	60	≤179	510℃的锅炉汽轮机的主汽管及高温弹性件
	15CrMo	0.12~0.18	0.17~0.37	0.40~0.70	0.80~1.10	0.40~0.55	—	淬900空 回650空	295	440	22	60	≤179	510℃的锅炉过热器，主汽管(正火)、常温重要零件
	12CrMoV	0.18~0.15	0.17~0.37	0.40~0.70	0.30~0.60	0.25~0.35	V0.15~0.30	淬970空 回750空	225	440	22	50	≤241	≤540℃的汽轮机主汽管及≤570℃的过热器管、导管
	12Cr1MoV	0.08~0.15	0.17~0.37	0.40~0.70	0.90~1.20	0.25~0.35	V0.15~0.30	淬970空 回750空	245	490	22	50	≤179	570~585℃的高压设备中的过热钢管、导管等
	25Cr2MoVA	0.22~0.29	0.17~0.37	0.40~0.70	1.50~1.80	0.25~0.35	V0.15~0.30 P,S≤0.025	淬900油 回640空	785	930	14	55	≤241	≤570℃的螺栓、510℃长期工作的紧固件
奥氏体型	16Cr23Ni13 (2Cr23Ni13)	≤0.20	≤1.00	≤2.00	22.00~24.00	—	Ni12.0~15.0	固溶处理 1030~1150	205	560	45	50	≤201	980℃以下可反复加热。加热炉部件、重油燃烧器
	20Cr25Ni20 (2Cr25Ni20)	≤0.25	≤1.50	≤2.00	24.00~26.00	—	Ni19.0~22.0	固溶处理 1030~1180	205	590	40	50	≤201	1035℃以下可反复加热。用于炉用部件、喷嘴、燃烧室
	06Cr25Ni20* (0Cr25Ni20)	≤0.08	≤1.50	≤2.00	24.00~26.00	—	Ni19.0~22.0	固溶处理 1030~1180	205	520	40	50	≤187	1035℃以下可反复加热。用于炉用材料、汽车排气净化装置
	06Cr19Ni13Mo3* (0Cr19Ni13Mo3)	≤0.08	≤1.00	≤2.00	18.00~20.00	3.00~4.00	Ni11.0~15.0	固溶处理 1010~1150	205	520	40	60	≤187	造纸、印染设备，石油化工及有机酸腐蚀的装备
	06Cr18Ni11Ti* (0Cr18Ni10Ti)	≤0.08	≤1.00	≤2.00	17.00~19.00	—	Ni9.0~12.0 Ti5C~0.70	固溶处理 920~1150	205	520	40	50	≤187	400~900℃腐蚀条件下使用的部件、高温用焊接结构部件

续表

类型	新牌号①（旧牌号）	化学成分②/%（质量分数）						热处理/℃ 冷却剂③	力学性能（不小于）				硬度 HBW	用途举例
		C	Si	Mn	Cr	Mo	其他		$R_{p0.2}$/MPa	R_m/MPa	A/%	Z/%		
奥氏体型	06Cr18Ni11Nb*（0Cr18Ni11Nb）	≤0.08	≤1.00	≤2.00	17.00~19.00	—	Ni9.0~12.0 Nb10C~1.1	固溶处理 980~1150	205	520	40	50	≤187	400~900℃腐蚀条件下使用的部件、高温用焊接结构部件
	45Cr14Ni14W2Mo（4Cr14Ni14W2Mo）	0.40~0.50	≤0.80	≤0.70	13.00~15.00	0.25~0.40	Ni13.0~15.0 W2.00~2.75	退火 820~850	315	705	20	35	≤248	700℃以下内燃机、柴油机重负荷进、排气阀和紧固件
	12Cr16Ni35（1Cr16Ni35）	≤0.15	≤1.50	≤2.00	14.00~17.00	—	Ni33.0~37.0	固溶处理 1030~1180	205	560	40	50	≤201	抗渗碳、易渗氮，1035℃以下可反复加热。石油裂解装置
	16Cr25Ni20Si2（1Cr25Ni20Si2）	≤0.20	1.50~2.50	≤1.50	24.00~27.00	—	Ni18.0~21.0	固溶处理 1080~1130	295	590	35	50	≤187	适用于制作承受应力的各种加热炉构件
铁素体型	022Cr12*（00Cr12）	≤0.03	≤1.00	≤1.00	11.00~13.50	—	—	退火 700~820	195	360	22	60	≤183	汽车排气处理装置、锅炉燃烧室等
	10Cr17*（1Cr17）	≤0.12	≤1.00	≤1.00	16.00~18.00	—	—	退火 780~850	205	450	22	50	≤183	900℃以下耐氧化部件、散热器、炉用部件、油喷嘴等
	16Cr25N（2Cr25N）	≤0.20	≤1.00	≤1.50	23.00~27.00	—	N≤0.25	退火 780~880	275	510	20	40	≤201	常用于抗硫、含氮气氛，如燃烧室、退火箱、玻璃模具、阀零件
马氏体型	12Cr5Mo（1Cr5Mo）	≤0.15	≤0.50	≤0.60	4.00~6.00	0.40~0.60	Ni≤0.60	淬 900~950 回 600~700	390	590	18	—	退火 ≤200	再热蒸汽管、石油裂解管、锅炉吊架、泵的零件等
	12Cr12Mo（1Cr12Mo）	0.10~0.15	≤0.50	0.30~0.50	11.50~13.00	0.30~0.60	Ni0.30~0.60	淬 950~1000 回 700~750	550	685	18	60	217~248	铬钼马氏体耐热钢。作汽轮机叶片
	14Cr11MoV（1Cr11MoV）	0.11~0.18	≤0.50	≤0.60	10.00~11.50	0.50~0.70	V0.25~0.40 Ni≤0.60	淬 1050~1100 回 720~740	490	685	16	55	退火 ≤200	热强性较高，减振性良好。用于透平叶片及导向叶片
	15Cr12WMoV（1Cr12WMoV）	0.12~0.18	≤0.50	0.50~0.90	11.00~13.00	0.50~0.70	W0.70~1.10 V0.15~0.30 Ni0.40~0.80	淬 1000~1050 回 680~700	585	735	15	45	退火	热强性较高，减振性良好。用于透平叶片，紧固件及轮盘
	42Cr9Si2（4Cr9Si2）	0.35~0.50	2.00~3.00	≤0.70	8.00~10.00	—	Ni≤0.60	淬 1020~1040 回 700~780	590	885	19	50	≤269	内燃机进气阀、轻负荷发动机的排气阀

① 标*的钢也可做不锈钢使用。

② 表中珠光体钢的 $w(P)$≤0.035%，$w(S)$≤0.035%（标明者除外）；除珠光体钢（S45110）$w(S)$≤0.030%，其余牌号（S）≤0.030%；奥氏体钢（除 S31708，S32168，铁素体钢、铸钢、铸钢和马氏体钢 S45110 的 $w(P)$≤0.040%，马氏体钢 S31708，S32168 为空冷（S46010 为油），回火后空冷或缓冷；铁素体钢固溶或退火后空冷或缓冷。

③ 奥氏体钢固溶或退火后空冷或空冷；铁素体钢退火后空冷快冷；马氏体钢淬火后空冷介质为油（S46010 为空冷），回火后空冷或缓冷。

按照使用温度范围和组织可分为以下几种。

（1）珠光体耐热钢

一般是在正火状态下加热到 $A_{c3}+30℃$，保温一段时间后空冷，随后在高于工作温度约 50℃ 下进行回火，其显微组织为珠光体+铁素体。其工作温度为 350～550℃，由于含合金元素量少，工艺性好，常用于制造锅炉、化工压力容器、热交换器、汽阀等耐热构件。其中 15CrMo 主要用于锅炉零件。这类钢在长期的使用过程中，会发生珠光体的球化和石墨化，从而显著降低钢的蠕变和持久强度。为此，这类钢力求降低含碳量和含锰量，并适当加入铬、钼等元素，抑制球化和石墨化倾向。除此之外，钢中加入铬是为了提高抗氧化性，加入钼是为了提高钢的高温强度。

（2）马氏体耐热钢

这类钢主要用于制造汽轮机叶片和气阀等。12Cr13、20Cr13 是最早用于制造汽轮机叶片的耐热钢。为了进一步提高热强性，在保持高的抗氧化性能的同时，加入钨、钼等元素使基体强化，使碳化物稳定，提高钢的耐热性能。

14Cr11MoV、15Cr12WMoV，经淬火+高温回火后，可使工作温度提高到 550～580℃。

42Cr9Si2、40Cr10Si2Mo 是典型的汽车阀门用钢，经调质处理后，钢具有较高的耐热性和耐磨性。0.4% 的含碳量是为了获得足够的硬度和耐磨性，加入铬、硅是为了提高抗氧化性，加入钼是为了提高高温强度和避免回火脆性。

40Cr10Si2Mo 常用于制作重型汽车的汽阀。

（3）奥氏体耐热钢

奥氏体耐热钢的耐热性能优于珠光体耐热钢和马氏体耐热钢，这类钢的冷塑性变形性能和焊接性能都很好，一般工作温度在 600～700℃，广泛用于航空、舰艇、石油化工等工业部门制造汽轮机叶片、发动机汽阀等。最典型的牌号是 06Cr18Ni9Ti，Cr 的主要作用是提高抗氧化性和高温强度，Ni 主要是使钢形成稳定的奥氏体，并与 Cr 相配合提高高温强度，Ti 是通过形成弥散的碳化物提高钢的高温强度。

ZG40Cr25Ni20Si2（HK40）是石化装置上大量使用的高碳奥氏体耐热钢。这种钢在铸态下的组织是奥氏体基体+骨架状共晶碳化物，在 900℃ 工作寿命达 10 万小时。Cr 是抗氧化性能的主要元素，Cr 和 Ni 同时加入，其主要作用是得到单相稳定的奥氏体，提高钢的高温强度。

45Cr14Ni14W2Mo 是用于制造大功率发动机排气阀的典型钢种。此钢的含碳量提高到 0.4%，目的在于形成铬、钼、钨的碳化物并呈弥散析出，提高钢的高温强度。

另外，目前在 900～1000℃ 可使用镍基合金。它是在 Cr20Ni80 合金系基础上加入钨、钼、钴、钛、铝等元素发展起来的一类合金。主要通过析出强化及固溶强化提高合金的耐热性，用于制造汽轮机叶片、导向片、燃烧室等。

思 考 题

1. 不锈钢与耐热钢有何性能特点？试举例说明其用途。
2. 分析碳在不锈钢中对组织和性能影响的双重性。
3. 铁素体不锈钢的脆性是怎么产生的，如何消除？
4. 提高钢的耐蚀性的基本途径有哪些？
5. 珠光体型耐热钢中加入的合金元素有哪些，作用如何？
6. 奥氏体不锈钢和耐磨钢的淬火目的与一般钢的淬火目的有何不同？
7. 何谓电化学腐蚀？为什么 Cr 能提高金属的抗腐蚀能力？C 对金属抗腐蚀性能有何

影响？

8. 钢材的强度随温度的变化将发生变化，从合金化的角度考虑如何提高钢的热强性？

9. 引起奥氏体不锈钢产生晶间腐蚀的机理是什么？在奥氏体不锈钢中加钛和铌怎样能防止晶间腐蚀？

10. 珠光体热强钢中稳定组织、提高热强性的合金化原则是什么？试分析锅炉管用典型钢种的成分、热处理、性能及其应用范围。

第9章 铸 铁

铸铁是一种以铁、碳、硅为主要成分且在结晶过程中具有共析转变的多元铁基合金。其化学成分一般为：$w_C = 2.0\% \sim 4.0\%$、$w_{Si} = 1.0\% \sim 3.0\%$、$w_{Mn} = 0.1\% \sim 1.0\%$、$w_S = 0.02\% \sim 0.25\%$、$w_P = 0.05\% \sim 1.5\%$。为了提高铸铁的力学性能，有时在铸铁中添加少量的 Cr、Ni、Cu、Mo 等合金元素制成合金铸铁。

铸铁是人类最早使用的金属材料之一。到目前为止，铸铁仍是一种被广泛使用的金属材料。按质量统计，在机床中铸铁件占 $60\% \sim 90\%$；在汽车、拖拉机中铸铁占 $50\% \sim 70\%$。高强度铸铁和特殊性能的合金铸铁还可代替部分昂贵的合金钢和有些有色金属材料。

铸铁之所以获得较广泛的应用，主要是由于它的生产工艺简单、成本低廉并具有优良的铸造性能、可切削加工性能、耐磨性能及吸震性等。因此铸铁广泛地用于机械制造、冶金、矿山及交通运输等工业部门。

9.1 铸铁的分类及石墨化

9.1.1 铸铁的分类

碳在铸铁中既可以化合状态的渗碳体（Fe_3C）形式存在，也可以游离状态的石墨（G）形式存在。据此可以把铸铁分为三类：

① 白口铸铁 碳除少量固溶于铁素体中外，其余的碳都以渗碳体（第二相）的形式存在于铸铁基体中，其断口呈银白色，故称白口铸铁。由于这类铸铁中都存在共晶莱氏体组织，所以其性能硬而脆，很难切削加工，一般很少直接用来制造各种零件。

② 麻口铸铁 碳除少量固溶于铁素体中外，一部分以游离状态的石墨（G）形式存在，另一部分以化合状态的渗碳体（Fe_3C）形式存在，在其断口上呈黑白相间的麻点，故称麻口铸铁。这类铸铁也具有较大的硬脆性，故工业上也很少使用。

③ 灰口铸铁 碳除少量固溶于铁素体中外，其余的以游离状态的石墨（G）形式存在，其断口呈暗灰色，故称灰口铸铁。由于灰口铸铁中的碳主要以石墨形式存在，使得灰口铸铁具有良好的切削加工性、减摩性、减振性等，而且熔炼的工艺与设备简单，成本低廉，所以在目前的工业生产中，灰口铸铁是最重要的工程材料之一。

根据灰口铸铁中石墨形态的不同，它又可分为以下四种。

一是灰铸铁，即铸铁中石墨呈片状存在。这类铸铁的力学性能虽然不高，但它的生产工艺简单、价格低廉，故工业上应用最广。

二是球墨铸铁，即铸铁中石墨呈球状存在。它不仅力学性能比灰铸铁高，而且还可以通过热处理进一步提高其力学性能，所以它在生产中的应用日益广泛。

三是可锻铸铁，即铸铁中石墨呈团絮状存在。其力学性能（特别是韧性和塑性）较灰铸铁高，并接近于球墨铸铁。

四是蠕墨铸铁，即铸铁中石墨呈蠕虫状存在，即其石墨形态介于片状与球状之间。其力学性能也介于灰铸铁与球墨铸铁之间。这种铸铁是七十年代发展起来的一种新型铸铁。

此外，依据铸铁的化学成分、结晶形态和组织性能不同，可分为常用铸铁和合金铸铁两类。常用铸铁也称为普通铸铁或灰铸铁，合金铸铁也称为特殊性能铸铁。

9.1.2 Fe-Fe₃C 和 Fe-C 双重相图

在铁碳合金中，碳可以三种形式存在：一种是以原子形式固溶于铁素体（F）中；另一种是以金属化合物（Fe_3C）的形式存在；还有一种是以游离态的单质石墨（G）存在。石墨的晶格类型为简单六方晶格，如图 9-1 所示，原子呈层状排列，同一层的原子间距为 0.142nm，结合力较强；而层与层之间的面间距为 0.340nm，是依靠较弱的金属键结合，故石墨具有不太明显的金属性能（如导电性），而且由于层与层间的结合力较弱，易滑动，故石墨的强度、塑性和韧性较低，硬度仅为 3～5HBS。

由于渗碳体在长时间加热的条件下可以分解为铁（或铁素体）和石墨，即 $Fe_3C \rightarrow 3Fe + C(G)$。这表明石墨是稳定相，而渗碳体仅是介（亚）稳定相。也就是说，成分相同的铁液在冷却时，冷却速度愈慢，析出石墨的可能性愈大；冷却速度愈快，析出渗碳体的可能性愈大。因此反映铁碳合金的相图实际上应是两个，即亚稳定的 Fe-Fe₃C 相图和稳定的 Fe-C（G）相图。Fe-Fe₃C 相图反映了亚稳定相 Fe₃C 的析出规律，而 Fe-C（G）相图反映了稳定相 C（G）的析出规律。为了便于比较和应用，习惯上把这两个相图合画在一起，称为铁碳合金双重相图，如图 9-2 所示。图中实线表示亚稳定的 Fe-Fe₃C 相图，虚线表示稳定的 Fe-C（G）相图，凡虚线与实线重合的线条都用实线表示。

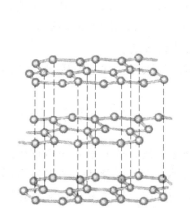

图 9-1 石墨的晶体结构   图 9-2 Fe-Fe₃C 和 Fe-C 双重状态图

由图 9-2 可见，虚线均位于实线的上方（或左上方），这同样表明 Fe-C（G）相图较 Fe-Fe₃C 相图更稳定，也表明碳在奥氏体和铁素体中的溶解度较小。

9.1.3 铸铁的石墨化

铸铁中碳原子析出和形成石墨的过程称为石墨化。

（1）铸铁的石墨化过程

铸铁中的石墨是通过液态铁水进行结晶时的石墨化过程获得的，一般可分为以下三个阶段。

① 第一阶段石墨化 它包括从铸铁的液相中直接析出的一次石墨（G_I），即冷却到液相线 $C'D'$ 时析出的一次石墨的过程（$L \rightarrow L_{C'} + G_I$），以及在 1154℃ 共晶转变时形成的共晶石墨（$G_{共晶}$）的过程，即 $L_{C'} \rightarrow A_{E'} + G_{共晶}$。

② 第二阶段石墨化 过饱和状态的奥氏体，随着温度的降低，在 1154～738℃ 沿着 E'

S' 线冷却时析出的二次石墨 (G_{II}) 的过程，即 $A_E \rightarrow A_S + G_{II}$。

③ 第三阶段石墨化 在 738℃ 共析转变时形成的共析石墨 ($G_{共析}$) 的过程，即 $A_S \rightarrow F_P + G_{共析}$。

由于石墨化过程是碳原子扩散的过程，所以石墨化的温度愈低，原子扩散愈困难，因而愈不易于石墨化过程的进行。显然，由于石墨化程度的不同，将获得不同基体的铸铁组织。

在生产实际中，由于化学成分、冷却速度及孕育处理、铁水过热、铁水净化等状况的不同，Fe-C 合金自液态进行结晶时，可能完全按 Fe-Fe$_3$C 系状态图进行结晶，也可能完全按 Fe-C(G) 系状态图进行结晶，还可能只是某些部分或在有些温度范围内按 Fe-C(G) 系状态图进行结晶，另外一些部分或另外一些温度范围按 Fe-Fe$_3$C 系状态图进行结晶。按 Fe-C(G) 系状态图进行结晶转变，就是进行了石墨化过程；按 Fe-Fe$_3$C 系状态图进行结晶转变就是未进行石墨化过程，或称石墨化过程被抑制。

(2) 影响铸铁石墨化的因素

铸铁的组织取决于石墨化进行的程度，为了获得所需要的组织，关键在于控制石墨化进行的程度。实践证明，铸铁的化学成分和结晶时的冷却程度是影响石墨化和铸铁显微组织的主要因素。

① 化学成分的影响 C 和 Si 是强烈促进石墨化的元素，在生产实际中，调整 C、Si 含量是控制铸铁组织最基本的措施之一。当铸铁中 w_{Si} 为 2% 时，若 $w_C < 1.7\%$，石墨为团絮状；若 w_C 为 1.7%～2.0%，石墨呈网状；若 w_C 为 2.0%～2.6% 时，出现晶间石墨；w_C 为 2.6%～3.5% 时，为细片状石墨；w_C 超过 3.5% 时，为粗片状石墨。

为了综合考虑 C 和 Si 对铸铁的影响，常将硅量折合成相当的碳量，并把原碳量与硅拆和的碳量之和称为碳当量，因此表示为：

$$C_E = w_C + 1/3 w_{Si}$$

式中 C_E——碳当量。

铸铁中常见杂质元素对石墨也有不同的影响。P 是一个促进石墨化的元素，在铸铁中主要形成的磷共晶会增加铸铁的脆性。S 是强烈阻碍石墨化的元素。Mn 本身是一个阻碍石墨化的元素，但 Mn 能与 S 结合生成 MnS，削弱 S 的有害作用，所以，Mn 因除硫而有促进石墨化的作用。

② 冷却速度的影响 铸件的冷却速度对石墨化过程也有明显影响。一般说来，铸件冷却速度越缓慢，越有利于按照 Fe-C(G) 系状态图进行结晶和转变，即越有利于石墨化过程的充分进行；反之，当铸件冷却速度较快时，由于原子扩散能力减弱，则有利于按照 Fe-Fe$_3$C 系状态图进行结晶和转变，即不利于石墨化的进行。尤其在共析阶段的石墨化，由于温度较低，冷却速度增大，原子扩散更加困难，所以在通常情况下，共析阶段的石墨化难以完全进行。

值得指出的是，铸件的冷却速度是一个综合的因素，它与浇注温度、铸型材料的性质、铸造方法以及铸件的壁厚等因素密切相关。

9.2 灰铸铁

在铸铁的总产量中，灰铸铁件占 80% 以上。主要用于制造各种机器的底座、机架、工作台、机身、齿轮箱体、阀体及内燃机的汽缸体、汽缸盖等。

9.2.1 灰铸铁的成分、牌号及组织

灰铸铁中的主要化学元素有 C、Si、Mn、P、S 等，其中 C、Si、Mn 是调节组织的元素，P 是控制使用的元素，S 是应该限制的元素。灰铸铁的化学成分范围一般为：$w_C=2.7\%\sim3.6\%$，$w_{Si}=1.0\%\sim2.5\%$，$w_{Mn}=0.5\%\sim1.3\%$，$w_P\leqslant0.3\%$，$w_S\leqslant0.15\%$。

表 9-1 为灰铸铁的牌号、性能及应用。灰铸铁牌号由"灰铁"两字汉语拼音"HT"和其后的 3 位数字组成：数字表示最低抗拉强度 σ_b。例如灰铸铁 HT200，表示最低抗拉强度为 200MPa。

表 9-1 灰铸铁的牌号、力学性能、基体组织[①]和用途（摘自 GB 9439—2010）

牌号	铸件壁厚/mm		最小抗拉强度（强制性值）(min)/MPa		铸件本体预期抗拉强度 R_m(min)/MPa	应 用 举 例
	>	≤	单铸试棒	附铸试棒或试块		
HT100	5	40	100	—	—	手工铸造用砂箱、盖、下水管、底座、外罩、手轮、手把、重锤等
HT150	5	10	150	—	155	机床底座、手轮、刀架；冶金业用流渣箱、渣缸、轧钢机托辊；机车用水泵壳、阀体、阀盖；动力机械的拉钩、框架、阀门、油泵壳等
	10	20		—	130	
	20	40		120	110	
	40	80		110	95	
	80	150		100	80	
	150	300		90	—	
HT200	5	10	200	—	205	运输机械的汽缸体、缸盖、飞轮等；机床床身；通用机械承受中等压力的泵体阀体；动力机械的外壳、轴承座、水套筒等
	10	20		—	180	
	20	40		170	155	
	40	80		150	130	
	80	150		140	115	
	150	300		130	—	
HT225	5	10	225	—	230	应用同 HT200，但承载更大；维修井的井盖、井圈等
	10	20		—	200	
	20	40		190	170	
	40	80		170	150	
	80	150		155	135	
	150	300		145	—	
HT250	5	10	250	—	250	运输机械的薄壁缸体、缸盖；机床立柱、横梁、床身、箱体；矿山机械的轨道板、齿轮；动力机械的缸体、缸套、活塞等
	10	20		—	225	
	20	40		210	195	
	40	80		190	170	
	80	150		170	155	
	150	300		160	—	
HT275	10	20	275	—	250	重载柴油发动机缸体、缸盖；建筑设备铸件；承受重载的液压铸件等
	20	40		230	220	
	40	80		205	190	
	80	150		190	175	
	150	300		175	—	
HT300	10	20	300	—	270	机床导轨、受力较大的机床床身、立柱机座；动力机械的液压阀体、蜗轮、汽轮机隔板、泵壳、大型发动机缸体、缸盖等
	20	40		250	240	
	40	80		220	210	
	80	150		210	195	
	150	300		190	—	

续表

牌号	铸件壁厚/mm		最小抗拉强度(强制性值)(min)/MPa		铸件本体预期抗拉强度 R_m(min)/MPa	应 用 举 例
	＞	≤	单铸试棒	附铸试棒或试块		
HT350	10	20	350	—	315	大型发动机汽缸体、缸盖、衬套;水泵缸体、阀体、凸轮;机床导轨、工作台等摩擦件;需经表面淬火的铸件
	20	40		290	280	
	40	80		260	250	
	80	150		230	225	
	150	300		210	—	

① HT100 的基体组织为铁素体, HT150 的基体组织为铁素体＋珠光体, 其他牌号的基体组织为珠光体。

灰铸铁的组织由片状石墨和金属基体组成。基体组织取决于第二阶段的石墨化程度;由于第二阶段石墨化程度的不同,可得到铁素体、珠光体以及铁素体＋珠光体三种不同基体的灰铸铁,其显微组织如图 9-3 所示。铁素体灰铸铁(HT100)用于制造盖、外罩、手轮、支架、重锤等低负荷、不重要的零件。铁素体＋珠光体灰铸铁(HT150)用来制造支柱、底座、齿轮箱、工作台等承受中等负荷的零件。珠光体灰铸铁(HT200、HT250)可以制造气缸套、活塞、齿轮、床身、轴承座、联轴器等承受较大负荷和较重要的零件。

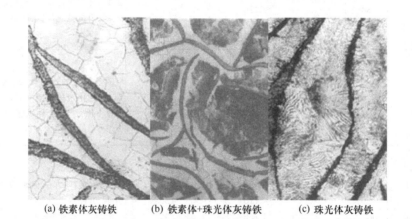

(a) 铁素体灰铸铁　　　　(b) 铁素体+珠光体灰铸铁　　　　(c) 珠光体灰铸铁

图 9-3　灰铸铁的显微组织

普通灰铸铁组织中的石墨片比较粗大,因而力学性能较低。为了提高铸铁的力学性能,就必须设法减小铸铁中的石墨片的尺寸。在生产上常采用孕育处理。所谓孕育处理就是在铸铁浇注前向铁液中加入一种物质(孕育剂)促进外来晶核的形成或激发自身晶核的产生,使晶核数目大量增加的一种处理工艺。经孕育处理后的铸铁的组织为细珠光体基体加上细小均匀分布的片状石墨,这种铸铁又称为孕育铸铁。孕育铸铁的抗拉强度可达 300~400MPa、硬度可达 170~270HBS。孕育铸铁主要用于动载荷较小,而静载强度要求较高的重要零件,例如汽缸、曲轴、凸轮和机床铸件等,尤其是断面比较厚大的铸件更为合适。

9.2.2　灰铸铁的性能

灰铸铁的抗压强度比抗拉强度高 3~4 倍;布氏硬度与同样基体的正火钢相近;而伸长率则很小,在 0.2%~0.7% 之间。

灰铸铁在凝固过程中要析出比容较大的石墨，部分地补偿了基体的收缩，从而减少了灰铸铁的收缩率。所以灰铸铁能浇铸形状复杂与壁薄的铸件。

灰铸铁具有良好的减摩性。灰铸铁中石墨本身具有润滑作用，而且当它从铸铁表面掉落后所遗留下的孔隙具有吸附和储存润滑油的能力，使摩擦面上的油膜易于保持而具有良好的减摩性能。

灰铸铁具有极好的减震性能。由于铸铁在受震动时石墨能起缓冲作用，它阻止震动的传播，并把震动能量转变成热能，使灰铸铁减震能力比钢大十倍，故常用作承受震动的机床底座等零件。

灰铸铁具有良好的切削加工性。由于石墨割裂了基体的连续性，使铸铁的铁屑易脆断，且石墨对刀具具有一定润滑作用，使刀具磨损减小。

灰铸铁缺口敏感性较低。灰铸铁中有石墨存在，而石墨本身就相当于很多小的缺口，致使外加缺口的作用相对减弱，所以铸铁具有低的缺口敏感性。

正是由于灰铸铁具有以上一系列的优良性能，而且价格低廉，易于获得，故在目前工业生产中，它仍是应用最广泛的金属材料之一。

9.2.3　灰铸铁的热处理

对灰铸铁来说，热处理仅能改变其基体组织，改变不了石墨形态，因此热处理不能明显改善灰铸铁的力学性能，并且灰铸铁的低塑性又使快速冷却的热处理方法难以实施，所以灰铸铁的热处理受到一定的局限性。灰铸铁常用的热处理方法主要有以下三种。

（1）时效退火

时效退火的目的主要是为了消除铸件的内应力，也称为去应力退火。时效退火分为自然时效退火和人工时效退火。自然时效退火是将铸件长时间（半年甚至一年以上）置于室温环境下消除应力。人工时效退火是将铸件置于 $530 \sim 620℃$，保温 $2 \sim 6h$ 后随炉慢冷至 $200℃$ 以下出炉空冷。

（2）石墨化退火

当铸件出现白口或部分白口时，硬度高，难于切削加工，必须进行石墨化退火处理。

石墨化退火是将铸件缓慢加热至 $850 \sim 900℃$，保温 $2 \sim 5h$，然后随炉冷至 $400 \sim 500℃$ 后空冷。若要得到铁素体基体，可随炉冷却到 $720 \sim 760℃$，保温一段时间，再冷至 $250℃$ 以下空冷；若要得到珠光体基体，可加热保温后取出空冷（正火）。

（3）表面热处理

要求耐磨的零件，如缸套、机床导轨等可进行表面强化处理。常进行火焰加热或中、高频感应加热表面淬火处理。淬火前铸件需进行正火处理，保证其获得大于 65% 的珠光体。淬火后表面获得马氏体＋石墨组织，硬度可达 $55HRC$。

9.3　可锻铸铁

可锻铸铁是白口铸铁经石墨化退火而获得的一种铸铁。由于铸铁中石墨呈团絮状分布，对基体破坏作用减弱，因而较之灰铸铁具有较高的力学性能，尤其是具有较高的塑性和韧性，故此被称为可锻铸铁。实际上可锻铸铁并不能锻造。

9.3.1　可锻铸铁的成分、牌号及用途

可锻铸铁是由含碳、硅量不高的白口铸铁件经长时间石墨化退火而制得的。为了确保获得白口铸铁，必须使可锻铸铁的化学成分有较低的含碳量和含硅量。故可锻铸铁的化学成分

范围一般为：$w_C = 2.2\% \sim 2.8\%$，$w_{Si} = 1.0\% \sim 1.8\%$，$w_{Mn} = 0.4\% \sim 1.2\%$，$w_P \leqslant 0.2\%$，$w_S \leqslant 0.18\%$。

可锻铸铁的组织由金属基体和团絮状石墨组成。可锻铸铁基体组织常用的有铁素体和珠光体两种，如图 9-4 所示。

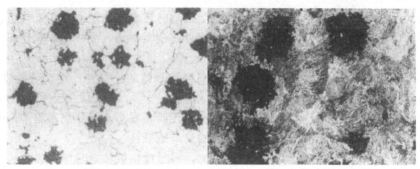

(a) 铁素体可锻铸铁　　　　　　(b) 珠光体可锻铸铁

图 9-4　可锻铸铁的显微组织

可锻铸铁的牌号、性能及应用见表 9-2。牌号中"KT"为"可铁"两个字汉语拼音字首，"H"表示"黑心"（即铁素体基体），"Z"表示基体为珠光体。牌号后面的两组数字分别代表最低抗拉强度和最低伸长率。

可锻铸铁的力学性能优于灰铸铁，并接近于同类基体的球墨铸铁，尤其是珠光体基体可锻铸铁，强度可与铸钢媲美。所以可锻铸铁常用于制作一些截面较薄而形状复杂、工作时受振动而强度、韧性要求较高的零件。此外，珠光体可锻铸铁的可切削加工性在铁基合金中是最优良的，可进行高精度切削加工。

表 9-2　可锻铸铁的牌号、力学性能和用途（摘自 GB/T 9440—2010）

分类	牌号	试样直径 d / mm	抗拉强度 R_m/MPa (min)	0.2%屈服强度 $R_{p0.2}$/MPa (min)	伸长率 $A^{①}$/% (min)	布氏硬度 HBW	冲击功^{④} K/J	应用举例
黑心可锻铸铁	KTH275-05	12 或 15	275	—	5	≤150	—	专用于保证压力密封性能,不要求高强度或高延性件,如弯头、三通等
	KTH300-06		300	—	6		—	
	KTH330-08		330	—	8		—	各种扳手、犁刀、犁柱、车轮壳等
	KTH350-10		350	200	10		90～130	汽车拖拉机轮壳、减速器壳、转向节壳、制动器等承受较高冲击、振动件
	KTH370-12		370	—	12			
珠光体可锻铸铁	KTZ450-06	12 或 15	450	270	6	150～200	80～120^{⑤}	制造承受较高载荷、耐磨损并要求有一定韧性的重要零件,如曲轴、凸轮轴、连杆、齿轮、活塞环、轴套、耙片、农用犁刀、摇臂、万向节头、棘轮、扳手、传动链条、矿车轮等
	KTZ500-05		500	300	5	165～215	—	
	KTZ550-04		550	340	4	180～230	70～110	
	KTZ600-03		600	390	3	195～245	—	
	KTZ650-02		650	430	2	210～260^{③}	60～100^{⑤}	
	KTZ700-02		700	530	2	240～290	50～90^{⑤}	
	KTZ800-01		800	600	1	270～320^{②}	30～40^{⑤}	

续表

分类	牌号	试样直径 d / mm	抗拉强度 R_m/MPa （min）	0.2%屈服强度 $R_{p0.2}$/MPa （min）	伸长率 $A^{①}$/% （min）	布氏硬度 HBW	冲击功^{④} K/J	应 用 举 例
白心可锻铸铁	KTB350-04	6	270	—	10	≤230	30～80	焊接性能优良、切削性能好，但强度和耐磨性较差。仅限于制造薄壁铸件和焊接后不需要进行热处理的铸件。由于工艺复杂、生产周期长，除制造薄壁铸件外，在机械制造工业中很少应用
		9	310	—	5			
		12	350	—	4			
		15	360	—	3			
	KTB360-12	6	280	—	16	≤200	130～180	
		9	320	170	15			
		12	360	190	12			
		15	370	200	7			
	KTB400-05	6	300	—	12	≤220	40～90	
		9	360	200	8			
		12	400	220	5			
		15	420	230	4			
	KTB450-07	6	330	—	12	≤220	80～130	
		9	400	230	10			
		12	450	260	7			
		15	480	280	4			
	KTB550-04	9	490	310	5	≤250	30～80	
		12	550	340	4			
		15	570	350	3			

①试样标距长度 L_0=3d。②油淬加回火。③空冷加回火。④冲击试样为无缺口的、尺寸为 10mm×10mm×55mm 的单铸试样。⑤油淬处理后的试样。

　　黑心可锻铸铁强度虽然不高，但具有良好的塑性和韧性，常用来制作汽车、拖拉机的后桥外壳、机床扳手、低压阀门、管接头、农具等承受冲击、振动和扭转载荷的零件。白心可锻铸铁表里组织不同、力学性能差，特别是韧性较低，故应用较少。

9.3.2　可锻铸铁的石墨化退火

　　可锻铸铁按白口铸铁的石墨化退火工艺特性不同而得到不同的组织。其石墨化退火工艺如图 9-5。当把白口铸铁加热到高温（900～980℃）保温时，莱氏体中的渗碳体将分解成奥氏体＋石墨，由于石墨化过程是在固态下进行的，在各个方向上石墨长大的速度相差不多，故石墨呈团絮状。在高温下完成了第一阶段石墨化以后，若以较快速度（100℃/h）冷却，使奥氏体转变为珠光体，就得到以珠光体为基体的可锻铸铁；若继续在720～760℃进行低温阶段的石墨化，使共析体中的渗碳体也发生分解，形成铁素体和团絮状石墨，则最终便可以得到

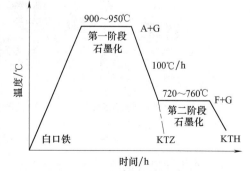

图 9-5　可锻铸铁的石墨化退火工艺

以铁素体为基体的可锻铸铁。因此在生产上，常把铁素体可锻铸铁重新加热到共析转变温度以上，保温一段时间后，再以较快的冷却速度通过共析转变温度范围以获得珠光体可锻铸铁。

一般可锻铸铁的退火周期长达 60～80h。为了缩短退火周期和提高力学性能，最有效的办法是孕育处理。常用的孕育剂元素是 Si、B、Bi、Al 等。孕育剂的加入一方面能强烈地阻止液体结晶时的石墨化过程，防止白口铸件中出现片状石墨，另一方面又能在退火过程中形成极大量的石墨化晶核，最终得到具有细小石墨团的可锻铸铁。石墨团越细小，所需要的退火时间越短。例如，加入 0.001%B、0.006%Bi、0.006%Al 的孕育剂，其退火周期可缩短至 32h。

9.4　球墨铸铁

球墨铸铁是石墨呈球状的灰铸铁，简称球铁。由于球墨铸铁中的石墨呈球状，对基体的割裂作用大为减小，使得基体的利用率可达 70%～90%，基体的塑性和韧性也有了利用的可能，因此，球铁比灰铸铁及可锻铸铁具有高得多的强度、塑性和韧性，同时保留着灰铸铁耐磨、消震、易切削、好铸造、缺口不敏感等一系列优点。

9.4.1　球墨铸铁的成分、牌号及用途

球墨铸铁的化学成分与灰铸铁相比，其特点是碳和硅的含量高，锰含量较低，磷、硫含量低，并含有一定量的稀土与镁。球墨铸铁的化学成分范围一般为：$w_C = 3.6\% \sim 4.0\%$，$w_{Si} = 2.0\% \sim 2.8\%$，$w_{Mn} = 0.6\% \sim 0.8\%$，$w_P \leqslant 0.1\%$，$w_S \leqslant 0.04\%$，$w_{RE残} \leqslant 0.03\% \sim 0.05\%$。

球墨铸铁的组织由金属基体和球状石墨组成。球墨铸铁基体组织常用的有铁素体、铁素体＋珠光体和珠光体三种，如图 9-6 所示。经过合金化和热处理，也可以获得贝氏体、马氏体、屈氏体、索氏体和奥氏体等基体组织。经热处理后以马氏体为基的球墨铸铁具有高的硬度和强度；以等温淬火获得的下贝氏体为基的球墨铸铁具有优良的综合力学性能；铁素体为基的球墨铸铁塑性最好；珠光体为基的球墨铸铁是应用最广泛的高强度铸铁。

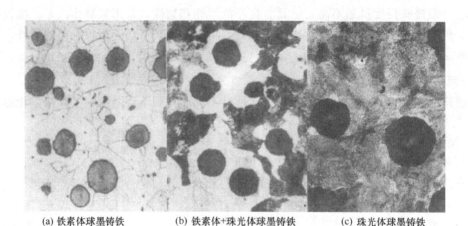

(a) 铁素体球墨铸铁　　　　(b) 铁素体+珠光体球墨铸铁　　　　(c) 珠光体球墨铸铁

图 9-6　球墨铸铁的显微组织

表 9-3 为球墨铸铁的牌号、基体组织、性能和用途。牌号中的"QT"是"球铁"两个字的汉语拼音的第一个字母，后面两组数字分别表示其最小的抗拉强度和伸长率值。

表 9-3　球墨铸铁的牌号、单铸试样的力学性能、基体组织和用途（摘自 GB/T 1348—2009）

材料牌号	R_m/MPa （min）	$R_{p0.2}$/MPa （min）	A/% （min）	布氏硬度 HBW	主要基体组织	应用举例
QT350-22L	350	220	22	≤160	铁素体	高速电力机车及磁悬浮列车铸件、寒冷地区工作的起重机部件、汽车部件、农机部件等
QT350-22R	350	220	22	≤160	铁素体	核燃料贮存运输容器、风电轮毂、排泥阀阀体、阀盖环等
QT350-22	350	220	22	≤160	铁素体	
QT400-18L	400	240	18	120～175	铁素体	机车曲轴箱体、发电设备用桨片毂等
QT400-18R	400	250	18	120～175	铁素体	农机具零件；汽车、拖拉机牵引杠、轮毂、驱动桥壳体、离合器壳等；阀门的阀体、阀盖、支架等；铁路垫板、电机机壳、齿轮箱等
QT400-18	400	250	18	120～175	铁素体	
QT400-15	400	250	15	120～180	铁素体	
QT450-10	450	310	10	160～210	铁素体	
QT500-7	500	320	7	170～230	铁素体＋珠光体	机油泵齿轮等
QT550-5	550	350	5	180～250	铁素体＋珠光体	传动轴滑动叉等
QT600-3	600	370	3	190～270	铁素体＋珠光体	柴油机、汽油机的曲轴；磨床、铣床、车床的主轴；空压机、冷冻机的缸体、缸套
QT700-2	700	420	2	225～305	珠光体	
QT800-2	800	480	2	245～335	珠光体或索氏体	
QT900-2	900	600	2	280～360	回火马氏体或屈氏体＋索氏体	汽车、拖拉机传动齿轮；内燃机凸轮轴、曲轴等

注：牌号后字母"L"表示该牌号有低温（−20℃ 或 −40℃）下的冲击性能要求；字母"R"表示该牌号有室温（23℃）下的冲击性能要求。

球墨铸铁的力学性能同灰口铸铁相比，具有较高的抗拉强度和弯曲疲劳极限，也具有良好的塑性及韧性。这是因为球墨铸铁中的石墨呈球状使得石墨对基体的削弱作用减小，引起的应力集中减弱，从而提高了基体金属的利用率。球墨铸铁基体强度的利用率可以达到 70%～90%，而灰铸铁的基体强度的利用率仅为 30%～50%。

球墨铸铁的屈强比高，为 0.7～0.8，接近钢的一倍（钢的屈强比一般为 0.35～0.5）。所以对于承受静载荷的零件，有时可以用球墨铸铁代替铸钢。此外，球墨铸铁还具有较好的耐磨减摩性和切削加工性。但球墨铸铁的塑性与韧性却低于钢，并且由于过冷倾向大，易于产生白口，所以球墨铸铁的熔炼工艺和铸造工艺要比灰铸铁复杂。

球墨铸铁可以代替部分锻钢、铸钢、某些合金钢及可锻铸铁等，用来制造一些受力复杂、强度、韧性和耐磨性要求较高的零件，如拖拉机或柴油机中的曲轴、连杆、凸轮轴、各种齿轮、机床的主轴、蜗杆、蜗轮、轧钢机的轧辊、大齿轮及大型水压机的工作缸、缸套、活塞机器底座、汽车的后桥壳等。

9.4.2　球墨铸铁的热处理

根据热处理目的的不同，球墨铸铁常用的热处理方法有以下几种。

（1）退火

退火的目的是为了获得铁素体基体球墨铸铁。浇注后铸件组织中常会出现不同数量的珠光体和渗碳体使切削加工变得较难进行。为了改善其加工性，同时消除铸造应力需进行退火处理。

当铸态组织为 F＋P＋Fe₃C＋G（石墨）时，则进行高温退火，即将铸件加热至共析温度以上（900～950℃），保温 2～5h，然后随炉冷至 600℃ 出炉空冷；

当铸态组织为 F＋P＋G（石墨）时，则进行低温退火，即将铸件加热至共析温度附近（700～760℃），保温 3～6h，然后随炉冷至 600℃ 出炉空冷。

球墨铸铁的导热性较差，正火后铸件内应力较大，因此正火后应进行一次消除应力退火，即加热至 550～600℃，保温 3～4h 出炉空冷。

（2）正火

正火可分为高温和低温正火两种。高温正火是将铸件加热至共析温度以上，一般为 880～920℃，保温 1～3h，然后空冷，使其在共析温度范围内快速冷却，以获得珠光体球墨铸铁。对厚壁铸件，应采用风冷，甚至喷雾冷却，以保证获得珠光体基体。若铸态组织中有自由渗碳体存在，正火温度应提高至 950～980℃，使自由渗碳体在高温下全部溶入奥氏体。

低温正火是将铸件加热至 840～860℃，保温 1～4h，出炉空冷。低温正火获得珠光体＋铁素体基体的球墨铸铁。

（3）等温淬火

等温淬火适用于形状复杂易变形，同时要求综合力学性能高的球墨铸铁件。其方法是将铸件加热至 860～920℃。适当保温迅速放入 250～350℃ 的盐浴炉中进行 0.5～1.5h 的等温处理，然后取出空冷。等温淬火后得到下贝氏体＋少量残余奥氏体＋球状石墨。由于等温淬火内应力不大，可不进行回火。为达到等温冷却效果，等温淬火仅适于尺寸不大的零件如小齿轮、曲轴、凸轮轴等。

（4）调质处理

调质处理主要应用于球墨铸铁的一些受力复杂、截面较大、综合性能要求高的重要零件，例如连杆、曲轴等。调质处理的目的是使基体组织获得回火索氏体，具有良好的综合力学性能，常用来处理柴油机曲轴、连杆等零件。

球墨铸铁调质处理的淬火加热温度为 860～920℃，保温 2～4h 后油淬，再经 550～600℃ 回火 4～6h，组织为回火索氏体＋球状石墨，硬度为 250～300HBS。

铸铁对淬火介质不敏感，水冷与油冷的硬度值基本一样。为了减少变形开裂现象，一般采用油冷。回火温度应避免超过 600℃，否则渗碳体发生分解，出现二次石墨化，使综合力学性能降低。

9.5　蠕墨铸铁

蠕墨铸铁是近 30 年来得到迅速发展的一种新型铸铁材料。由于其石墨大部分呈蠕虫状，使它兼备灰铸铁和球墨铸铁的某些优点，可以用来代替高强度铸铁、合金铸铁、黑心可锻铸铁及铁素体球墨铸铁，因此日益引起人们的重视。

蠕墨铸铁的化学成分要求与球墨铸铁相似，即要求高碳、高硅、低硫、低磷，并含有一定量的稀土与镁。蠕墨铸铁的成分范围一般为：$w_C＝3.5\%～3.9\%$，$w_{Si}＝2.1\%～2.8\%$，$w_{Mn}＝0.6\%～0.8\%$，$w_P≤0.1\%$，$w_S≤0.1\%$。蠕墨铸铁是在上述成分的铁液中加入适量的蠕化剂进行蠕化处理和孕育剂进行孕育处理后获得的。

蠕墨铸铁的显微组织一般是由钢基体和蠕虫状石墨组成，如图 9-7 所示。蠕虫状石墨的长/宽比值一般为 2～10，有分叉，侧面高低不平，端部较钝、较圆。通过对蠕虫状石墨的微观结构的分析，发现其结晶位向和球状石墨有较多的相似性，所以在大多数情况下，蠕虫状石墨总是与球状石墨共存。

蠕墨铸铁的牌号表示方法与灰铸铁相似。由于"蠕铁"的汉语拼音的第一个字母与耐热铸铁的"热铁"的汉语拼音的第一个字母相同，所以在"蠕"字的汉语拼音大写字母后加小写字母来

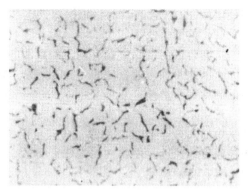

图 9-7　蠕墨铸铁的显微组织

区别，即用"RuT"表示蠕墨铸铁，后面三位数字表示其最小抗拉强度值。如 RuT420 表示最小抗拉强度为 420MPa 的蠕墨铸铁。

蠕墨铸铁的力学性能介于相同基体组织的灰铸铁和球墨铸铁之间。其强度、韧性、疲劳极限、耐磨性及抗热疲劳性能都比灰铸铁高，而且对断面的敏感性也较小。但由于蠕虫状石墨大都是相互连接的，因此其塑性、韧性和强度都比球墨铸铁低。此外，蠕墨铸铁的铸造性能、减振性、导热性及切削加工性等均优于球墨铸铁，并与灰铸铁相近。因此蠕墨铸铁是一种具有良好综合性能的铸铁。

由于蠕墨铸铁的综合性能好，组织致密，所以它主要应用在一些经受热循环载荷的铸件（如钢锭模、玻璃模具、柴油机缸盖、排气管、刹车件等）和组织致密零件（如一些液压阀的阀体、各种耐压泵的泵体等）以及一些结构复杂而设计又要求高强度的零件。

9.6　合金铸铁

随着科学技术的发展，对铸铁的性能提出了越来越高的要求，不但要求它具有更高的力学性能，有时还要求铸铁具有某些特殊性能，如耐磨、耐热、耐腐蚀等。为此可向铸铁中加入一定量的合金元素，使其获得特殊性能。这样的铸铁称为合金铸铁或特殊性能铸铁。

9.6.1　耐磨铸铁

耐磨铸铁分为减摩铸铁和抗磨铸铁两类。前者是在有润滑剂、受粘着磨损条件下工作的，如机床导轨和拖板，发动机的缸套和活塞，各种滑块等。后者是在无润滑剂、受磨料磨损条件下工作的，如轧辊、犁铧、球磨机磨球等。

（1）减摩铸铁

减摩铸铁的组织应是软基体上分布有坚硬的相。软基体在磨损后形成的沟槽可保持油膜，有利于润滑，而坚硬相可承受摩擦。

细片状珠光体为基的灰铸铁基本上能满足这一要求。其中铁素体基体为软基体，渗碳体为坚硬相，同时石墨还有贮油和润滑作用。为了进一步提高珠光体灰铸铁的耐磨性，可加入适量的 Cu、Cr、Mo、P、V、Ti 等合金元素。

常用的合金减摩铸铁有高磷铸铁，它含有 0.4%～0.7% 的磷。P 在铸铁中能形成各种 Fe_3P 共晶的坚硬骨架，使铸铁的耐磨性提高。另一种减摩铸铁是磷铜钛铸铁，这种铸铁中，磷的作用同高磷铸铁，铜能促进第一阶段石墨化并使珠光体细化，钛能促进石墨化并可形成

高硬度的 TiC。含高磷的铬钼铜铸铁也是一种有使用价值的减摩铸铁。

（2）抗磨铸铁

抗磨铸铁的组织应具有均匀的高硬度。普通白口铸铁就是一种抗磨性高的铸铁，但其脆性大，因此常加入适量的 Cr、Mo、Cu、W、Ni、Mn 等合金元素，增加其韧性，并具有更高的硬度和耐磨性。

近年来，我国试制成功一种具有较好冲击韧性和强度的中锰球墨铸铁，即在稀土镁球墨铸铁中加入 5%～9.5% 的锰，含硅量控制在 3.3%～5.0% 范围内，经球化和孕育处理，适当控制冷却速度，使铸铁在浇铸后得到马氏体与大量残余奥氏体加碳化物与球状石墨的组织，具有高耐磨性。

9.6.2　耐热铸铁

耐热铸铁是指可以在高温下使用，其抗氧化或抗生长性能符合使用要求的铸铁。为提高耐热性，可向铸铁中加入 Al、Si、Cr 等元素，使铸铁表面形成一层致密的 Al_2O_3、SiO_2、Cr_2O_3 等氧化膜，保护内层不被氧化。此外，Al、Si 可提高相变点，使基体变为单相铁素体，避免铸铁在工作温度下发生固态相变和由此而产生的体积变化及显微裂纹。Cr 可形成稳定的碳化物，提高铸铁的热稳定性。为防止 Fe_3C 石墨化，耐热铸铁多采用单相铁素体的基体。铁素体基体的球墨铸铁中石墨为孤立分布，互不相连，氧化性气体不易侵入铸铁内部，故其耐热性较好。

耐热铸铁的种类很多，如硅系、铝系、铬系、硅铝系等。我国目前广泛采用的是硅系和硅铝系耐热铸铁。主要用于制造加热炉炉底板、炉条、烟道挡板、换热器、粉末冶金用坩埚及钢锭模等。

9.6.3　耐蚀铸铁

在化工部门制作管道、阀门、泵类、反应锅及各种容器时，广泛采用耐蚀铸铁。耐蚀铸铁的耐蚀原理与不锈钢相同。为了提高其耐蚀性，可加入大量的 Si、Al、Cr、Ni、Cu 等合金元素，用以在铸铁表面形成致密、牢固、完整的保护膜，并提高铸铁基体的电极电位。

耐蚀铸铁种类很多，其中应用最广泛的是高硅铸铁。在含氧酸（如硝酸、硫酸）中，它的耐腐蚀性不亚于 1Cr18Ni9Ti 不锈钢；但在碱性介质和盐酸中，由于表面形成的 SiO_2 保护膜受到破坏，使耐蚀性下降。

在高硅耐蚀铸铁中加入 6.5%～8.1% Cu，可改善它在碱性介质中的耐蚀性；加入 2.5%～4.0% Mo，可改善它在沸腾的盐酸中的耐蚀性。为了提高它的力学性能，还可以向高硅铸铁中加入微量的硼和加入稀土镁进行球化处理。

思　考　题

1. 什么是铸铁的石墨化？简述影响石墨化的主要因素。
2. 球墨铸铁可采用哪些热处理？其目的各是什么？
3. 为什么灰铸铁的强度、塑性和韧性远不如钢？
4. 简述铸铁的石墨化过程，并分析铸铁的石墨化过程与金属基体组织的关系。
5. 白口铸铁、灰口铸铁和碳钢，这三者在成分、组织和性能上有何主要区别？
6. 为什么球墨铸铁的力学性能比灰铸铁和可锻铸铁高？
7. 为什么一般机器的支架，机床的床身均用灰铸铁制造？
8. 灰口铸铁铸件薄壁处，常出现高硬度层，机加工困难，说明产生原因及消除方法。

第10章 有色金属及合金

在工业生产中，通常把钢铁以外的金属及其合金称为有色金属。有色金属具有许多钢铁材料不具备的优良的特殊性能，是现代工业中不可缺少的材料，在国民经济中占有十分重要的地位。例如，铝、镁、钛等具有相对密度小，比强度高的特点，因而广泛应用于航空、航天、汽车、船舶等行业；银、铜、铝等具有优良导电性和导热性，广泛应用于电器工业和仪表工业；铀、钨、钼、镭、钍、铍等是原子能工业所必需的材料，等等。随着航空、航天、航海、石油化工、汽车、能源、电子等新型工业的发展，有色金属及合金的地位将会越来越重要。

10.1 铝及铝合金

铝是地壳中蕴藏量最多的金属元素，铝的总储量约占地壳总量的 7.45%。铝及铝合金的产量在金属材料中仅次于钢铁材料而居第二位，是有色金属材料中用量最多、应用范围最广的材料。

10.1.1 纯铝

纯铝的熔点为 660℃，结晶后具有面心立方晶格，无同素异构转变。纯铝的密度约 2.72g/cm³（约相当于铁的 1/3）。纯铝的导电性、导热性仅次于银、铜、金，但按单位重量导电能力计算，则铝的导电能力约为铜的两倍。铝与氧的亲和力很强，在空气中可形成致密的氧化膜（Al_3O_2），具有良好的抗大气腐蚀能力。但铝不能耐酸、碱、盐的腐蚀。

纯铝的强度很低（σ_b 仅为 80～100MPa），但塑性很高（$\delta=35\%～40\%$，$\psi=80\%$）。因此，纯铝和许多铝合金可以进行各种冷、热加工，轧制成很薄的铝箔和冷拔成极细的丝。

根据上述特点，纯铝的主要用途是：代替较贵重的铜制作导线；配制各种铝合金以及制作要求质轻、导热或抗大气腐蚀但强度要求不高的器具。

10.1.2 铝合金分类及热处理

工业纯铝的强度和硬度都很低，虽然可以通过冷作硬化的方式强化，但是也不能直接用于制作结构材料。因此必须加入合金元素，形成铝合金。目前制造铝合金的常用合金元素大致可分为主加元素和辅加元素。主加合金元素有 Si、Cu、Mg、Mn、Zn 和 Li 等，这些元素的单独加入或配合加入，可以获得性能各异的铝合金以满足各种工程应用的需求。辅加元素有 Cr、Ti、Zr、Ni、Ca、B 和 RE 等，其目的是进一步提高铝合金的综合性能，并改善铝合金的某些工艺性能。

10.1.2.1 铝合金的分类与编号

（1）铝合金的分类

以铝为基的合金，其相图大多属共晶型，如图 10-1 所示。按合金成分和工艺特点可分为形变铝合金和铸造铝合金两大类。成分在 D 点以左的合金，当加热至固溶线以上时，可得到均匀的单相固溶体，其塑性很好，适宜进行压力加工，故称为形变铝合金。形变铝合金又可分为两类：成分在 F 点以左的合金，其 α 固溶体的成分不随温度而变化，故不能用热处理方法使之强化，称为热处理不能强化的铝合金；成分在 D～F 点之间的铝合金，其 α 固溶体的成分随温度而变化，可用热处理方法强化，故称热处理强化铝合金。成分位于 D 点右边的合金，由于有共晶组织的存在，适于铸造，故称为铸造铝合金。

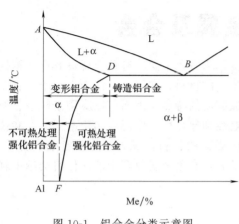

图 10-1 铝合金分类示意图

（2）铝合金的编号

形变铝合金按性能特点和用途分为防锈铝、硬铝、超硬铝和锻铝四种，防锈铝属于不能热处理强化的铝合金，硬铝、超硬铝、锻铝属于可热处理强化的铝合金。防锈铝牌号用"5×××"表示（3A21 防锈铝除外），第一位数字 5 表示以镁为主要合金元素的铝合金，第二位字母 A 表示原始铝合金，其后数字为顺序号。代号"LF"是"铝"和"防"二字汉语拼音字首，如 LF6 表示 6 号防锈铝。同理硬铝、超硬铝、锻铝的牌号分别用"2×××"、"7×××"、"6×××"表示，第一位数字"2"表示以 Cu 为主要合金元素，"7"表示以 Zn 为主要合金元素，"6"表示以 Mg 和 Si 为主要合金元素，第一位数后面的字母或数字含义同防锈铝。代号分别用 LY（"铝"、"硬"）、LC（"铝"、"超"）和 LD（"铝"、"锻"）及后面的顺序号表示。如 2A12（LY12）表示 12 号硬铝，7A04（LC4）表示 4 号超硬铝，2A08（LD8）表示 8 号锻铝，其余类推。

铸造铝合金按加入主要合金元素的不同，分为 Al-Si 系、Al-Cu 系、Al-Mg 系和 Al-Zn 合金等。合金牌号用"铸造代号 Z＋基本元素 Al 的元素符号 Al＋合金元素符号及其平均质量分数（％）"表示。如 ZAlSi12 表示 $w_{Si}=12\%$ 的铸铝合金。合金代号用"铸铝"二字汉语拼音字首"ZL"后跟三位数字表示。第一位数字表示合金系列，1 为 Al-Si 系合金，2 为 Al-Cu 系合金，3 为 Al-Mg 系合金，4 为 Al-Zn 系合金。第二、三位数字表示合金顺序号。如 ZL101 表示 1 号 Al-Si 系铸造铝合金，ZL202 表示 2 号 Al-Cu 系铸造铝合金，其余类推。

10.1.2.2 铝合金的时效强化

时效强化是铝合金强化的主要途径。许多合金元素在铝中的溶解度随着温度下降而减小（脱溶）。可是通过淬火获得的过饱和固溶体，在其脱溶时并不是都能产生时效硬化。决定性的因素是，合金中是否存在时效强化相，这个相在脱溶过程中的某些中间状态具有特殊的晶体结构，起着硬化作用。下面以 Al-4％Cu 合金为例进行介绍。

Al-4％Cu 合金室温平衡组织为 α＋CuAl₂。时效强化包括两个过程：固溶处理和时效处理。

（1）固溶处理

固溶处理是将铝合金加热于单相区（约 530℃），使强化相溶于 α 固溶体中，保温以达到均匀化后，置于水（热水）中急冷至室温，获得过饱和 α 固溶体。铝合金的固溶处理也叫淬火。

固溶处理产生了强化作用，但作用并不明显（$\sigma_b=240\sim250$MPa），只有经过时效处理后，硬度、强度才会明显的提高。

（2）时效处理

固溶处理后的铝合金置于低温长时间保温的过程称为时效处理。保持温度为室温的时效叫自然时效，加热高于室温的时效叫人工时效。时效过程分为以下四个阶段。

① 形成 GP 区　过饱和 α 固溶体在时效的初期阶段发生铜原子在铝基体的一定晶面上富集，形成铜原子的富集区，称为 GP 区（又称 GP〔Ⅰ〕）。GP 区的结构与基体 α 相相同，两者保持共格界面。由于 GP 区中 Cu 原子浓度高，Cu 原子又比 Al 原子小，故使 GP 区周围的母相产生严重的晶格畸变，阻碍位错运动，因而使合金的硬度、强度升高。

② 形成 θ'' 过渡相　随着时效过程的继续，铜原子在 GP 区基础上继续富集，GP 区不断增大并发生有序化，即溶质原子和溶剂原子按一定的规律排列。这种有序化的富集区称为 θ'' 相（又称 GP〔Ⅱ〕区）。由于 θ'' 相仍与基体保持共格，故使其周围基体产生更大的弹性畸变，对位错运动的阻碍更大，因而产生更大的强化效果。通常由于 θ'' 相的析出，使合金达到最大强化阶段。

③ 形成过渡相 θ'　随着时效过程的进一步发展，θ'' 相转变为 θ' 相。θ' 相与 $CuAl_2$ 化学成分相当，并仍与基体保持共格，所以对于含铜 4% 的 Cu-Al 合金来说，当开始出现 θ' 时硬度达到最大值，以后随着 θ' 相增多、增厚，与基体的共格关系开始破坏，由完全共格变为局部共格，故合金硬度开始降低，发生"过时效"现象。可见，时效形成 θ'' 相（后期与过渡相 θ' 相析出初期），具有最大的强化效果。

④ 形成稳定的 θ 相　在时效后期，合金进入过时效阶段，过渡相 θ' 和基体的共格关系被破坏，过渡相完全从母相脱溶，形成稳定的 θ 相（$CuAl_2$）和平衡的 α 固溶体。由于 θ 相与母相脱离共格关系，弹性畸变消失，合金开始软化，随着 θ 相的聚集长大，合金硬度和强度进一步下降。

铝合金时效过程实质上是过饱和 α 固溶体分解与强化相 θ 析出的过程。这过程必须通过溶质原子的扩散，因此，时效过程与温度和时间有关。图 10-2 为 2A11 铝合金于不同温度下的时效曲线。可见，时效温度越高，铜原子偏聚越容易，强化速度越快。

10.1.3　变形铝合金

常用变形铝合金的牌号、化学成分及力学性能见表 10-1。

（1）防锈铝

防锈铝合金主要有 Al-Mn 系和 Al-Mg 系两种合金。

锰是主要合金元素，可形成 Al_6Mn 相，铝的 α 固溶体与 Al_6Mn 相的电极电位几乎相等，因此，合金耐蚀性较好。Al-Mn 系合金常用来制造需要弯曲、冷拉或冲压零件。Al-Mg 系合金中，随镁含量增加，合金的强度

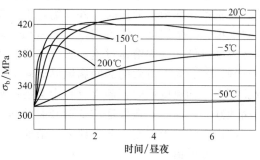

图 10-2　2A11 铝合金（w_{Cu} 4%）
于不同温度下的时效曲线

提高，当 w_{Mg} >5% 时，其抗应力腐蚀能力下降。Al-Mg 系合金多用来制造管道、容器铆钉及承受中等载荷零件。

表 10-1　常用变形铝合金的牌号、化学成分及力学性能

组别	牌号（代号）	化学成分(质量分数)/%					直径板厚/mm	供应状态[①]	试样状态[①]	力学性能	
		Cu	Mg	Mn	Zn	其它				R_m/MPa	A/%
防锈铝	5A05（LF5）	0.01	4.8~5.5	0.30~0.60	0.20	—	≤φ200	BR	BR	265	15
	3A21（LF21）	0.20	—	1.0~1.6	—	—	所有	BR	BR	<167	20

组别	牌号(代号)	化学成分(质量分数)/%					直径板厚/mm	供应状态[①]	试样状态[①]	力学性能	
		Cu	Mg	Mn	Zn	其它				R_m/MPa	A/%
硬铝	2A01(LY1)	2.2～3.0	0.20～0.50	0.20	0.10	Ti:0.15	—	—	BM BCZ	—	—
	2A11(LY11)	3.8～4.8	0.40～0.80	0.40～0.80	0.30	Ti:0.15	2.5～4.0	Y	M CZ	<235 373	12 15
	2A12(LY12)	3.8～4.9	1.2～1.8	0.30～0.90	0.30	Ti:0.15	2.5～4.0	Y	M CZ	≤216 456	14 18
超硬铝	7A04(LC4)	1.4～2.0	1.8～2.8	0.20～0.60	5.0～7.0	Cr:0.10～0.25	0.5～4.0	Y	M	245	10
							2.5～4.0	Y	CS	490	7
							φ20～100	BR	BCS	549	6
锻铝	6A02(LD2)	0.20～0.60	0.45～0.90	Mn 或 Cr 0.15～0.35	—	Si:0.5～1.2 Ti:0.15	φ20～150	R	BCZ BCS	304	8
	2A50(LD5)	1.8～2.6	0.40～0.80	0.40～0.80	0.30	Si:0.7～1.2 Ti:0.15	φ20～150	R	BCZ BCS	382	10

① 状态：B 为不包铝（无 B 者为包铝）；R 为热加工；M 为退火；C 为淬火；CZ 为淬火＋人工时效；Y 为硬化（冷轧）。

（2）硬铝

硬铝属 Al-Cu-Mg 系合金。根据硬铝合金的特性和用途，可将其分为低强度硬铝（LY1、LY10）、中强度硬铝（LY11）、高强度硬铝（LY12、LY6）、耐热硬铝（LY2）等。

不同成分的硬铝合金具有不同的相组成和时效硬化的能力。硬铝合金中可能的强化相有 θ（CuAl₂）、β（Mg₅Al₈）、S（CuMgAl₂）、T（Al₆Mg₄Cu）。其中 θ 相和 S 相强化效果最大，T 相强化效果微弱，β 相不起强化作用。

硬铝在工业中应用广泛，但在使用和加工时应当注意以下两个特点：第一，硬铝耐蚀性差，特别是在海水中使用时，外部需包上一层纯铝进行保护。第二，要严格控制硬铝的淬火加热温度，一般波动范围不超过±5℃，若淬火加热温度过高，零件易过烧、熔化；若淬火加热温度过低，则固溶体过饱和程度不足，不能获得良好的时效强化效果。

硬铝合金人工时效的晶间腐蚀倾向较大。所以，除高温用件外，硬铝合金都采用自然时效。淬火冷却速度低时，淬火过程中会沿晶界析出强化相，由此降低自然强化效果和增大晶间腐蚀倾向，因此，在保证不变形开裂的前提下，可选用较大的冷却速度。

硬铝广泛用于航空工业和仪表制造业，如常用来制造飞机蒙皮、框架、螺旋桨等。

（3）超硬铝

超硬铝属 Al-Zn-Mg-Cu 系合金。它的强度在变形铝合金中最高，可达 600～700MPa，超过高强度的硬铝 LY12，故称之为超硬铝。

超硬铝合金中，主要合金元素是 Zn、Mg、Cu，另外还含有少量 Mn、Cr、Ti 等。合金中的强化相除了 θ（CuAl₂）相和 S（CuMgAl₂）相外，还有由于锌和镁在合金中可形成 η（MgZn₂）相和 T（Al₂Mg₃Zn₃）相，因而具有显著的时效强化效果，但 Zn 和 Mg 的含量过高时，塑性和抗应力腐蚀的能力变坏。

超硬铝合金对淬火转移时间比较敏感。若转移速度缓慢，将导致过饱和固溶体分解，使合金的强度、硬度明显降低，抗蚀性能恶化。一般规定转移时间不超过 15s。

超硬铝合金主要用于航空、宇航工业中制造受力较大、较复杂而要求密度小的结构件，如蒙皮、大梁、桁架、加强框、起落架部件等。

（4）锻铝

锻铝有 Al-Mg-Si 和 Al-Mg-Si-Cu 系普通锻铝合金和 Al-Cu-Mg-Fe-Ni 系耐热锻铝合金三种。这类合金的特点是具有良好的热塑性，适于生产锻件，故称之为锻铝。

① Al-Mg-Si 系锻铝　该类合金是目前惟一对应力腐蚀不敏感的铝合金，强化相是 Mg_2Si。Al-Mg-Si 系锻铝应用最广的是 LD31，该合金具有优良的挤压性能和低的淬火敏感性，极易氧化着色，因此在建筑型材等方面得到广泛应用。

② Al-Mg-Si-Cu 系锻铝　属于该系合金的有 LD2、LD5、LD6、LD10。合金中主要强化相也是 Mg_2Si，其次尚有不同数量的 S 相（$CuMgAl_2$）、θ（$CuAl_2$）和 W 相（$Cu_4Mg_5Si_4Al_4$）。此外，由于铜的加入会降低合金的耐蚀性和工艺性能，所以，在加入铜的同时，还加入少量的锰和铬，以提高耐蚀性。这类合金适于进行自由锻造、挤压、轧制等工艺操作，可用来制造叶轮、框架、支杆等要求中等强度、较高塑性及抗蚀性的零件。

③ Al-Cu-Mg-Fe-Ni 系锻铝　该类合金有 LD7、LD8、LD9，属耐热锻铝。合金中主要耐热相为 $FeNiAl_9$ 相，该化合物无时效硬化作用，但在高温能起弥散强化作用，从而提高合金的耐热性。这类合金均采用淬火加人工时效进行强化，主要用来制作压气机和鼓风机的涡轮叶片等耐热零件。

锻铝自然时效的强化效果较差，一般采用人工时效。淬火后在室温停留的时间不宜过长，否则会显著降低人工强化效果。

10.1.4　铸造铝合金

表 10-2 列出了常用铸造铝合金的牌号和化学成分。这里以铸造性和力学性能配合最佳的铝硅系铸造铝合金（简称硅铝明）为例说明。

（1）简单硅铝明 ZAlSi12（ZL102）

w_{Si}＝10%～13%，该成分恰为共晶成分（如图 10-3 所示），几乎全部得到共晶体组织（α＋Si），因而铸造性能好。然而铸造后组织为粗大 Si 与铝基固溶体组成的共晶体，加上少量板块状初晶 Si，如图 10-4（a）所示。由于组织中粗大针状共晶 Si 的存在，使其强度、塑性都较差。因此生产上常采用变质处理，即浇注前向液体中加入占合金总量 2%～3% 的变质剂（2/3NaF＋1/3NaCl）以细化合金组织，显著提高合金的强度和塑性。经变质处理后的组织为细小均匀的共晶体组织加初晶 α 固溶体，如图 10-4（b）所示，获得亚共晶组织是由于加入钠盐后，铸造冷却较快时共晶点右移的缘故。

ZAlSi12（ZL102）铸造性、焊接性能好，比重小，并有相当好的抗蚀性和耐热性，但不能时效强化（由于 Si 在 Al 中固溶度变化不大，且 Si 在 Al 中扩散速度很快，极易从固溶体中析出、并聚集长大，时效处理不能起强化作用），强度仍较低，因此该合金仅适于制作形状复杂但强度要求不高的铸件或薄壁零件，如仪表、水泵壳体及一些承受低载荷的零件。

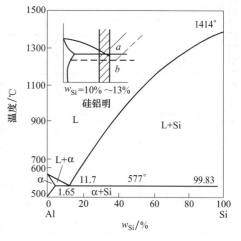

图 10-3　Al-Si 二元合金相图

（2）特殊硅铝明

为提高 Al-Si 合金的强度，常加入 Cu、Mg 等合金元素，使之形成 θ（$CuAl_2$）、β（Mg_2Si）、S（Al_2CuMg）等强化相，以获得能进行时效强化的特殊硅铝明。如 ZAlSi5Cu1Mg（ZL105）、ZAlSi12Cu1Mg1Ni1（ZL109）等合金中含有 Cu 和 Mg，因而能形成 θ、β 及 S 相等

表 10-2　常用铸造铝合金牌号、成分、热处理、性能及用途

类别	牌号	代号	化学成分/%							铸造方法	热处理	力学性能			用途
			Si	Cu	Mg	Mn	Ti	Al	其它			R_m/MPa	A/%	HBS	
铝硅合金	ZAlSi7Mg	ZL101	6.50~7.50		0.25~0.45		0.08~0.20	余量		金属型	淬火+自然时效	190	4	50	飞机、仪器零件
										砂型变质	淬火+人工时效	230	1	70	
	ZAlSi12	ZL102	10.00~13.00					余量		砂型变质		143	4	50	仪表、抽水机机壳体等外型复杂零件
										金属型		153	2	50	
	ZAlSi9Mg	ZL104	8.00~10.50		0.17~0.30	0.20~0.50		余量		金属型	人工时效	200	1.5	70	电动机机壳体、气缸体等
										金属型	淬火+人工时效	240	2	70	
	ZAlSi5Cu1Mg	ZL105	4.50~5.50	1.00~1.50	0.40~0.60			余量		金属型	淬火+不完全时效	240	0.5	70	风冷发动机气缸头、油泵体等
										金属型	淬火+稳定回火	180	1	65	
	ZAlSi12Cr1Mg1Ni1	ZL109	11.00~13.00	0.50~1.50	0.80~1.30			余量	Ni:0.80~1.50	金属型	淬火+不完全时效	200	0.5	90	活塞及高温下工作的零件
										金属型	淬火+人工时效	250	—	100	
铝铜合金	ZAlCu5Mn	ZL201		4.50~5.30		0.60~1.00	0.15~0.35	余量		砂型	淬火+自然时效	300	8	70	内燃机气缸头、活塞等
										砂型	淬火+不完全时效	340	4	90	
	ZAlCu10	ZL202		9.00~11.00				余量		砂型	淬火+人工时效	170	—	100	高温不受冲击的零件
										金属型	淬火+人工时效	170	—	100	
铝镁合金	ZAlMg10	ZL301			9.50~11.00			余量		砂型	淬火+自然时效	280	9	60	舰船配件
	ZAlMg5Si1	ZL303	0.80~1.30		4.50~5.50	0.1~0.4		余量		砂型	—	150	1	55	氨用泵体
										金属型					
铝锌合金	ZAlZn11Si7	ZL401	6.00~8.00		0.10~0.30			余量	Zn:9.00~13.00	金属型	人工时效	250	1.5	90	结构、形状复杂的汽车、飞机仪器零件
	ZAlZn6Mg	ZL402			0.50~0.60		0.15~0.25	余量	Zn:5.0~6.5 Cr:0.40~0.60	金属型	人工时效	240	4	70	

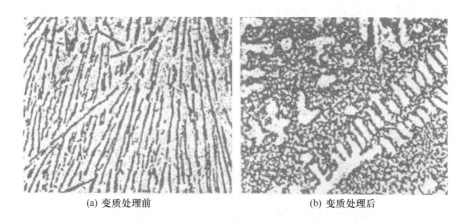

(a) 变质处理前　　　　　　　　(b) 变质处理后

图 10-4　ZL102 合金的铸态组织

多种强化相，经时效后可获得很高的强度和硬度。由于 ZAlSi12Cu1Mg1Ni1（ZL109）比重轻、抗蚀性好、线膨胀系数较小，强度、硬度较高，耐磨性、耐热性及铸造性能较好，是常用铸造铝活塞材料，目前在汽车、拖拉机及各种内燃机的发动机上应用甚广。

10.2　镁及镁合金

10.2.1　纯镁的性质

镁是地壳中储量最丰富的金属之一，储量占地壳质量的 2.5%，仅次于铝和铁。镁的密度仅为 $1.74g/cm^3$。其熔点为 651℃。

镁的电极电位很低，抗蚀能力差，在大气、淡水及大多数酸、盐介质中易受腐蚀。但镁在氢氟酸水溶液和碱类以及石油产品中具有比较高的抗蚀性。镁的化学活性很高，在空气中极易氧化，形成的氧化膜疏松多孔，不能起到保护作用。

由于镁的晶体结构为密排六方晶格，滑移系数量少，塑性较低，延伸率仅为 10% 左右，冷变形能力差。但当温度升高至 150～250℃ 时，滑移系增加，塑性增加，可进行各种热加工变形。

工业上主要采用熔盐电解法制备镁。纯镁强度低，铸造镁 $\sigma_b=115MPa$，因而不能直接用作结构材料。主要用作制造镁合金的原料，化工及冶金生产的还原剂及烟火工业等。

10.2.2　镁的合金化及热处理

（1）镁的合金化

纯镁强度低无法在工程上使用，通过加入合金元素制成镁合金。由于合金元素加入，产生的固溶强化、细晶强化、沉淀强化及过剩相强化作用，使镁合金力学性能、耐蚀性能及耐热性能得到提高。

镁合金中常用的合金元素有铝、锌、锰、锆及稀土元素等。

铝在镁中有较大固溶度，其极限固溶度为 12.7%，在室温仅为 2% 左右。因此铝在镁铝合金中既有固溶强化，又有时效强化的作用，时效强化相为 Mg_4Al_3 相。锌在镁中最大固溶度为 6.2%，其固溶度随温度降低而显著减少，因此锌也具有固溶强化和时效强化作用。但强化效果不如铝的作用显著。锰加入镁中可提高耐蚀性，耐热性、改善焊接性能，对强度影响不大。锆加入镁中可细化晶粒，减小热裂倾向，提高力学性能。稀土元素加入镁中显著提高耐热性，细化晶粒，减轻热裂倾向，改善铸造性能和焊接性能。

镁合金中杂质元素铁、铜、镍对镁合金性能危害极大，均需严格控制。

（2）镁合金的热处理

镁合金常用的热处理工艺有铸造或锻造后的直接人工时效（T1）、退火（T2），淬火（T4）、淬火加人工时效（T6）等，具体工艺根据合金成分及性能确定。合金元素含量少的镁合金通常进行退火处理，只有合金元素含量较高的镁合金才进行淬火、时效强化等处理。

镁合金的热处理方式与铝合金基本相同，但由于组织结构等差异，呈现以下特点。

① 镁合金组织比较粗大，通常达不到平衡态，因此，淬火加热温度较低；

② 合金元素在镁中的扩散速度较低，需要的淬火加热时间较长；

③ 铸造镁合金及加工前未经退火的变形镁合金易产生不平衡组织，淬火加热速度不易过快，一般采用分段加热的方式；

④ 自然时效时，沉淀相析出速度极慢，一般均采用人工时效处理；

⑤ 镁合金氧化倾向大，一般炉内需保持中性气氛。普通电炉一般通入 SO_2 气体或在炉中放置一定数量的硫铁矿石碎块，并要密封。

10.2.3　常用镁合金

工业用镁合金分为变形镁合金与铸造镁合金两大类。

变形镁合金的牌号用"镁"、"变"二字汉语拼音字首"M"、"B"加顺序号表示，序号则表示合金类别及成分不同，如 MB1、MB2 等。

铸造镁合金的牌号则用"铸""镁"二字的汉语拼音字首"Z"、"M"加顺序号表示，如 ZM1、ZM5 等。

（1）变形镁合金

变形镁合金按合金元素的种类可分为 Mg-Mn 系、Mg-Al-Zn 系和 Mg-Mn-Zr 系。常用变形镁合金的牌号、成分和性能见表 10-3 所示。

Mg-Mn 系变形镁合金有两个牌号，MB1 和 MB8，具有良好的变形特性，可进行冲压、挤压等变形加工，这类合金还具有良好的耐蚀性能与焊接性能。一般在退火后使用，板材可用于制作蒙皮、壁板等焊接结构件，模锻件可制作形状复杂的耐蚀件。

Mg-Al-Zn 系合金共有五个牌号，分别是 MB2、MB3、MB5、MB6、MB7，这类合金强度高、塑性好。其中 MB2、MB3 合金因有良好的热塑性与耐蚀性，应用较多，另外几个牌号因应力腐蚀倾向明显、塑性差等，应用受到限制。

Mg-Mn-Zr 系合金仅有一个牌号 MB15，该合金为热处理强化型变形镁合金，通常经热挤压等变形后直接进行人工时效，时效温度为 $160 \sim 170 ℃$，保温 $10 \sim 24h$。该合金主要以棒材、型材和锻件的形式制作室温下承受较大载荷的部件，使用温度在 150℃以下，因焊接性较差，一般不作焊接结构，该合金是航空工业中应用最多的变形镁合金。

近年来，国内外开发了新的变形镁合金即 Mg-Li 系合金。这种合金密度比原镁合金降低 15％～30％，同时弹性模量增高，使合金比强度和比模量进一步提高。Mg-Li 合金还有良好的工艺性能，可进行冷加工及焊接，多元合金可热处理强化，因此在航空航天领域展示良好的应用前景。

表 10-3 常用变形镁合金的牌号、成分和性能

牌号	主要成分/%					状态（尺寸/mm）	力学性能(不小于)		
	Al	Mn	Zn	Zr	Ce		R_m/MPa	$R_{P0.2}$/MPa	A/%
MB1		1.3～2.5				板 M(厚 0.8～2.5)	190	110	5
						型材 R	260	—	4
MB8		1.5～2.5			0.15～0.35	板 M(厚 0.8～2.5)	230	120	12
						棒 R($\varphi\leqslant$130)	220	—	—
MB2	3.0～4.0	0.15～0.5	0.2～0.8			棒 R($\varphi\leqslant$130)	260	—	5
						锻件	240	—	5
MB3	3.8～4.5	0.3～0.6	0.8～1.4			板 R(厚 12～30)	250	140	6
MB15			5.0～6.0	0.3～0.9		棒 S($\varphi\leqslant$100)	320	250	6
						型材 S	320	250	7

（2）铸造镁合金

铸造镁合金按其成分及性能分为高强铸造镁合金及耐热铸造镁合金。有八个牌号，常用铸造镁合金的牌号、成分及性能见表 10-4。

表 10-4 常用铸造镁合金的牌号、成分及性能

牌号	主要成分/%					铸造方法	取样部位厚度	热处理状态	力学性能(不小于)	
	Al	Zn	Mn	Zr	稀土				R_m/MPa	A/%
ZM1		3.5～5.5		0.5～1.0		S	无规定	T1(T6)	210	2.5
ZM2		3.5～5.0		0.5～1.0	0.9～1.7	S	无规定	T1	170	1.5
ZM3		0.2～0.7		0.3～1.0	2.5～4.0	S,J	无规定	T2	105	1.5
ZM5	7.5～9.0	0.2～0.8	0.15～0.5			S	≤10mm	T4	175	2.5
						S	≤10mm	T6	175	1.0
						S	≥20mm	T4	155	1.5
						S	≥20mm	T6	155	1.0

属于高强铸造镁合金的牌号有 ZM1、ZM2 和 ZM5，其中 ZM1、ZM2 属于 Mg-Zn-Zr 系合金，ZM5 属于 Mg-Al-Zn 系合金。这些合金具有较高的强度，良好的塑性和铸造工艺性能，适于铸造各种类型的零部件。但由于耐热性不足，一般使用温度低于 150℃。其中 ZM5 合金成为航空航天工业中应用最广的铸造镁合金。一般在淬火或淬火加人工时效下使用，可用于飞机、卫星、仪表等承受较高载荷的结构件或壳体等，如飞机轮毂、方向舵的摇臂支架等。

近年来，铸造镁合金出现了新的发展趋势，主要表现在研制开发了稀土铸造镁合金，铸造高纯耐蚀镁合金，快速凝固镁合金及铸造镁基复合材料等方面。

10.3 钛及钛合金

钛及其合金由于具有比强度高、耐热性好、耐蚀性能优异等突出优点，自 1952 年正式作为结构材料使用以来发展极为迅速，目前在航空航天工业、能源工业、海上运输业、化工

工业以及医疗保健等方面具有广泛的应用前景。

10.3.1 纯钛

纯钛是灰白色金属，密度小（4.507g/cm³），熔点高（1688℃），在 882.5℃ 发生同素异构转变 α-Ti ⇌ β-Ti，β-Ti 存在于 882.5℃ 以上，具有体心立方结构；α-Ti 存在与于 882.5℃ 以下，具有密排六方结构。

纯钛的强度低、塑性好，易于冷加工成形，其退火状态的力学性能与纯铁相近。但钛的比强度高，低温韧性好，在 −253℃（液氮温度）下仍具有较好的综合力学性能。钛的耐蚀性好，其抗氧化能力优于大多数奥氏体不锈钢。

钛的性能受杂质的影响很大，少量的杂质就会使钛的强度激增，塑性显著下降。工业纯钛中常存杂质有 N、H、O、Fe、Mg 等。

工业纯钛常用于制作 350℃ 以下工作、强度要求不高的零件及冲压件，如热交换器、海水净化装置，石油工业中的阀门等。

10.3.2 钛的合金化及钛合金的分类

（1）钛的合金化

在钛中加入合金元素形成钛合金，可使纯钛的强度明显提高。不同合金元素对钛的强化作用、同素异构转变温度及相稳定性的影响都不同。有些元素在 α-Ti 中固溶度较大，形成 α 固溶体，并使钛的同素异构转变温度升高，这类元素称为 α 稳定元素 [图 10-5（a）]，如 Al、C、N、O、B 等；有些元素在 β-Ti 中固溶度较大，形成 β 固溶体，并使钛的同素异构转变温度降低 [图 10-5（b）]，这类元素称 β 稳定元素，如 Fe、Mo、Mg、Mn、V 等；还有一些元素在 α-Ti 和 β-Ti 相中固溶度都很大，对钛的同素异构转变温度影响不大，这类元素称为中性元素，如 Sn、Zr 等。

上述三类合金元素中，α 稳定元素和中性元素主要对 α-Ti 进行固溶强化，其中作用最强的为 Al 元素，它使合金密度减小，比强度升高，提高合金的耐热性能和再结晶温度。β 稳定元素对 α-Ti 也有固溶强化作用。通过调整合金成分可以改变 α 相和 β 相的组成量，从而控制钛合金的性能，该类元素是可热处理强化的钛合金中不可缺少的。

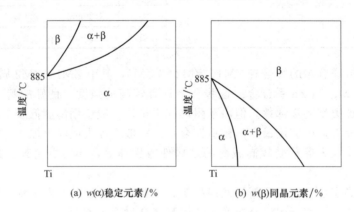

图 10-5 合金元素对钛同素异构转变温度的影响

（2）钛合金分类

钛合金分类方法很多，其中有按退火后的组织分，还可按强度级别分，按性能特点与用途分以及按应用领域分等。

根据退火状态的组织，将钛合金分为三类：α 型钛合金（用 TA 表示）、β 型钛合金（用

TB 表示)、(α+β) 型钛合金 (用 TC 表示),其合金牌号是在 TA、TB、TC 后附加顺序号,如 TA5、TB2、TC4 等。常用工业纯钛及钛合金的牌号、化学成分、力学性能和用途如表 10-5 所示。

表 10-5　常用工业纯钛及钛合金的牌号、化学成分、力学性能和用途

组别	代号	化学成分/%		室温力学性能			高温力学性能			用途
				热处理	σ_b/MPa	δ/%	试验温度/℃	σ_b/MPa	σ_{100}/MPa	
工业纯钛	TA1	Ti(杂质极微)		退火	300~500	30~40				在350℃以下、强度要求不高的零件
	TA2	Ti(杂质微)		退火	450~600	25~30				
	TA3	Ti(杂质微)		退火	550~700	20~25				
α钛合金	TA4	Ti-3Al	Al 2.0~3.0	退火	700	12				在500℃以下工作的零件,导弹燃料罐,超音速飞机的涡轮机匣
	TA5	Ti-4Al-0.005B	Al 3.3~4.7 B 0.005	退火	700	15				
	TA6	Ti-5Al	Al 4.0~5.5	退火	700	12~20	350	430	400	
β钛合金	TB2	Ti-5Mo-5V-8Cr-3Al	Mo 4.7~5.7 V 4.7~5.7 Cr 7.5~8.5 Al 2.5~3.5	淬火	1000	20				在350℃以下工作的零件、压气机叶片、轴、轮盘等重载荷旋转件,飞机构件
				淬火+时效	1350	8				
α+β钛合金	TC1	Ti-2Al-1.5Mn	Al 1.0~2.5 Mn 0.7~2.0	退火	600~800	20~25	350	350	350	在400℃以下工作的零件,有一定高温强度的发动机零件,低温用部件
	TC2	Ti-3Al-1.5Mn	Al 3.5~5.0 Mn 0.8~2.0	退火	700	12~15	350	430	400	
	TC3	Ti-5Al-4V	Al 4.5~6.0 V 3.5~4.5	退火	900	8~10	500	450	200	
	TC4	Ti-6Al-4V	Al 5.5~6.8 V 3.5~4.5	退火	950	10	400	630	580	
				淬火+时效	1200	8				

10.3.3　常用钛合金

(1) α 型钛合金

这类钛合金中加入 Al、B 等 α 稳定元素及中性元素 Sn、Zr 等,这些元素主要起固溶强化作用。其中铝是强化 α 相的主要元素,并可提高耐热性和再结晶温度,但含量在 6% 以下。因含量超过 6%,会出现脆性相 α_2 (Ti$_3$Al)。合金有时还加入少量 β 相稳定元素 Cu,Mo,V,Nb 等。这类合金在退火状态下的室温组织为单相 α 固溶体或 α 固溶体加微量金属间化合物。α 型钛合金不能热处理强化,只进行退火处理,室温强度中等。由于合金含 Al、Sn 量较高,因此耐热性能较高,600℃ 以下具有良好的热强性和抗氧化能力。α 型钛合金还有优良的焊接性能,并可用高温锻造的方法进行热成型加工。

α 型钛合金的牌号有:TA4、TA5、TA6、TA7、TA8 等。其中 TA7 (Ti-5Al-2.5Sn) 是常用的 α 型钛合金。该合金具有较高的室温强度、高温强度及优越的抗氧化和耐蚀性,还具有优良的低温性能,在 −253℃ 下其力学性能为 σ_b = 1575MPa, $\sigma_{0.2}$ = 1505MPa、δ = 12%,主要用于制造使用温度不超过 500℃ 的零件,如航空发动机压气机叶片和管道,导弹的燃料缸,超音速飞机的涡轮机匣及火箭、飞船的高压低温容器等。而 TA4、TA5、TA6 主要用作钛合金的焊丝材料。

（2）α＋β 型钛合金

α＋β 型钛合金是目前最重要的一类钛合金。该合金中同时加入 α 稳定元素和 β 稳定元素，如 Al、V、Mn 等。合金退火组织为 α＋β 两相，其中以 α 相为主，β 相的数量通常不超过 30％。该合金强度高、塑性好、耐热强度高，耐蚀性和耐低温性能好，具有良好的压力加工性能，并可通过淬火和时效强化，使合金的强度大幅度提高。但热稳定性较差，焊接性能不如 α 型钛合金。

α＋β 型钛合金的牌号有 TC1、TC2、TC3、…、TC10 等，其中以 TC4 用途最广、使用量最大（占钛总用量的 50％以上）。其成分表示为 Ti-6Al-4V，V 固溶强化 β 相，Al 固溶强化 α 相。因此，TC4 在退火状态就具有较高的强度和良好的塑性（$\sigma_b＝950\text{MPa}$，$\delta＝30％$），经淬火（930℃加热）和时效处理（540℃，2h）后，其 σ_b 可达 1274MPa，σ_s 为 1176MPa，$\delta＞13％$。并有较高的蠕变抗力、低温韧性和耐蚀性良好。TC4 合金适于制造400℃以下和低温以下工作的零件，如火箭发动机外壳、火箭和导弹的液氢燃料箱部件等。α＋β 型钛合金是低温和超低温的重要结构材料。

（3）β 型钛合金

为确保在退火或淬火状态下为单相 β 相，β 型钛合金中加入了大量的多组元 β 相稳定元素，如 Mo、Cr、V、Mn 等，同时还加入一定量的 Al 等 α 稳定元素。它是发展高强度钛合金潜力最大的合金。该合金淬火后的强度不高（$\sigma_b＝850\sim950\text{MPa}$），塑性好（$\delta＝18％\sim20％$），具有良好的成形性。通过时效处理，可从 β 相中析出细小的 α 相粒子，从而提高合金的强度（480℃时效后，$\sigma_b＝1300\text{MPa}$，$\delta＝5％$）。

由于化学成分偏析严重，加入的合金元素又多为重金属，失去了钛合金的优势，故 β 型钛合金只有 TB1、TB2 两个牌号，而实际应用仅 TB2 一种。主要用于使用温度在 350℃以下的结构零件和紧固件，如空气压缩机叶片、轮盘、轴类等重载荷旋转件，以及飞机的构件。

10.3.4　钛合金的热处理

钛合金的热处理包括退火、淬火及时效。

（1）退火

退火是钛合金应用最多的热处理工艺。主要有消除应力退火、再结晶退火和双重退火。消除应力退火目的是消除钛合金零件加工或焊接后的内应力。退火温度一般为 450～650℃，保温 1～4h，空冷。再结晶退火目的是消除加工硬化，恢复塑性，得到稳定的组织。一般温度为 750～800℃，保温 1～3h，空冷。双重退火是为了改善两相合金塑性，提高组织稳定性。第一次退火温度高于或接近再结晶终了温度，使再结晶充分进行又不至于晶粒长大，二次退火加热温度稍低，但保温时间较长，使 β 相充分地分解聚集，从而保证使用状态组织及性能稳定。

（2）淬火

钛合金在淬火过程中发生的相变比铝合金和钢要复杂，因合金成分，淬火温度及冷却方式不同，生成的稳定相不同，且相变后的组织形态及分布也不同。图 10-6 为 β 相稳定元素钛合金亚稳态示意图。图中两条虚线分别为马氏体转变开始线（M_s）及马氏体转变终了线（M_f）。当 β 相稳定元素含量小于 C_K' 时，马氏体转变终了线高于室温，合金自 β 相区淬火将发生无扩散的马氏体转变，生成 α′ 或 α″。

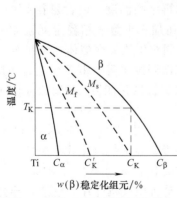

图 10-6　含 β 相稳定元素的钛合金亚稳态示意图

它们是 β 相稳定元素在六方晶格的 α-Ti 中形成的置换式过饱和固溶体，分别为六方马氏体和斜方马氏体。α' 型马氏体有两种形态，合金元素含量少时，M_s 点高，形成块状；合金元素含量高时，M_s 点降低，形成针状马氏体。α'' 型马氏体含合金元素更多，M_s 更低，马氏体针更细小。当 β 相稳定元素含量大于 C_K 时，马氏体转变开始温度低于室温，合金自 β 相区淬火得不到马氏体，由于 α 相来不及析出，因此形成过饱和 β 即 β' 相，时效后 β' 相中析出弥散 α 相使合金强化。如成分处于 C_K 与 C'_K 之间，由于 M_f 点低于室温，马氏体转变不完全，若从 β 单相区淬火，得到 $\alpha'+\beta'$ 组织；如果加热温度在 T_K 以下，此时两相共存，其中 β 相成分大于 C_K，淬火不发生马氏体相变，淬火组织为 $\alpha+\beta$；如加热温度高于 T_K，但处于两相区，β 相成分小于 C_K，淬火后部分转变为马氏体，这时淬火组织为 $\alpha+\alpha'+\beta'$。

淬火和时效的目的是提高钛合金的强度和硬度。α 钛合金和含 β 稳定化元素较少的 α+β 钛合金，自 β 相区淬火时，发生无扩散型的马氏体转变 $\beta\rightarrow\alpha'$。α' 为 β 稳定化元素在 α-Ti 中的过饱和固溶体。α' 马氏体与 α 的晶体结构相同，具有密排六方晶格。α' 硬度低、塑性好，是一种不平衡组织，加热时效时分解成 α 相和 β 相的混合物，强度、硬度升高。

对于 α+β 钛合金，淬火温度一般选在 α+β 两相区的上部范围，但未达到 β 单相区，以防止晶粒粗大，导致合金的塑性韧性下降。对于 β 钛合金，淬火加热温度一般选择在临界温度附近，若加热温度过低，β 相固溶合金元素不够充分，原始 α 相多，合金经时效后的强度低；若加热温度过高，则晶粒粗大，导致合金时效后的强韧性降低。一般淬火温度为 760～950℃，保温 5～60min，水中冷却。

（3）时效

淬火加热温度决定了亚稳 β 相的成分与数量，而时效的温度与时间直接控制着 α 相析出的形貌、数量、尺寸及分布。钛合金的时效温度一般在 450～550℃ 之间，时效时间则依合金类型而定，为几小时至几十小时不等。

10.4　铜及铜合金

10.4.1　纯铜

纯铜呈玫瑰红色，表面形成氧化膜后呈紫色，故称紫铜。纯铜的密度为 8.9g/cm^3，属重金属范畴，熔点 1083℃，无同素异晶转变，无磁性。纯铜导电、导热性能好，仅次于银，故常用于制作导线、散热器及冷凝器等。纯铜的结构为面心立方晶格，有优良的热加工、冷加工性能。纯铜化学稳定性高，在大气、淡水中有良好的抗蚀性，但在氨盐、氯盐及氧化性的硝酸、浓硫酸中耐蚀性很差。

工业纯铜中常含有锡、铋、氧、硫、磷等杂质，它们都使铜的导电能力下降。根据杂质的含量，工业纯铜可分为四种：T1、T2、T3、T4。"T"为铜的汉语拼音字头，编号越大，纯度越低。由于工业纯铜强度低，一般不做结构部件，主要用做铜合金的原料、导线、冷凝器部件等。

10.4.2　黄铜

铜锌合金或以锌为主要合金元素的铜合金称为黄铜。黄铜具有良好的塑性和耐腐蚀性，良好的变形加工性能和铸造性能，在工业中有很强的应用价值。按化学成分的不同，黄铜可分为普通黄铜和特殊黄铜两类。

（1）普通黄铜

普通黄铜是铜锌二元合金。图 10-7 是 Cu-Zn 合金相图。α 相是锌溶于铜中的固溶体，

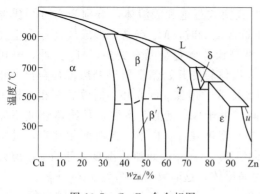

图 10-7　Cu-Zn 合金相图

其溶解度随温度的下降而增大。α 相具有面心立方晶格，塑性好，适于进行冷、热加工，并有优良的铸造、焊接和镀锡的能力。β' 相是以电子化合物 CuZn 为基的有序固溶体，具有体心立方晶格，性能硬而脆。

黄铜的含锌量对其力学性能有很大的影响。当 $w_{Zn} \leqslant 30\% \sim 32\%$ 时，随着含锌量的增加，强度和延伸率都升高，当 $w_{Zn} > 32\%$ 后，因组织中出现 β' 相，塑性开始下降，而强度在 $w_{Zn} = 45\%$ 附近达到最大值。含 Zn 更高时，黄铜的组织全部为 β' 相，强度与塑性急剧下降。

普通黄铜分为单相黄铜和双相黄铜两种类型，从变形特征来看，单相黄铜适宜于冷加工，而双相黄铜只能热加工。常用的单相黄铜牌号有 H80、H70、H68 等，"H" 为黄铜的汉语拼音字首，数字表示平均含铜量。它们的组织为 α，塑性很好，可进行冷、热压力加工，适于制作冷轧板材、冷拉线材、管材及形状复杂的深冲零件。而常用双相黄铜的牌号有 H62、H59 等，退火状态组织为 α+β'。由于室温 β' 相很脆，冷变形性能差，而高温 β 相塑性好，因此它们可以进行热加工变形。通常双相黄铜热轧成棒材、板材，再经机加工制造各种零件。

（2）特殊黄铜

为了获得更高的强度、抗蚀性和良好的铸造性能，在铜锌合金中加入铝、铁、硅、锰、镍等元素，形成各种特殊黄铜。

特殊黄铜的编号方法是："H+主加元素符号+铜含量+主加元素含量"。特殊黄铜可分为压力加工黄铜（以黄铜加工产品供应）和铸造黄铜两类，其中铸造黄铜在编号前加 "Z"。例如：HPb60-1 表示 $w_{Cu} = 60\%$，$w_{Pb} = 1\%$，余为 Zn 的铅黄铜；ZCuZn31Al2 表示 $w_{Zn} = 31\%$，$w_{Al} = 2\%$，余为 Cu 的铝黄铜。

① 锡黄铜　锡可显著提高黄铜在海洋大气和海水中的抗蚀性，也可使黄铜的强度有所提高。压力加工锡黄铜广泛应用于制造海船零件。

② 铅黄铜　铅能改善切削加工性能，并能提高耐磨性。铅对黄铜的强度影响不大，略为降低塑性。压力加工铅黄铜主要用于要求有良好切削加工性能及耐磨的零件（如钟表零件），铸造铅黄铜可以制作轴瓦和衬套。

③ 铝黄铜　铝能提高黄铜的强度和硬度，但使塑性降低。铝能使黄铜表面形成保护性的氧化膜，因而改善黄铜在大气中的抗蚀性。铝黄铜可制作海船零件及其它机器的耐蚀零件。铝黄铜中加入适量的镍、锰、铁后，可得到高强度、高耐蚀性的特殊黄铜，常用于制作大型蜗杆、海船用螺旋桨等需要高强度、高耐蚀性的重要零件。

④ 硅黄铜　硅能显著提高黄铜的力学性能、耐磨性和耐蚀性。硅黄铜具有良好的铸造性能，并能进行焊接和切削加工。主要用于制造船舶及化工机械零件。

⑤ 锰黄铜　锰能提高黄铜的强度，不降低塑性，也能提高在海水中及过热蒸汽中的抗蚀性。锰黄铜常用于制造海船零件及轴承等耐磨部件。

⑥ 铁黄铜　黄铜中加入铁，同时加入少量的锰，可起到提高黄铜再结晶温度和细化晶粒的作用，使力学性能提高，同时使黄铜具有高的韧性、耐磨性及在大气和海水中优良的抗蚀性，因而铁黄铜可以用于制造受摩擦及受海水腐蚀的零件。

⑦ 镍黄铜　镍可提高黄铜的再结晶温度和细化其晶粒，提高力学性能和抗蚀性，降低应力腐蚀开裂倾向。镍黄铜的热加工性能良好，在造船工业、电机制造工业中广泛应用。

表 10-6 是常用黄铜的牌号、成分、性能和用途。

表 10-6　常用黄铜的牌号、化学成分、力学性能和用途

| 类别 | 牌号 | 化学成分/% | | 状态 | 力学性能 | | | 用 途 |
		Cu	其它		σ_b/MPa	δ/%	HBS	
黄铜	H96	95.0~97.0	Zn：余量	T	240	50	45	冷凝管，散热器管及导电零件
				L	450	2	120	
	H62	60.5~63.5	Zn：余量	T	330	49	56	铆钉、螺帽、垫圈、散热器零件
				L	600	3	164	
特殊黄铜	HPb59-1	57.0~60.0	Pb：0.8~0.9 Zn：余量	T	420	45	75	用于热冲压和切削加工制作的各种零件
				L	550	5	149	
	HMn58-2	57.0~60.0	Mn：1.0~2.0 Zn：余量	T	400	40	90	腐蚀条件下工作的重要零件和弱电流工业零件
				L	700	10	178	
	HSn90-1	88.0~91.0	Sn：0.25~0.75 Zn：余量	T	280	40	58	汽车、拖拉机弹性套管及其它耐蚀减摩零件
				L	520	4	148	
铸造黄铜	ZCuZn38	60.0~63.0	Zn：余量	S	295	30	59	一般结构件及耐蚀零件，如法兰、阀座、支架等
				J	295	30	69	
	ZCuZn31Al2	66.0~68.0	Al：2.0~3.0 Zn：余量	S	295	12	79	制作电机，仪表等压铸件及船舶，机械中的耐蚀件
				J	390	15	89	
	ZCuZn38Mn2Pb2	57.0~60.0	Mn：1.5~2.5 Pb：1.5~2.5	S	245	10	69	一般用途结构件，船舶仪表等使用的外形简单的铸件，如套筒、轴瓦等
				J	345	14	79	
	ZCuZn16Si4	79.0~81.0	Si：2.5~4.5 Zn：余量	S	345	15	89	船舶零件，内燃机零件在气、水、油中的铸件
				J	390	20	98	

注：表中符号的意义：T—退火状态；L—冷变形状态；S—砂型铸造；J—金属型铸造。

10.4.3　青铜

青铜原指铜锡合金，但是，工业上习惯把铜基合金中不含锡而含有铝、镍、锰、硅、铍、铅等特殊元素组成的合金也叫青铜。所以青铜实际上包含锡青铜、铝青铜、铍青铜和硅青铜等。青铜也可分为压力加工青铜（以青铜加工产品供应）和铸造青铜两类。青铜的编号规则是："Q＋主加元素符号＋主加元素含量（＋其它元素含量）"，"Q"表示青的汉语拼音字头。如 QSn4-3 表示 $w_{Sn} = 4\%$、$w_{Zn} = 3\%$、其余为铜的锡青铜。铸造青铜的编号前加 "Z"。

（1）锡青铜

以锡为主加元素的铜合金称为锡青铜，它是我国历史上使用得最早的有色合金，也是最常用的有色合金之一。Cu-Sn 合金相图如图 10-8 所示。

锡青铜的力学性能与含锡量有关。当 $w_{Sn} \leqslant 5\% \sim 6\%$ 时，Sn 溶于 Cu 中，形成面心立方晶格的 α 固溶体，随着含锡量的增加，合金的强度和塑性都增加。当 $w_{Sn} \geqslant 5\% \sim 6\%$ 时，组织中出现硬而脆的 δ 相（以复杂立方结构的电子化合物 $Cu_{31}Sn_8$ 为基的固溶体），虽然强度继续升高，但塑性却会下降。当 $w_{Sn} > 20\%$ 时，由于出现过多的 δ 相，使合金变得很脆，强度也显著下降。因此，工业上用的锡青铜的含锡量一般为 $3\% \sim 14\%$。$w_{Sn} < 5\%$ 的锡青铜适宜于冷加工使用，含锡 $5\% \sim 7\%$ 的锡青铜适宜于热加工，$w_{Sn} > 10\%$ 的锡青铜适合铸造。除 Sn 以外，锡青铜中一般含有少量 Zn、Pb、P、Ni 等元素。Zn 提高低锡青铜的力学性能和流动性。Pb 能改善青铜的耐磨性能和切削加工性能，却要降低力学性能。Ni 能细化青铜的晶粒，提高力学性能和耐蚀性。P 能提高青铜的韧性、硬度、耐磨性和流动性。

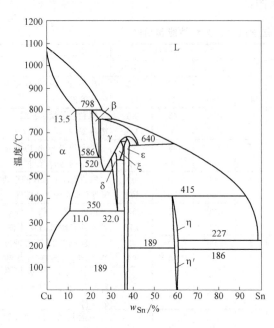

图 10-8　Cu-Sn 合金相图

（2）铝青铜

以铝为主要合金元素的铜合金称为铝青铜。铝青铜的强度和抗蚀性比黄铜和锡青铜还高，它是锡青铜的代用品，常用来制造弹簧、船舶零件等。

铝青铜与上述介绍的铜合金有明显不同的是可通过热处理进行强化。其强化原理是利用淬火能获得类似钢的马氏体的介稳定组织，使合金强化。铝青铜有良好的铸造性能。在大气、海水、碳酸及大多数有机酸中具有比黄铜和锡青铜更高的耐蚀性，此外，还有耐磨损、冲击时不发生火花等特性。但铝青铜也有缺点，它的体积收缩率比锡青铜大，铸件内容易产生难熔的氧化铝，难于钎焊，在过热蒸汽中不稳定。

（3）铍青铜

以铍为合金化元素的铜合金称为铍青铜。它是极其珍贵的金属材料，热处理强化后的抗拉强度可高达 1250～1500MPa，硬度可达 350～400HBS，远远超过任何铜合金，可与高强度合金钢媲美。铍青铜的含铍量在 1.7％～2.5％之间，铍溶于铜中形成 α 固溶体，固溶度随温度变化很大，它是惟一可以固溶时效强化的铜合金，经过固溶处理和人工时效后，可以得到很高的强度和硬度。

铍青铜具有很高的弹性极限、疲劳强度、耐磨性和抗蚀性，导电、导热性极好，并且耐热、无磁性，受冲击时不发生火花。因此铍青铜常用来制造各种重要弹性元件，耐磨零件（钟表齿轮，高温、高压、高速下的轴承）及防爆工具等。但铍是稀有金属，价格昂贵，在使用上受到限制。

表 10-7 为各种青铜的牌号、化学成分、力学性能和用途

表 10-7　各种青铜的牌号、化学成分、力学性能和用途

类别	牌号	化学成分/%		状态	力学性能			用　途
		主加元素	其它		σ_b/MPa	δ/%	HBS	
锡青铜	QSn4-3	Sn：3.5～4.5	Zn：2.7～3.7 Cu：其余	T L	350 550	40 4	60 160	制作弹性元件、化工设备的耐蚀零件、抗磁零件、造纸工业用刮刀
	QSn7-0.2	Sn：6.0～8.0	P：0.10～0.25 Cu：其余	T L	360 500	64 15	75 180	制作中等负荷、中等滑动速度下承受摩擦的零件，如抗磨垫圈、轴套、蜗轮等
	ZCuSn5Pb5Zn5	Sn：4.0～6.0	Zn：4.0～6.0 Pb：4.0～6.0 Cu：其余	S J	180 200	8 10	59 64	在较高负荷、中等滑速下工作的耐磨、耐蚀零件，如轴瓦、衬套、离合器等

续表

类别	牌号	化学成分/% 主加元素	化学成分/% 其它	状态	力学性能 σ_b/MPa	力学性能 δ/%	力学性能 HBS	用　途
锡青铜	ZCuSn10P1	Sn:9.0~11.0	P:0.5~1.0 Cu:其余	S J	220 250	3 5	79 89	用于高负荷和高滑速下工作的耐磨零件,如轴瓦等
铅青铜	ZCuPb30	Pb:27.0~33.0	Cu:其余	J			25	要求高滑速的双金属轴瓦减摩零件
铅青铜	ZCuPb15Sn8	Sn:7.0~9.0 Pb:13.0~17.0	Cu:其余	S J	170 200	5 6	59 64	制造冷轧机的铜冷却管、冷冲击的双金属轴承等
铝青铜	ZCnAl9Mn2	Al:8.5~10.0 Mn:1.5~2.5	Cu:其余	S J	390 440	20 20	83 93	耐磨、耐蚀零件,形状简单的大型铸件和要求气密性高的铸件
铝青铜	ZCuAl9Fe4Ni4Mn2	Ni:4.0~5.0 Al:8.5~10.0 Fe:4.0~5.0	Mn:0.8~2.5 Cu:其余	S	630	16	157	要求强度高、耐蚀性好的重要铸件,可用于制造轴承、齿轮、蜗轮、阀体等
铍青铜	QBe2	Be:1.9~2.2	Ni:0.2~0.5 Cu:其余	T L	500 850	40 4	90 250	重要的弹簧和弹性元件,耐磨零件以及在高速、高压和高温下工作的轴承

注:表中符号的意义:T—退火状态;L—冷变形状态;S—砂型状态;J—金属型铸造。

10.4.4　白铜

以镍为主要合金元素的铜合金为白铜。普通白铜仅含铜镍元素,特殊白铜除铜镍元素外,还含锌、锰、铁等元素,分别称其为锌白铜、锰白铜、铁白铜等。普通白铜编号为"B",汉语"白"拼音字首,后面为铜的质量分数,如 B19,表示 $w_{Cu}=19\%$ 的普通白铜。特殊白铜编号为"B+其它元素符号+镍的含量+其它元素的含量",如 BZn15-20 表示 $w_{Ni}=15\%$,$w_{Zn}=20\%$ 的锌白铜。

由于铜镍两组元组成合金时符合形成无限固溶体的诸条件,因此可以任何比例混合而形成无限固溶体。合金组织为单相 α 固溶体时,具有足够强度和优良的塑性,可进行冷、热加工变形。合金通过固溶强化和加工硬化提高强度及硬度。白铜耐蚀性优良,电阻率高,主要用于船舶仪器零件、化工机械零件。锰含量高的锰白铜 BMn3-12,又称"锰铜",而锰白铜 BMn40-1.5,又称"康铜"。由于其具有高的电阻和低的电阻温度系数,是制造精密电工测量仪表、热电偶等的良好材料。部分白铜牌号、成分、性能见表 10-8。

表 10-8　部分白铜牌号、成分、性能

组别	代号	化学成分/% Ni(+Co)	化学成分/% Mn	化学成分/% Zn	化学成分/% Cu	力学性能 加工状态	力学性能 σ_b/MPa	力学性能 δ/%	用　途
普通白铜	B25	24.0~26.0			余量	软 硬	380 550	23 3	船舶仪器零件,化工机械零件
普通白铜	B19	18.0~20.0			余量	软 硬	300 400	30 3	船舶仪器零件,化工机械零件
普通白铜	B5	4.4~5.0			余量	软 硬	200 400	30 10	船舶仪器零件,化工机械零件
锌白铜	BZn15-20	13.5~16.5		余量	62.0~65	软 硬	350 550	35 2	潮湿条件下和强腐蚀介质中工作的仪表零件
锰白铜	BMn3-12	2.0~3.5	11.5~13.5		余量	软 硬	360	25	弹簧
锰白铜	BMn40-1.5	39.0~41.0	1.0~2.0		余量	软 硬	400 600		热电偶丝

思　考　题

1. 什么是黄铜？主加元素锌对黄铜的力学性能有何影响？

2. 工业纯钛有哪些特点？钛合金可分为哪几类？

3. 滑动轴承应具备哪些性能？

4. H62 是什么材料，说明字母和数字的含义。

5. 不同铝合金可通过哪些途径达到强化目的？

6. 何谓硅铝明？它属于哪一类铝合金？为什么硅铝明具有良好的铸造性能？在变质处理前后其组织及性能有何变化？这类铝合金主要用在何处？

第3篇 其它材料简介

第11章 非金属材料

11.1 高分子材料

高分子材料又称聚合物材料，是以聚合物为主加入多种添加剂经过加工后形成的制品。高分子材料包括天然高分子材料和合成高分子材料。天然高分子材料有棉、毛、丝、麻、胶、蛋白质、淀粉、木材等；合成高分子材料包括塑料、橡胶和纤维，通称为三大合成材料，其余还有涂料、胶黏剂、离子交换树脂等。

11.1.1 高分子材料基础知识

（1）高分子材料的概念

高分子材料是指以高分子化合物为主要组分的材料。高分子化合物（高聚物）是指分子量很大的化合物，通常将分子量大于5000的化合物称为高分子化合物；将分子量小于1000的化合物称为低分子化合物。一般说来，高分子化合物具有较高的强度、弹性和塑性。

高分子化合物通常可分为天然的和人工合成的两大类。例如，松香、蛋白质、天然橡胶、皮革、蚕丝、木材等都属于天然高分子化合物。目前广泛使用的高分子化合物主要是人工合成的。

（2）高分子材料的合成

高分子化合物的分子量虽然很大，但它的化学组成一般并不复杂。它们都是由一种或几种简单的低分子化合物重复连接而成。例如，聚乙烯是由低分子乙烯组成，聚氯乙烯是由低分子氯乙烯组成。

低分子化合物聚合起来形成高分子化合物的过程称为聚合反应。因此，高分子化合物亦称高聚物，意思是分子量很大的聚合物，聚合以前的低分子化合物称为单体。

由单体聚合为高聚物的基本方法有两种，一种是加聚反应；另一种是缩聚反应。加聚反应是高分子材料工业合成的基础，约有80%的高分子材料是由加聚反应得到的，如合成橡胶、聚乙烯、聚氯乙烯、聚苯乙烯等。由缩聚反应得到的高聚物有酚醛树脂、环氧树脂、聚酰胺、氨基树脂、有机硅树脂等。

（3）高分子材料的分类

高分子材料种类繁多，按工艺性质可分为塑料、橡胶、胶黏剂及纤维四类。塑料分为热塑性塑料和热固性塑料两种；橡胶分为天然橡胶和合成橡胶；胶黏剂分为有机胶黏剂和无机胶黏剂；纤维分为天然纤维（棉花、羊毛、蚕丝、麻等）和化学纤维（黏胶纤维、尼龙、涤纶等）。

（4）高分子化合物分子链的几何形状和特点

高分子化合物的大分子链按几何形状一般分为三种类型：线形结构、支链形结构和网体形结构。

① 线形结构 线形结构是指由高分子的基本结构单元（链节）以共价键相互连接成线形长链分子，如图 11-1（a）所示。

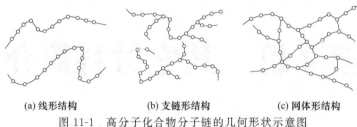

(a) 线形结构 (b) 支链形结构 (c) 网体形结构

图 11-1 高分子化合物分子链的几何形状示意图

② 支链形结构 支链形结构是指在主链的两侧以共价键连接着相当数量的长短不一的支链，其形状分树枝形、梳形、线团支链形等，如图 11-1（b）所示。这种结构也可归入线形结构中，其性质和线形结构基本相同。

线形结构和支链形结构的分子链在非拉伸状态下通常卷曲成不规则的线团状，在外力作用下可以伸长，在外力去除后又恢复到原来卷曲的线团状。线形结构的高分子化合物特点是它可以溶解在一定的溶剂中，加热时可以熔化，易于其加工成形并能反复使用。具有此结构特点的高分子化合物又称为热塑性高聚物，如聚乙烯、聚氯乙烯、未硫化橡胶等。

③ 网体形结构 网体形结构是指线型主链之间的支链彼此交联形成三维体（网）的结构，如图 11-1（c）所示。网体形结构的高分子化合物的特点是加热时不熔化，只能软化，不溶于任何溶剂，最多只能溶胀，不能重复加工和使用，这种现象称为热固性。具有这种结构特点的高分子化合物又称为热固性高聚物，如酚醛树脂、氨基树脂、硫化橡胶等。热固性高聚物只能在形成交联结构之前一次性热模压成形，而且成形之后不可逆变。

11.1.2 塑料

塑料是指以树脂（天然、合成）为主要成分，再加入其它添加剂，在一定温度与压力下塑制成形的材料或制品的总称。由于塑料制品原料丰富，成形容易，制作成本较低，性能与功能具有多样性，因此，广泛应用于电子工业、交通、航空工业、农业等部门。并且由于塑料性能的不断改进和更新，目前塑料正逐步替代部分金属、木材、水泥、皮革、陶瓷、玻璃及搪瓷等材料。

（1）塑料的组成

① 树脂 树脂是指受热时有软化或熔融范围，在软化时受外力作用下有流动倾向的高聚物。树脂是组成塑料的最基本成分，一般树脂所占的质量分数为 30%～40%。树脂是塑料的主要成分，它承担着胶黏剂作用，能将塑料的其它组分黏结成一个整体，故又称为黏料。树脂的种类、性质及加入量对塑料的性能起着很大的作用。因此，许多塑料就以所用树脂的名称来命名，如聚氯乙烯塑料就是以聚氯乙烯树脂为主要成分。目前采用的树脂主要是合成树脂或称高聚物，其性质与天然树脂相似，通常呈黏稠状的液体或固体。酚醛树脂是最早投入工业生产的合成树脂，它是由苯酚和甲醛通过缩聚反应获得。

有些合成树脂可直接用作塑料，如聚乙烯、聚苯乙烯、尼龙（聚酰胺）、聚碳酸酯等。有些合成树脂不能单独用作塑料，必须在其中加入一些添加剂后才能形成塑料，如酚醛树脂、氨基树脂、聚氯乙烯等。

② 添加剂 塑料中常用的添加剂类型及其主要作用如下。

填充剂——提高塑料的力学性能或电性能并降低成本。

增塑剂——提高塑料的可塑性和柔软性。

稳定剂——提高塑料在加工和使用中对热、光、氧的稳定性。

润滑剂——提高塑料在加工成形中的流动性和脱模性。

固化剂——与树脂（聚合物）起化学反应，形成不溶不熔的交联网络结构。

着色剂——赋予塑料各种色泽。

（2）塑料的分类

塑料的品种很多，工业上分类方法主要有以下两种。

① 按塑料的热性能分类　根据树脂在加热和冷却时所表现的性质，把塑料分为热塑性塑料和热固性塑料两类。

a. 热塑性塑料　热塑性塑料主要由加聚树脂加入少量稳定剂、润滑剂等制成。这类塑料受热软化，冷却后变硬，再次加热又软化，冷却后又硬化成形，可多次重复。它的变化只是一种物理变化，化学结构基本不变。常用的热塑性塑料有聚乙烯、聚氯乙烯、聚丙烯、聚酰胺（即尼龙）、ABS 塑料、聚甲醛、聚碳酸酯、聚苯乙烯、聚四氟乙烯、聚砜等。

b. 热固性塑料　热固性塑料大多是以缩聚树脂为基础，加入各种添加剂而成。这类塑料加热时软化，可塑制成形，但固化后的塑料既不溶于溶剂，也不再受热软化（但温度过高时则发生分解），只能塑制成形一次。常用的热固性塑料有酚醛塑料、氨基塑料、环氧塑料等。

② 按塑料的应用范围分类　按塑料的应用范围可分为通用塑料、工程塑料和耐高温塑料。

a. 通用塑料　它主要是指产量大、用途广、价格低的一类塑料。主要包括六大品种：聚乙烯、聚氯乙烯、聚苯乙烯、聚丙烯、酚醛塑料和氨基塑料。这类塑料的产量占塑料总产量的 75% 以上，构成了塑料工业的主体，用于社会生活的各个方面。

b. 工程塑料　它是指在工程技术中作结构材料的塑料。这类塑料力学性能好。主要品种有聚碳酸酯、尼龙、聚甲醛和 ABS 塑料、聚砜、环氧塑料等。

c. 特种塑料　这类塑料具有特殊功能，能满足特殊使用要求，如导电塑料、医用塑料等。

（3）塑料的特性

与金属材料相比，塑料具有密度小、比强度高、化学稳定性好、电绝缘性好、减振、耐磨、隔声性能好、自润滑性好等特性。另外，塑料在绝热性、透光性、工艺性能、生产率、加工成本低等方面也比一般金属材料优越。

（4）常用塑料的性能及应用

① 聚乙烯（PE）　聚乙烯是世界塑料品种中产量最大的品种，其应用面也最大，约占世界塑料总产量的 1/3，其价格便宜，容易成形加工，性能优良，发展速度很快。低密度聚乙烯主要应用是制作瓶子和大水杯一类的中空制品、包装薄膜、饭盒、玩具等；高密度聚乙烯的主要应用是制作受载较小的齿轮和轴承、化工设备防腐涂层、耐蚀管道和高频绝缘材料等。

② 聚氯乙烯（PVC）　纯聚氯乙烯无色透明，又硬又脆，应用不多。常用的聚氯乙烯有两大类。一类是用橡胶改性增韧的硬聚氯乙烯，主要用于建筑材料，如管材、门窗、装饰材料；化工酸、碱槽等。另一类是添加了增塑剂的增塑聚氯乙烯，主要用于窗帘、桌布、雨衣、手提箱、地板革；农用薄膜、耐酸碱软管；电线、电缆外皮等。在我国，聚氯乙烯的产量仅次于聚乙烯塑料，其阻燃性优于聚乙烯、聚丙烯等塑料。

③ 聚丙烯（PP）　聚丙烯塑料的特点是轻、出色的耐折性、良好的耐水、耐热和化学稳定性。主要应用有：家庭厨房用具；煮沸杀菌用的医疗器材和容器；法兰、接头、泵叶轮；耐热耐蚀管道；高频绝缘材料、电线包皮等。

④ 聚苯乙烯（PS）　聚苯乙烯的主要特点是刚度大、尺寸稳定性高，流动成形性好、成

形收缩率低，缺点是脆、不耐油和不耐大气老化。主要应用有：仪表壳体、车灯罩、光学仪器等。

　　⑤ 聚酰胺（PA）　聚酰胺俗称尼龙，是主链上含有酰胺基团（-NH-C-）的聚合物。尼龙的品种有很多，如尼龙6、尼龙66、尼龙610等。数字表示单体单元中的碳原子数目，例如尼龙66表示有己二酸和己二胺缩聚而成。尼龙的主要特点是强度高、韧性好。摩擦系数小、耐磨、自润滑，加工性能好等。主要缺点是吸水性强，吸水后强度和刚度都明显下降。常用塑料的性能及应用见表11-1。

表 11-1　常用塑料的性能及应用

名称（代号）	主要特点	用途
聚乙烯（PE）	优良的耐蚀性、绝缘性。低压聚乙烯：熔点、刚性、硬度和强度都较高。高压聚乙烯：柔软性、伸长率、冲击强度和透明性都较好。超高分子质量聚乙烯：冲击强度高、耐疲劳、耐磨	低压聚乙烯：硬管、板材、绳索、管道、阀件、齿轮、轴承。高压聚乙烯：塑料薄膜、软管。超高压聚乙烯：减磨、耐磨件及传动件
聚丙烯（PP）	密度小，强度、刚性、硬度、耐热性均优于聚乙烯，可在100℃左右使用。优良的耐蚀性、良好的高频绝缘性，绝缘性能不受湿度影响，但低温变脆，不耐磨，较易老化	齿轮、泵叶轮、法兰、把手、接头、仪表盒、壳体、化工管道、杀菌容器和医疗器械等
聚氯乙烯（PVC）	优良的耐腐蚀性和电绝缘性。硬聚氯乙烯：强度高、可在15～60℃使用。软聚氯乙烯：强度低、伸长率大，耐腐蚀性和电绝缘性较低，易老化，耐热性和热稳定性差。在75～80℃变软，超过180℃开始分解	薄板、薄膜、耐酸碱软管及电线、电缆包皮、绝缘层、密封件。聚氯乙烯泡沫塑料：隔热、隔声、防振和各种衬垫等
聚苯乙烯（PS）	具有良好的耐热蚀、电绝缘性和透光性，刚性大，着色性好。抗冲击性差、易脆裂，耐热性不高，最高使用温度不超过80℃	透明件、装饰件、各种仪表外壳、化工贮酸槽及电工绝缘材料
ABS塑料	坚韧、质硬、刚性好	齿轮、泵叶、轴承、转向盘、电信器材、仪器仪表外壳等
聚酰胺（PA）	坚韧、耐磨、耐疲劳、耐油、抗霉菌、吸水性大	柴油机液压泵齿轮、水泵叶轮、风扇叶轮及螺钉、螺母、垫圈、高压密封圈、输油管
聚四氟乙烯（F-4）	很高的耐热性和耐寒性，长期使用温度范围−195～250℃。极低的摩擦因子（0.04）；优良的化学稳定性，几乎能耐所有化学药品的腐蚀；良好的电性能	耐蚀泵、反应器、过滤板、各类管子、阀门、接头；减摩自润滑轴承、活塞环等

11.1.3　橡胶

　　橡胶是高弹性的高分子材料，也称为弹性体，是一类在宽阔温度范围内（−50～150℃）表现良好高弹性行为的高分子材料的总称。

　　（1）橡胶的组成

　　橡胶是以生胶为基体并加入适量配合剂制成的高分子材料。通常橡胶制品中还加有增强骨架材料，如各种纤维、金属丝及其编织物等。

　　① 生胶　生胶是指未加配合剂的天然或合成橡胶的总称。生胶按原料来源可分为天然橡胶和合成胶。天然橡胶主要从橡胶树的浆汁中制取。由于天然橡胶的产量受天时地理环境的限制，其产量远不能满足工农业生产的需求。因此，人们通过化学合成的方法制成了与天然橡胶性质相似的合成橡胶，合成橡胶的品种很多，如丁苯橡胶、氯丁橡胶等。生胶是黏合各种配合剂和骨架材料的黏结剂，橡胶制品的性质主要决定于生胶的性质。

　　② 配合剂　配合剂是为了提高和改善橡胶制品的使用性能和加工工艺性能而加入的物

质。橡胶配合剂的种类很多，大体可分为硫化剂、硫化促进剂、防老剂、软化剂、填充剂、发泡剂及着色剂等。

所谓硫化就是在生胶中加入硫化剂（如硫磺）和其它配料。硫化剂的作用是使具有可塑性的、线型结构的橡胶（胶料）分子间产生交联，形成三维网状结构，使胶料变为具有高弹性的硫化胶。天然橡胶常以硫磺作硫化剂。为了加速硫化，缩短硫化时间，还需要加入硫化促进剂（如氧化镁、氧化锌和氧化钙等）。

橡胶是弹性体，在加工过程中必须使它具有一定的塑性，才能和各种配合剂混合。软化剂的加入能增加橡胶的塑性，改善黏附力，并能降低橡胶的硬度和提高耐寒性，常用的软化剂有硬脂酸、精制石蜡、凡士林以及一些油类和脂类；填充剂的作用是增加橡胶制品的强度和降低成本；常用的填充剂有炭黑、氧化硅、陶土、滑石粉、硫酸钡等；防老化剂是为了延缓橡胶"老化"过程，延长制品使用寿命而加入的物质。

着色剂是为改变橡胶的颜色而加入的物质。一般要求着色剂着色鲜艳、耐晒、耐久、耐热等，常用的着色剂有钛白粉、立德粉、氧化铁、氧化铬等。

（2）橡胶的特点及应用

① 橡胶的特点　橡胶最重要的特点是高弹性，在较小的外力作用下，能产生很大的变形，当外力去除后能很快恢复到原来的状态。橡胶优良的伸缩性和积储能量的能力，使之成为常用的弹性材料、密封材料、减振防振材料和传动材料。橡胶还有良好的耐磨性、隔声性和阻尼特性。橡胶的最大缺点是易老化，即橡胶制品在使用过程中出现变色、发黏、发脆及龟裂等现象，使弹性、强度等发生变化，并影响橡胶制品的性能及使用寿命。因此，防止橡胶老化是橡胶制品应该特别注意的。

② 橡胶的应用　橡胶的应用很广，如机械制造中的密封件、减振防振件；电气工业中的各种导线、电缆的绝缘件等。橡胶的模压制品、橡胶带和热收缩管等在电气、电子工业中也有广泛应用。此外，具有耐辐射、防振、制动、导电、导磁等特性的橡胶制品也有广泛的应用。

③ 橡胶的保护　橡胶失去弹性的主要原因是氧化、光辐射和热影响。氧气，特别是臭氧侵入橡胶分子链时，会使橡胶老化、变脆、硬度提高、龟裂和发黏；光辐射，特别是紫外线的辐射，不仅会加速橡胶氧化，而且还会直接引起橡胶结构异化，引起橡胶的裂解和交联；温度升高一方面会加速氧化作用，另一方面在较高温度（300～400℃）下，会使橡胶发生分解与挥发，导致橡胶失去优良的性能。此外，在使用过程中，重复的屈挠变形等机械疲劳作用，也会引起橡胶结构的变化，改变其力学性能，如弹性降低、氧化加速等。

因此，在橡胶及其制品的非工作期间应尽量使其处于松弛状态，避免日晒雨淋，避免与酸、碱、汽油、油脂及有机溶剂接触；在存放橡胶及其制品时要远离热源，保存环境温度要尽量保持在 3～35℃ 之间，湿度要尽量保持在 50%～80% 之间。

（3）常用橡胶

① 天然橡胶（代号 NR）　天然橡胶是橡树上流出的胶乳，经凝固干燥加工制成。天然橡胶具有良好的综合性能、耐磨性、抗撕裂性能和加工性能。但天然橡胶的耐高温、耐油、耐溶剂性差，耐臭氧和耐老化性差，主要用于制造轮胎、胶带、胶管、胶鞋及通用橡胶等制品。

② 丁苯橡胶（代号 SBR）　丁苯橡胶是整个合成橡胶中规模较大、产量较高的通用橡胶。丁苯橡胶有较好的耐磨性、耐热性和抗老化性能，比天然橡胶质地均匀，价格低。但丁苯橡胶的弹性、机械强度、耐挠曲、耐龟裂、耐撕裂、耐寒性等较差，其加工性能也较天然橡胶差。丁苯橡胶能与天然橡胶以任意比例混用，相互取长补短，以弥补丁苯橡胶的不足。

目前丁苯橡胶普遍用于制造汽车轮胎，也用于制造胶带、胶管及通用制品等，在铁路上可用作橡胶防震垫。

③ 顺丁橡胶（代号 BR） 顺丁橡胶也是产量较大的一种合成橡胶，在世界上产量仅次于丁苯橡胶，位居第二位。顺丁橡胶以弹性好、耐磨和耐低温而著称。此外，顺丁橡胶的耐挠曲性也较天然橡胶好，耐磨性也比丁苯橡胶高。其缺点是抗张强度和抗撕裂性较低，加工性能较差，冷流动性大。顺丁橡胶主要用于制作轮胎，也用于制造胶带、减振器、耐热胶管、电绝缘制品及胶鞋等。

④ 氯丁橡胶（代号 CR） 氯丁橡胶在物理性能、力学性能等方面可与天然橡胶相比，并且有天然橡胶和一些通用橡胶所没有的优良性能。氯丁橡胶具有耐油、耐溶剂、耐氧化、耐老化、耐酸、耐碱、耐热、耐燃烧、耐挠曲和透气性好等性能，因此，被称为"万能橡胶"。氯丁橡胶的缺点是耐寒性较差，密度较大，生胶稳定性差，不易保存。氯丁橡胶在工业上用途很广，主要利用其对大气和臭氧的稳定性制造电线、电缆的外保护皮；利用其耐油、耐化学稳定性制造输送油和腐蚀性物质的胶管；利用其机械强度高制造运输带；此外，还可用其制造各种垫圈、油罐衬里、轮胎胎侧、各种模型制品等。

⑤ 硅橡胶 硅橡胶属于特种橡胶，其独特的性能是耐高温和耐低温，可在 $-100\sim 300℃$ 温度范围内工作，并具有良好的耐候性、耐臭氧性及优良的电绝缘性。但硅橡胶的强度较低，耐油性较差。根据硅橡胶耐高、低温的特性，可用它制造飞机和宇宙飞行器的密封制品、薄膜和胶管等，也可用于电子设备和电线、电缆保护皮。此外，硅橡胶无毒无味，可作食品工业的运输带、罐头垫圈及医药卫生橡胶制品，如人造心脏、人造血管等。

⑥ 氟橡胶（代号 FPM） 氟橡胶也属于特种橡胶，其最突出的性能是耐腐蚀，其耐酸碱及耐强氧化剂腐蚀的能力，在各类橡胶中是最好的。除此以外，氟橡胶还具有耐高温（可在 315℃ 下工作）、耐油、耐高真空、抗辐射等优点。但其加工性能较差，价格较贵。氟橡胶的应用范围较广，常用于特殊用途，如耐化学腐蚀制品（化工设备衬里、垫圈）、高级密封件、高真空橡胶件等。

常用橡胶品种、性能及应用如表 11-2。

表 11-2 常用橡胶品种、性能及应用

名　称	主要性能	用　途
丁苯橡胶	较好的耐磨性、耐热性、耐老化性、价格便宜，可与天然橡胶混合使用	轮胎、胶带、胶管、胶布及生活用品
顺丁橡胶	是惟一的弹性高于天然橡胶的合成橡胶。但抗撕裂性差，加工性能较差	胶管、减振器、刹车皮碗、鞋底等
氯丁橡胶	具有良好的力学性能、耐油性、耐磨性、耐热性、耐燃烧性、耐老化性等。但耐寒性较差，密度较大，成本较高	电线、电缆的包皮、胶管、输送带等
丁腈橡胶	耐磨性、耐热性、耐老化性、耐水性都较好。但耐寒性、电绝缘性、耐酸性均较差	油箱、耐油胶管、密封垫圈、印刷胶辊、耐油运输带及减振制品
乙丙橡胶	抗撕裂性、耐老化性、耐水性均较好。但力学性能较低	胶辊、散热件、绝缘件
氟橡胶	优良的耐蚀性、耐油性、耐老化性及耐高温性能。但耐寒性较差、加工性能不好、价格昂贵	化工器械衬里、高级密封件、高真空胶件

11.1.4 纤维

凡能保持长度比本身直径达 100 倍的均匀条状或丝状的高分子材料均称为纤维。纤维包括天然纤维和化学纤维。天然纤维是由纤维状的天然物质直接分离、精制而成，包括植物纤维（例如棉、麻等）、动物纤维（例如羊毛、蚕丝等）和矿物纤维（例如石棉等）。化学纤维是用天然或人工合成的聚合物为原料制成的纤维。根据原料的不同可分为人造纤维（用天然聚合物为原料，经化学和机械加工制得的纤维）、合成纤维（用合成聚合物为原料制得的化学纤维）和无机纤维（也称"矿物纤维"，主要成分为无机物）等。其中无机纤维根据原料来源不同又分为天然无机纤维和人造无机纤维。

合成纤维是由能被高度拉伸成纤的高聚物制成的，主要用于纺织品和编织物等。不论做衣料还是工业用品，都要求纤维在较宽的温度范围内能满足高强度、耐磨、耐酸碱、耐溶剂、耐日光等基本特性。目前得到工业生产并能满足以上使用性能的纤维如下。

① 锦纶纤维　是聚酰胺纤维的总称，又称尼龙。其特点是强度高、耐磨性好、耐碱，主要缺点是耐光性差。主要用于制造工业帘子布、渔网、降落伞、运输带、衣料等。

② 涤纶纤维　是聚酯纤维的总称，又称的确良。具有高强度、耐磨、耐蚀、耐疲劳、耐日光；挺括不皱，吸水性好、易洗快干等特点。主要用于制造高级帘子布、渔网、缆绳、帆布、衣料等。

③ 腈纶纤维　为丙烯腈高聚物或共聚物纤维的商品名称。其主要特点是蓬松柔软、轻盈保暖、耐日晒、耐酸，有人造羊毛之称。

工业上利用腈纶纤维热裂制作碳纤维，碳纤维具有突出的耐热性，高于1500℃时强度才开始下降，耐低温性能良好，在−180℃下仍很柔软，与树脂复合成为优异的复合材料，用于航空。

④ 丙纶　是聚丙烯纤维的总称。其优点是耐磨、耐酸、轻、牢固，缺点是弹性较差，不耐晒，织物易皱。工业上由于制作军用被服、绳索、渔网、水龙带、合成纸等。

⑤ 凯夫拉（Kevlar）纤维　是芳香族聚酰胺纤维的商品名称。其特点是耐寒、耐热、适用温度范围为−195～260℃；耐疲劳、耐腐蚀，能耐汽油、各种溶剂、碱、甚至氢氟酸的腐蚀，但不能抗硫酸的侵蚀。缺点是成本高，压缩强度低。主要用于制备高强度复合材料，广泛用作飞机、船体的结构材料，做宇航服，可防宇宙射线。

合成纤维的性能除了与组成它的高分子链的结构有关以外，还与纤维的制备工艺有关。合成纤维的制备工艺主要包括抽丝、牵伸与热定型三个阶段。

11.1.5　胶黏剂

能把两个固体材料表面粘合在一起，并在结合处具有足够的强度的物质称为胶黏剂，又称黏合剂。作为胶黏剂必须具备以下三个条件：①在粘接过程中胶黏剂能润湿被粘材料，并具有一定的流动性，容易涂刷在被胶物表面。②在一定的条件（温度、压力和时间）下能凝固成坚硬的固体。③能把被胶接物牢固地联结成一个整体，有一定的胶接强度。

根据胶黏剂的来源，有天然胶黏剂和人工合成树脂型胶黏剂。天然胶黏剂有糨糊、虫胶和骨胶等。人工合成胶黏剂则是以高聚物（如各种树脂、橡胶等）为基础，加入各种配合剂（如固化剂、增塑剂、填料和溶剂等）的混合体系。

根据合成树脂的类型，可将人工合成树脂胶黏剂分为以下几种。

① 热固性树脂胶黏剂　用作这一类胶黏剂的树脂有：环氧树脂胶、酚醛树脂、聚氨酯树脂、氨基树脂、聚丙烯酸树脂、有机硅树脂及不饱和聚酯。

② 热塑性树脂胶黏剂　用作这一类胶黏剂的树脂有：丙烯酸树脂、乙烯酸树脂、改性尼龙树脂、硝基纤维素等。

③ 橡胶胶黏剂　可用作胶黏剂的橡胶有：天然橡胶、氯丁橡胶、丁腈橡胶、硅橡胶等。

④ 特种胶黏剂　这一类胶黏剂有：热熔胶、压敏胶、点焊胶、导电胶、吸水胶、应变

胶及液态密封胶等。

为了得到最好的胶接效果，必须根据具体情况选用适当的胶黏剂的成分。胶黏剂的选用要考虑被胶接材料的种类、工作温度、胶接的结构形式以及工艺条件、成本等。表 11-3 给出了常用 10 种胶黏剂对各种材料的适用性。

表 11-3 常用 10 种胶黏剂对各种材料的适用性

材料 胶黏剂代号	皮革、织物、软制材料	竹 木	热固性塑料	热塑性塑料	橡胶制品	玻璃、陶瓷	金 属
金属	2,4,3,8	1,4,2,6	1,4,3,7	1,5,4,9	4,8	1,2,3,4,5,7,10	1,2,3,4,5,7,10
玻璃、陶瓷	2,4,3,8	1,3,4	1,2,3,7	1,2,4,5	4,8	1,2,3,4,5,7,10	
橡胶制品	4,8	1,2,4,8	2,3,4,8	1,4,8	4,8	① 环氧树脂胶 ② 酚醛-缩醛胶	
热塑性塑料	4,9	1,4,9	1,4,5	1,4,5,9	③ 酚醛-丁腈胶 ④ 聚氨酯胶		
热固性塑料	2,3,4,9	1,2,4,9	1,4,7,9	⑤ 聚丙烯酸酯胶 ⑥ 脲醛树脂胶			
竹 木	1,2,4	4,6,7	⑦ 不饱和聚酯树脂胶 ⑧ 橡胶胶黏剂				
皮革、织物、软制材料等	4,8	⑨ 塑料胶黏剂 ⑩ 无机胶黏剂					

由于胶接工艺简单，结合处应力分布均匀，接头密封性、绝缘性和耐蚀性好，而且可连接各种材料，所以胶黏剂在产品设备的连接、密封、修复等方面有突出的功能，如在结构粘合、耐高温和耐超低温密封、瞬间粘合、水下粘合、推动新材料的开发等方面具有特殊的功效。目前，胶接工艺在工程中应用日益广泛，有时可部分代替铆接和焊接工艺。

11.1.6 涂料

涂料就是通常所说得油漆，是一种有机高分子胶体的混合溶液，涂在物体表面能干结成膜，是保护和装饰物体表面的涂装材料，它能提高被涂物的使用寿命和使用效能。而一些特种涂料还可具有防污、导电、伪装等一系列特殊性能。目前涂料在各领域中的应用十分广泛，具体作用可总结如下。

① 防护作用 防止物体表面受到气候、腐蚀以及日光照射而变化，防止或减轻物体表面直接受到摩擦和冲击。

② 装饰作用 增加物体表面美观，美化房屋、家具、交通工具、日用品等。

③ 标志作用 对交通灯、工厂装备、管线等涂上各种颜色，具有特殊的标识作用。

④ 特种涂料的特殊作用 宇宙飞船重返大气层时，表面温度达 2800℃，中程导弹驻点温度达 3000℃以上，洲际导弹驻点温度达 7000℃以上，金属材料不能承受这样高的温度，用合成树脂和无机材料配制的隔热烧蚀涂料涂装于金属表面，能保护飞船、导弹的正常运行。把防污涂料涂布于在海上航行的轮船船体表面，可以防止海生物附着，等等。

涂料的主要成分有：树脂基料、颜料、溶剂，以及其它助剂如：增稠剂、催干剂、抗结皮剂、表面活性剂、杀菌剂、防霉剂等。其中树脂基料为成膜物，依据成膜物分类，涂料可分为：①油性涂料；②天然树脂涂料；③沥青涂料；④醇酸树脂涂料；⑤酚醛树脂涂料；⑥氨基树脂涂料；⑦硝基涂料；⑧纤维素涂料；⑨过氯乙烯涂料；⑩乙烯树脂涂料；⑪丙烯酸树脂涂料；⑫聚酯树脂涂料；⑬环氧树脂涂料；⑭氨基甲酸酯涂料；⑮元素有机涂料；⑯橡胶涂料；⑰其它涂料。

11.2 陶瓷材料

11.2.1 陶瓷的概念与分类

（1）陶瓷材料的概念

传统意义上的陶瓷是指以黏土为主要原料，与其它天然矿物原料经过拣选、粉碎、混炼、成型、煅烧等工序制作的各类制品，主要是指陶器和瓷器，还包括玻璃、搪瓷、水泥、耐火材料、石膏等人造无机非金属材料制品。常见的日用陶瓷，建筑陶瓷、电瓷等都是传统陶瓷。由于这类陶瓷使用的主要原料是自然界的硅酸盐矿物（黏土、长石、石英等），所以又可归属于硅酸盐类材料及制品的范畴。陶瓷工业可与玻璃、水泥、搪瓷、耐火材料等工业同属"硅酸盐工业"的范畴。

随着近代科学技术的发展，近几十年出现了许多新的陶瓷品种，如氧化物陶瓷、压电陶瓷、金属陶瓷、纳米陶瓷等各种结构和功能陶瓷，虽然它们的生产过程基本和传统陶瓷相同，但所采用的原料已扩大到化工原料和合成矿物，其成分已远远超出硅酸盐的范畴，如碳化物、氮化物、硼化物、砷化物等，这样组成范围就扩展到整个无机材料的范围中去了，并且还出现了许多新工艺。

陶瓷的范围在国际上并无统一概念，在中国及一些欧洲国家，陶瓷仅包括普通陶瓷和特种陶瓷两大类制品。而在日本和美国，陶瓷一词则泛指所有无机非金属材料制品，除传统意义上的陶瓷外，还包括耐火材料、水泥、玻璃、搪瓷等。

因此，广义的陶瓷概念是无机非金属材料和制品的通称，一般来说，是由离子键或共价键结合的含有金属和非金属元素的复杂化合物和固溶体。不管是多晶烧结体，还是单晶、薄膜、纤维的无机非金属材料和产品，均可称为陶瓷。

（2）陶瓷材料的分类

陶瓷材料按其化学成分和结构可分为普通陶瓷和特种陶瓷两大类。

① 普通陶瓷　普通陶瓷又称传统陶瓷。它是以黏土、长石、石英等天然原料为主，经过粉碎、成形和烧结制成的产品。它包括日用陶瓷、建筑陶瓷、卫生陶瓷、低压和高压电瓷、化工陶瓷（耐酸碱用瓷）和多孔陶瓷（过滤、隔热用瓷）等，其产量大、用途广。

② 特种陶瓷　特种陶瓷主要是指采用高纯度人工合成化合物，如 Al_2O_3、ZrO、SiC、SiN、BN 等，制成具有特殊物理化学性能的新型陶瓷（包括功能陶瓷）。特种陶瓷包括金属陶瓷（硬质合金）、氧化物陶瓷、氮化物陶瓷、硅化物陶瓷、碳化物陶瓷、硼化物陶瓷、氟化物陶瓷、半导体陶瓷、磁性陶瓷、压电陶瓷等。其生产工艺过程与传统陶瓷相同。它主要用于化工、冶金、机械、电子等行业和某些新技术中。

11.2.2 陶瓷材料的特点

（1）陶瓷材料的相组成特点

陶瓷材料通常是由晶相、玻璃相和气相三种不同的相组成的。决定陶瓷材料物理化学性质的主要是晶相，而玻璃相的作用是充填晶粒间隙、粘结晶粒、提高材料致密程度、降低烧结温度和抑制晶粒长大。气相是在工艺过程中形成并保留下来的，它对陶瓷的电及热性能影响很大。

（2）陶瓷材料的结合键特点

陶瓷材料的主要成分是氧化物、碳化物、氮化物、硅化物等，因而其结合键以离子键（如 MgO、Al_2O_3）、共价键（如 Si_3N_4、BN）及离子键和共价键的混合键为主。具体形成离子键或者形成共价键主要取决于两原子间负电性的大小。

（3）陶瓷材料的性能特点

由于陶瓷材料的结合键为共价键或离子键，陶瓷材料的强化学键合特性，不仅使其具有高强度、高硬度、抗腐蚀和优良的高温性能，而且在一定条件下可以具有绝缘、导体、半导体和超导体等特性，从而表现出独特的光学、磁学、电学和力学特性。尽管陶瓷材料有如此优异的特殊性能，但由于其致命的缺点——脆性，因而限制了其特性的发挥和实际应用。因此，陶瓷的韧化使成为世界瞩目的陶瓷材料研究领域的核心课题。

（4）陶瓷材料的工艺特点

陶瓷是脆性材料，所以大部分陶瓷是通过粉体成型和高温烧结来获得所需要的形状，因此陶瓷是烧结体。烧结体也是晶粒的聚集体，有晶粒和晶界，所存在的问题是其存在一定的气孔率。

11.2.3 传统陶瓷

传统陶瓷是用黏土（$Al_2O_3 \cdot 2SiO_2 \cdot 2H_2O$）、长石（$K_2O \cdot Al_2O_3 \cdot 6SiO_2$，$Na_2O \cdot Al_2O_3 \cdot 6SiO_2$）和石英（$SiO_2$）为原料，经成型、烧结而成的陶瓷。这类陶瓷加工成型性好，成本低，产量大，应用广。除日用陶瓷外，大量用于电器、化工、建筑、纺织等工业部门，如耐蚀要求不高的化工容器、管道，供电系统的绝缘子，纺织机械中的导纱零件等。传统陶瓷材料还包括玻璃、搪瓷、水泥、耐火材料、石膏等人造无机非金属材料制品。

11.2.4 特种陶瓷

特种陶瓷又称新型陶瓷或精细陶瓷。特种陶瓷材料的组成已超出传统陶瓷材料的以硅酸盐为主的范围，除氧化物、复合氧化物和含氧酸盐外，还有碳化物、氮化物、硼化物、硫化物及其它盐类和单质，并由过去以块状和粉状为主的状态向着单晶化、薄膜化、纤维化和复合化的方向发展。特种陶瓷又分为结构陶瓷和功能陶瓷两类。

（1）新型结构陶瓷

结构陶瓷材料按其化学组成可以分为氧化物和非氧化物两大类，表 11-4 列出了常见结构陶瓷材料。

表 11-4 常见结构陶瓷材料

种 类		材 料
氧化物类		Al_2O_3，MgO，ZrO_2，SiO_2，UO_3，BeO 等
非氧化物类	碳化物	SiC，TiC，B_4C，WC，UC，ZrC 等
	氮化物	Si_3N，AlN，BN，TiN，ZrN 等
	硼化物	ZrB_2，WB，TiB，LaB_6 等
	硅化物	$MoSi_2$ 等
	氟化物	CaF_2，BaF_2，MgF_2 等
	硫化物	ZnS，TiS_2，$M_xMo_6S_8$（$M=Pb$，Cu，Cd）等
	碳和石墨	C

① 氧化铝陶瓷　氧化铝陶瓷是以 Al_2O_3 为主要成分，含有少量 SiO_2 的陶瓷，α-Al_2O_3 为主晶相，又称高铝陶瓷。根据 Al_2O_3 含量不同分为 75 瓷（含 75% Al_2O_3，又称刚玉-莫

来石瓷)、95 瓷（95% Al_2O_3）和 99 瓷（99% Al_2O_3），后两者又称刚玉瓷。氧化铝含量提高，其性能也随之提高。

氧化铝陶瓷耐高温性能好，在氧化性气氛中可使用到 1950℃，被广泛用作耐火材料，如耐火砖、坩埚、热电偶套管等。微晶刚玉的硬度极高（仅次于金刚石），并且其红硬性达到 1200℃，可用于制作淬火钢的切削刀具、金属拔丝模等。氧化铝陶瓷还具有良好的电绝缘性能及耐磨性，强度比普通陶瓷高 2～5 倍，因此，可用于制作内燃机的火花塞，火箭、导弹的导流罩及轴承等。

② 氧化锆陶瓷　氧化锆陶瓷是新近发展起来的仅次于氧化铝陶瓷的结构陶瓷。在氧化锆陶瓷制造过程中，为了预防其在晶型转变中因发生体积变化而产生开裂，必须在配方中加入适量的 CaO、MgO、CeO 等金属氧化物作为稳定剂，以维持 ZrO_2 高温的立方相，这种立方固溶体的 ZrO_2 称为全稳定 ZrO_2；当添加剂剂量不足时称部分稳定 ZrO_2。部分稳定 ZrO_2 的热导率低（比 Si_3N_4 低 4/5），绝热性好；热膨胀系数大，接近于发动机中使用的金属，因而与金属部件连接比较容易。氧化锆陶瓷耐火度高，化学稳定性好，能抗熔融金属的侵蚀，所以多用作铂、锗等金属的冶炼坩埚和 1800℃ 以上的发热体及炉子、反应堆绝热材料等。相变增韧 ZrO_2 陶瓷抗弯强度与断裂韧性高，除在常温下使用外，已成为绝热柴油机的主要候选材料，如发动机的汽缸内衬、推杆、活塞帽、阀座、凸轮、轴承等。

③ 氮化硅（Si_3N_4）陶瓷　氮化硅陶瓷是共价键化合物，有两种晶型，即 α-Si_3N_4 和 β-Si_3N_4。按其制造工艺不同可分为热压烧结氮化硅（β-Si_3N_4）陶瓷和反应烧结氮化硅（α-Si_3N_4）陶瓷。热压烧结氮化硅陶瓷组织致密，气孔率接近于零，其强度和比模量高。反应烧结 Si_3N_4 陶瓷是用 Si 粉作原料，压制成型后经氮化处理而得到的。因其有 20%～30% 气孔，故强度不及热压烧结氮化硅陶瓷，但与 95 瓷相近。

氮化硅的强度很高，极耐高温，强度一直可以维持到 1200℃ 的高温而不下降，受热后不会熔成融体，一直到 1900℃ 才会分解，并有惊人的耐化学腐蚀性能，能耐几乎所有的无机酸和浓度 30% 以下的烧碱溶液，也能耐很多有机酸的腐蚀；同时又是一种高性能电绝缘材料。氮化硅陶瓷可做燃气轮机的燃烧室、机械密封环、输送铝液的电磁泵的管道及阀门、永久性模具、钢水分离环等。氮化硅摩擦系数小，具有自润滑性，特别适合制作为高温轴承使用，其工作温度可达 1200℃，比普通合金轴承的工作温度提高 2.5 倍，而工作速度是普通轴承的 10 倍。利用氮化硅陶瓷很好的电绝缘性和耐急冷急热性可以用来做电热塞，用它进行汽车点火可使发动机启动时间大大缩短，并能在寒冷天气迅速启动汽车。氮化硅陶瓷还有良好的透微波性能、介电性以及高温强度，可作为导弹和飞机的雷达天线罩。

反应烧结氮化硅因在氮化过程中可进行加工，多用于制造形状复杂、尺寸精度要求高的零件，如泵的机械密封环（比其它陶瓷寿命高 6～7 倍）、热电偶套管、泥沙泵零件等。热压烧结氮化硅用于制造形状简单、精度要求不高的零件，如切削刀具、高温轴承等。

在 Si_3N_4 中加入一定量的 Al_2O_3、MgO、Y_2O_3 等氧化物形成一种新型陶瓷，赛隆陶瓷（Sialon 陶瓷）。它可用常压烧结方法就能达到接近热压烧结氮化硅陶瓷的性能。它具有很高的强度、优异的化学稳定性和耐磨性，耐热冲击性好。主要用于切削刀具、金属挤压模内衬、汽车上的针形阀、底盘定位销等。

④ 碳化硅（SiC）陶瓷　碳化硅的最大特点是高温强度高，在 1400℃ 时抗弯强度仍保持在 500～600MPa 的较高水平，而其它陶瓷在 1200～1400℃ 时高温强度就要显著下降。碳化硅有很好的耐磨损、耐腐蚀、抗蠕变性能，其热传导能力很强，热膨胀系数小，热稳定性好，是良好的高温结构材料。一般在比较低的使用温度下，可做机械测量用量规、精密轴

承、压缩机的汽缸和活塞、静与动抗磨密封件等。在 1000℃ 以上的高温用途中，可用于制造火箭喷嘴、浇注金属用的喉管、热电偶套管、炉管、燃气轮机叶片及轴承等。

⑤ 其它特种陶瓷

a. 氮化硼（BN）陶瓷 具有良好的耐热性、热稳定性、导热性、化学稳定性、自润滑性及高温绝缘性，可进行机械加工。用于制造耐热润滑剂、高温轴承、高温容器、坩埚、热电偶套管、散热绝缘材料、玻璃制品成型模及刀具等。

b. 氧化镁、氧化钙、氧化铍陶瓷 前两者抗金属碱性熔渣腐蚀性好，但热稳定性差，MgO 高温下易挥发，CaO 易水化，可用于制造坩埚、热电偶保护套、炉衬材料等。BeO 具有优良的导热性，高的热稳定性及消散高温辐射的能力，但强度不高，可用于制造真空陶瓷、高频电炉的坩埚、有高温绝缘要求的电子元件和核反应堆用陶瓷，

c. 氮化铝陶瓷 主要用于半导体基板材料、坩埚、保护管等耐热材料，树脂中高导热填料等。

d. 莫来石陶瓷 具有高的高温强度、良好的抗蠕变性能及低的热导率，主要用于 1000℃ 以上高温氧化气氛下工作的长喷嘴、炉管及热电偶套管。加 ZrO_2、SiO_2 可提高莫来石陶瓷的韧性，用作刀具材料或绝热发动机的某些零件。

（2）新型功能陶瓷

新型功能陶瓷材料具有特殊的物理化学性能，种类繁多。功能陶瓷的大概分类及用途见表 11-5。

表 11-5 常见功能陶瓷分类及用途

功能	系 列	材 料	用 途
磁功能陶瓷	软磁铁氧体	Mn-Zn,Cu-Zn,Ni-Zn,Cu-Zn-Mg	磁头、温度传感器、电器磁芯、电波吸收体
	硬磁铁氧体	Ba,Sr 铁氧体	铁氧体磁石、永久磁铁
	记忆用铁氧体	Li,Mn,Ni,Mg,Zn 与铁形成的尖晶石型铁氧体	计算机磁芯
电功能陶瓷	绝缘陶瓷	Al_2O_3,MgO,SiC,AlN,BeO	集成电路基片、封装陶瓷、高频绝缘瓷
	介电陶瓷	TiO_2,$La_2Ti_2O_7$,$Ba_2Ti_9O_{20}$,	陶瓷电容器、微波陶瓷
	铁电陶瓷	$BaTiO_3$,$SrTiO_3$	陶瓷电容器
	压电陶瓷	PZT,PT,PMN,PMN-PZ-PT,PMN-PNN-PZ-PT	超声换能器、谐振器、滤波器、压电点火器、压电马达、微位移器
	半导体陶瓷	NTC(SiC,$LaCrO_3$,ZrO_2)	温度传感器、温度补偿器
		PTC($BaTiO_3$)	温度补偿器、限流元件、自控加热元件
		CTR(V_2O_5)	热传感元件、防火传感器
		ZnO 压敏陶瓷	噪声消除、避雷器、浪涌电流吸收器
		SiC 发热体	中高温电热元件、小型电热器
		半导体 $BaTiO_3$,$SrTiO_3$	晶界层电容器
	快离子导体陶瓷	ZrO_2,β-Al_2O_3	氧传感器、氧泵、燃料电池、固体电解质
光功能陶瓷	透明氧化铝陶瓷	Al_2O_3	高压钠灯
	透明氧化镁陶瓷	MgO	照明或特殊灯管、红外透过材料
	透明氧化铍陶瓷	BeO	激光元件

续表

功能	系 列	材 料	用 途
光功能陶瓷	透明氧化钇陶瓷	Y_2O_3	激光元件
	透明氧化钍陶瓷	ThO	激光元件
	PLZT 透明氧铁电陶瓷	$PbLa(Zr,Ti)O_3$	光存储元件、视频显示和存储系统、光开关、光阀
生化陶瓷	湿敏陶瓷	$MgCrO-TiO_2$,$TiO_2-V_2O_5$,Fe_3O_4,$NiFe_2O_4$	湿敏传感器
	气敏陶瓷	SnO_2,α-Fe_3O_4,ZrO_2,ZnO	各种气体传感器
	载体用陶瓷	堇青石瓷,Al_2O_3,SiO_2	汽车尾气催化剂载体、气体催化剂载体
	催化陶瓷	沸石、过镀金属氧化物	接触分解反应催化、排气净化催化
	生化陶瓷	Al_2O_3,羟基磷灰石	人造牙齿、人造骨骼等

11.3 复合材料

金属材料、高分子材料和陶瓷材料作为工程材料三大支柱,在使用性能上各有其优点和不足,因此,它们各有自己的应用范围。随着科学技术的发展,对材料提出了越来越高的性能要求。因此,使用单一材料来满足这些性能要求变得越来越困难。所以,目前出现了将多种单一材料采用不同成形方式组合成一种新的材料——复合材料。

11.3.1 复合材料的概念

凡是两种或两种以上不同物理或化学性质或不同组织结构的材料,以微观或宏观的形式组合而成的多相材料,均可称为复合材料。复合材料是多相材料。复合材料既保持了原有材料的特点,又具有比原材料更好的性能,即具有“复合”效果。不同材料复合后,通常是其中一种材料为基体材料,起黏结作用;另一种材料作为增强剂材料,起承载作用。

自然界中许多天然材料都可看做是复合材料,如树木是由纤维素和木质素复合而得,纸是由纤维物质与胶质物质组成的复合材料,又如动物的骨骼也可看做是由硬而脆的无机磷酸盐和软而韧的蛋白质骨胶组成的。人类很早就效仿天然复合材料,在生产和生活中制成了初期的复合材料。例如,在建造房屋时,往泥浆中加入麦秸、稻草可增加泥土的强度。还有钢筋混凝土是由水泥、砂子、石子、钢筋组成的复合材料。诸如此类的复合材料,在工程上屡见不鲜。复合材料一般是由强度和弹性模量较高、但脆性大的增强剂和韧性好但强度和弹性模量低的基体相组成。它们是将增强材料均匀地混合分散在基体材料中,以克服单一材料的某些弱点。

复合材料的最大优点是可以根据人的要求来改善材料的使用性能,将各种组成材料取长补短并保持各自的最佳特性,从而有效地发挥材料的潜力。所以,“复合”已成为改善材料性能的一种手段。目前复合材料愈来愈引起人们的重视,新型复合材料的研制和应用也愈来愈多。

11.3.2 复合材料的特点

复合材料可以是不同的非金属材料相互复合;还可以是不同的金属材料或金属与非金属材料相互复合。与其它传统材料比较,复合材料具有以下特点。

（1）复合材料的比强度和比模量较高

复合材料具有比其它材料高得多的比强度（抗拉强度除以密度）和比模量（弹性模量除以密度）。众所周知，许多结构和设备，不但要求材料的强度高，还要求密度小，复合材料就具备这种特性，如碳纤维增强环氧树脂的比强度是钢的 7 倍，比模量是钢的 4 倍。材料的比强度高，则所制作零件的重量和尺寸可减少；材料的比模量大，则零件的刚性大。一般使用复合材料制作的构件质量比使用钢材制作的构件质量可减轻 70% 左右，而使用复合材料所制作的构件的强度和刚度则基本上与钢材制作的构件相同。

（2）复合材料抗疲劳性能好

金属在循环应力作用下内部裂纹会不断扩展，直至最后发生断裂。疲劳破坏就是裂纹不断扩展，直至最后材料的承载能力丧失而突然断裂。金属材料，尤其是高强度金属材料，在循环应力作用下，对裂纹非常敏感，容易产生突发性破坏，并且金属材料的疲劳破坏一般没有征兆，容易造成重大事故。而在纤维增强复合材料中，每平方厘米截面上有成千上万根独立的增强纤维，外加载荷由增强纤维承担，受载后如有少量纤维断裂，载荷会迅速重新分布，由未断的纤维承担；另外，复合材料内部缺陷少、基体塑性好，有利于消除或减少应力集中现象。这样就使复合材料构件丧失承载能力的过程延长了，并在破坏前有预兆性，可提醒人们及时采取有效措施，如碳纤维增强聚酯树脂的疲劳极限相当于其抗拉强度的 70%～80%，而金属材料的疲劳极限一般只有其抗拉强度的 40%～50%。

（3）复合材料结构件减振性能好

工程上有许多机械结构，在工作过程中振动问题十分突出，如飞机、汽车及各种动力机械，当外加载荷的频率与结构的自振频率相同时，将产生严重的共振现象。共振会严重威胁结构的安全运行，有时会造成灾难性事故。据研究，结构的自振频率除了同结构本身的形状有关外，还与材料比模量的平方根成正比。纤维增强复合材料的自振频率高，可以避免产生共振。同时纤维与基体的界面具有吸振能力，故振动阻尼高。例如，用同样尺寸和形状的梁进行试验，金属梁需 9s 才停止振动，而碳纤维复合材料梁只要 2.5s，可见阻尼之高。

（4）复合材料高温性能好

一般铝合金在 400℃ 时，其弹性模量会急剧下降并接近于零，强度也会显著下降。纤维增强复合材料中，增强纤维承受外加载荷。增强纤维中除玻璃纤维的软化点较低（700～900℃）外，其它增强纤维材料的软化点（或熔点）一般都在 2000℃ 以上（见表 11-6）。用这类纤维材料制作复合材料，可以提高复合材料的耐高温性能，如玻璃纤维增强复合材料可在 200～300℃ 下工作；碳纤维或硼纤维增强复合材料可在 400℃ 时工作，而且其强度和弹性模量基本保持不变。此外，由于玻璃钢具有极低的导热系数（只有金属的千分之一至百分之一），因此，可瞬时承受超高温，故可做耐烧蚀材料。

表 11-6　常用增强纤维的软化点

纤维种类	石英玻璃纤维	Al_2O_3	碳纤维	氮化硼纤维	SiC	硼纤维	B_4C
熔点（软化点）/℃	1600	2040	2650	2980	2690	2300	2450

用钨纤维增强的钴、镍或其它合金，可在 1000℃ 以上工作，提高了金属的耐高温性能。

（5）独特的成形工艺

复合材料制造工艺简单，易于加工，并可按设计需要突出某些特殊性能，如增强减摩性、增强电绝缘性、提高耐高温性等。另外，复合材料构件可以整体一次成形，减少零部件、紧固体和接头的数目，提高材料利用率。

目前纤维增强复合材料还存在一些问题,如各向异性力学性能差异较大(横向抗拉强度和层间剪切强度比纵向低得多),断裂伸长较小,抵抗冲击载荷能力较低,价格成本较高。这些问题解决后,将使复合材料的推广和应用得到进一步发展。

11.3.3　常用复合材料的分类

复合材料的种类繁多,目前还没有统一的分类方法。按基体材料的不同,复合材料可分为聚合物基复合材料、陶瓷基复合材料和金属基复合材料。按复合材料的增强剂种类和结构形式的不同,复合材料可分为三类:纤维增强复合材料、层叠增强复合材料和细粒增强复合材料,如图 11-2 所示。

　　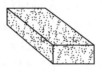

(a) 纤维增强复合材料　　(b) 层叠增强复合材料　　(c) 细粒增强复合材料

图 11-2　复合材料结构示意图

(1)纤维增强复合材料

纤维增强复合材料是以玻璃纤维、碳纤维、硼纤维等陶瓷材料做复合材料的增强剂,复合于塑料、树脂、橡胶和金属等基体材料之中所形成的复合材料,如橡胶轮胎、玻璃钢、纤维增强陶瓷等都是纤维增强复合材料。

(2)层叠增强复合材料

层叠增强复合材料是克服复合材料在高度上性能的方向性而发展起来的复合材料,如三合板、五合板、钢-铜-塑料复合的无油润滑轴承材料、巴氏合金-钢双金属层滑动轴承材料等就是这类复合材料。

(3)细粒复合材料

金属陶瓷(硬质合金)就是以 TiC、WC 或 TaC 等碳化物为基体,以金属 Ni、Co 为黏合剂,将它们用粉末冶金方法经烧结所形成的颗粒增强复合材料。

11.3.4　常用纤维增强复合材料简介

纤维增强复合材料是复合材料中发展最快、应用最广的一种复合材料。它具有比强度和比模量高,减振性能和抗疲劳性能好以及耐高温等特点。目前常用的纤维增强复合材料有以下几种。

(1)玻璃纤维增强复合材料

以树脂为基体玻璃纤维为增强剂的复合材料称为玻璃纤维增强复合材料。根据树脂在加热和冷却时所表现的性质不同,玻璃纤维增强复合材料分为热塑性玻璃纤维增强复合材料(基体为热塑性塑料,如尼龙、聚苯乙烯)和热固性玻璃纤维增强复合材料(基体为热固性塑料,如环氧树脂、酚醛树脂)两种。其中热塑性玻璃纤维增强复合材料比普通塑料具有更高的强度和冲击韧性。其增强效果因树脂的不同而有差异,其中尼龙(聚酰胺)的增强效果最为显著,聚碳酸酯、聚乙烯和聚丙烯的增强效果也较好。

热固性玻璃纤维增强复合材料又称玻璃钢,它是目前应用最广泛的一种新型工程材料。其它复合材料由于价格昂贵、制造技术复杂,大部分仅限于在宇航、国防等工业中满足一些特殊的应用要求。

玻璃钢的性能特点是强度较高,接近或超过铜合金和铝合金。密度为 $1.5\sim2.8g/cm^3$,只有钢的 $1/4\sim1/5$。因此,它的比强度不但高于铜合金、铝合金,甚至超过合金钢,此外它还具有较好的耐腐蚀性。但玻璃钢的弹性模量较低,对于某些承载结构件必须考虑。

玻璃钢在石油化工行业应用广泛,例如,用玻璃钢制造各种罐、管道、泵、阀门、贮槽等,或者作金属、混凝土等设备内壁的衬里,可使这些化工设备在不同介质、温度和压力条件下的工作寿命增加。玻璃钢的另一重要用途是制造输送各种能源(水、石油、天然气等)的管道。与金属管道相比,它的综合成本低、质量轻。

交通运输工具应用玻璃钢也有发展前途。由于玻璃钢比强度高,耐腐蚀性能好,现已用于制造各种轿车、载重汽车的车身和各种配件。铁路部门采用玻璃钢制造大型罐车,减轻了自重,提高了重量利用系数(载重量/车自重)。另外,采用玻璃钢制造船体及其部件,使船舶在防腐蚀、防微生物、提高寿命及提高承载能力、航行速度等方面都收到了良好的效果。

玻璃钢在机械工业方面的应用也日益扩大,从简单的防护罩类制品(如电动机罩、发电机罩、皮带轮防护罩等)到较复杂的结构件(如风扇叶片、齿轮、轴承等)均采用玻璃钢。利用玻璃钢优良的电绝缘性能,可以制造各种电工器材和结构,如开关装置、电缆输送管道、高压绝缘子、印刷电路等。玻璃钢的主要缺点是弹性模量较小,只有钢的 $1/5 \sim 1/10$。因此,玻璃钢用作受力构件时,往往强度有余,而刚度较差,易变形。此外,玻璃钢还有耐热性差、易老化和蠕变的缺点。随着玻璃钢弹性模量的改善,长期耐高温性能的提高,抗老化性能的改进,特别是生产工艺和产品质量的稳定,它的应用一定会有更大的拓展。

(2)碳纤维树脂复合材料

碳纤维通常和环氧树脂、酚醛树脂、聚四氟乙烯等组成复合材料。碳纤维树脂复合材料不仅保持了玻璃钢的许多优点,而且许多性能优于玻璃钢。碳纤维树脂复合材料的强度和弹性模量都超过铝合金,而接近高强度钢,完全弥补了玻璃钢弹性模量小的缺点。碳纤维树脂复合材料的密度比玻璃钢小(只有 $1.6g/cm^3$),因此,它的比强度和比模量在现有复合材料中居第一位。此外,碳纤维树脂复合材料还具有优良的耐磨性、减摩性、自润滑性、耐腐蚀性及耐热性等优点。不足之处是碳纤维与树脂的黏结力不够大,各向异性明显。

在机械制造工业中,碳纤维树脂复合材料用来制作承载零件和耐磨零件,如连杆、活塞、齿轮和轴承等,用于制作有抗腐蚀要求的化工机械零件,如容器、管道、泵等;用于制作航空航天飞行器的外层,用于制作人造卫星和火箭的机架、壳体、天线构架等。

思 考 题

1. 什么是高分子材料?
2. 塑料的主要成分是什么?它们各起什么作用?
3. 橡胶的性能特点是什么?
4. 陶瓷材料有何特点?
5. 陶瓷材料的相组成阳极各相的作用是什么?
6. 何谓复合材料?

第12章 新型材料简介

12.1 形状记忆合金

形状记忆是指具有初始形状的制品变形后,通过热、电、光等物理刺激或者化学刺激处理又可以恢复初始形状的功能,具有形状记忆功能的材料称为形状记忆材料(shape memory materials,简称SMM)。形状记忆合金是目前形状记忆材料中形状记忆性能最好的材料,目前已开发成功的形状记忆合金有TiNi基形状记忆合金、铜基形状记忆合金、铁基形状记忆合金等。

12.1.1 形状记忆效应的机理

冷却时高温母相转变为马氏体的开始温度 M_s 与加热时马氏体转变为母相的起始温度 A_s 之间的温度差称为热滞后。普通马氏体相变的热滞后大,在 M_s 以下马氏体瞬间形核瞬间长大,随温度下降,马氏体数量增加是靠新核心形成和长大实现的。而形状记忆合金中的马氏体相变热滞后非常小,在 M_s 以下升降温时马氏体数量减少或增加是通过马氏体片缩小或长大来完成的,母相与马氏体相界面可逆向光滑移动。这种热滞后小、冷却时界面容易移动的马氏体相变称为热弹性马氏体相变。

如图12-1所示,当形状记忆合金从高温母相状态(a)冷却到低于 M_s 点的温度后,将发生马氏体相变(b),这种马氏体与钢中的淬火马氏体不一样,通常它比母相还软,为热弹性马氏体。在马氏体范围变形成为变形马氏体(c),在此过程中,马氏体发生择优取向,处于与应力方向有利的马氏体片长大,而处于不利取向的马氏体被有利取向的吞并,最后成为单一有利取向的有序马氏体。形状记忆效应产生的主要原因是由于相变。大部分形状记忆合金相变是热弹性马氏体相变。一般称高温相为母相,低温相为马氏体相。

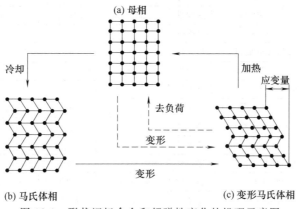

图 12-1 形状记忆合金和超弹性变化的机理示意图

将母相冷却变成马氏体,然后经塑性变形改变形状,再重新加热到 A_s 以上,使其发生逆转变,当马氏体完全消失时,样品完全恢复母相形状,这种记忆效应称为单向形状记忆效应[见图12-2(a)],一般无特殊说明,都是指的这种效应,英文缩写为SME。有些合金不但对母相有记忆效应,而且从母相再次冷却成马氏体时,它还回复原马氏体的形状,这种现象为可逆形状

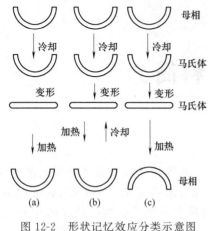

图 12-2 形状记忆效应分类示意图
（没按比例）

记忆效应或双向形状记忆效应[图 12-2(b)]。第三种形状记忆效应是在 Ti-Ni 合金系中发现的。这种 Ti-Ni 合金在冷热循环过程中，形状可回复到与母相刚好完全相反的形状，这种现象为全方位形状记忆效应[图 12-2(c)]。

形状记忆合金应具备以下三个条件：①马氏体相变是热弹性类型的；②马氏体相变通过孪生（切变）完成，而不是通过滑移产生；③母相和马氏体相均属有序结构。

如果直接对母相施加应力，也可由母相图 12-1(a)直接形成变形马氏体图 12-1(c)，这一过程称为应力诱发马氏体相变。应力去除后，变形马氏体又变回该温度下的稳定母相，恢复母相原来形状，应变消失，这种现象称为超弹性或伪弹性。超弹性发生于滑移变形临界应力较高时。此时，在 A_s 温度以上，外应力只要高于诱发马氏体相变的临界应力，就可以产生应力诱发马氏体，去除外力，马氏体立即转变为母相，变形消失。超弹性合金的弹性变形量可达百分之几到 20%，且应力与应变是非线性的。

12.1.2 形状记忆合金

迄今为止，已开发成功的形状记忆合金有十多个系列，五十多个品种，包括 Au-Cd、Ag-Cd、Cu-Zn、Cu-Zn-Al、Cu-Zn-Sn、Cu-Zn-Si、Cu-Sn、Cu-Zn-Ga、In-Ti、Au-Cu-Zn、NiAl、Fe-Pt、Ti-Ni、Ti-Ni-Pd、Ti-Nb、U-Nb 和 Fe-Mn-Si 等。已实用化的形状记忆合金只有 Ti-Ni 系合金和 Cu-Al 合金，其中 Ti-Ni 合金由于有较好的加工性，抗腐蚀性及优良的生物适应性，应用更普遍。根据现有资料，将各种形状记忆合金汇总于表 12-1。

表 12-1 具有形状记忆效应的合金

合 金	组成/%	相变性质	M_s/℃	热滞后/℃	体积变化/%	有序无序	记忆功能
Ag-Cd	44~49Cd(原子)	热弹性	−190~−50	约 15	−0.16	有	S
Au-Cd	46.5~50Cd(原子)	热弹性	−30~100	约 15	−0.41	有	S
Cu-Zn	38.5~41.5Zn(原子)	热弹性	−180~−10	约 10	−0.5	有	S
Cu-Zn-X	X=Si,Sn,Al,Ga(质量)	热弹性	−180~100	约 10	—	有	S,T
Cu-Al-Ni	14~14.5Al-3~4.5Ni(质量)	热弹性	−140~100	约 35	−0.30	有	S,T
Cu-Sn	~15Sn(原子)	热弹性	−120~−30	—	—	有	S
Cu-Au-Sn	23~28Au-45~47Zn(原子)	—	−190~−50	约 6	−0.15	有	S
Fe-Ni-Co-Ti	33Ni-10Co-4Ti(质量)	热弹性	约−140	约 20	0.4~2.0	部分有	S
Fe-Pd	30Pd(原子)	热弹性	约−100	—	—	无	S
Fe-Pt	25Pt(原子)	热弹性	约−130	约 3	0.5~0.8	有	S
In-Tl	18~23Tl(原子)	热弹性	60~100	约 4	−0.2	无	S,T
Mn-Cu	5~35Cu(原子)	热弹性	−250~185	约 25	—	无	S
Ni-Al	36~38Ai(原子)	热弹性	−180~100	约 10	−0.42	有	S
Ti-Ni	49~51Ni(原子)	热弹性	−50~100	约 30	−0.34	有	S,T,A

注：S 为单向记忆效应；T 为双向记忆效应；A 为全方位记忆效应。

12.1.3 形状记忆合金的应用

由于形状记忆合金的奇特功能，因而广泛应用于航空航天、机械电子、生物医疗、桥梁建筑、汽车工业及日常生活等多个领域。形状记忆合金在工程上的应用最早的就是作各种结构件，如紧固件、连接件、密封垫等。另外，也可以用于一些控制元件，如一些与温度有关的传感及自动控制。

（1）工程上的应用

① 用形状记忆合金作紧固件、连接件　应用该种方式用作连接件，是形状记忆合金用量最大的一项用途。其原理是预先将形状记忆合金管接头内径做成比待接管外径小 4%，在 M_s 以下马氏体非常软，可将接头扩张插入管子，当连接管渐渐升温在高于 M_s 的使用温度下，它将收缩到其记忆的形状，接头内径将复原，从而将管子牢牢地连接起来。美国 Raychem 公司用 Ti-Ni 记忆合金作 F-14 战斗机管接头，接头已超过 30 万个，至今无一例失败。作铆钉应用，可用于各种各类连接装置的结合，也有望用于原子能工业中依靠远距离操作进行的组装工作。用记忆合金作铆钉，铆接过程如图 12-3 所示。

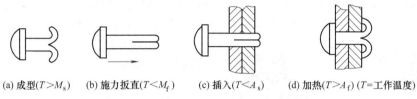

(a) 成型($T>M_s$)　(b) 施力扳直($T<M_f$)　(c) 插入($T<A_s$)　(d) 加热($T>A_f$) (T=工作温度)

图 12-3　形状记忆铆钉的铆接过程示意图

形状记忆合金作为低温配合连接应用在飞机的液压系统中及体积较小的石油、石化、电工业产品中。另一种连接件的形状是焊接的网状金属丝，用于制造导体的金属丝编织层的安全接头。这种连接件已经用于密封装置、电气连接装置、电子工程机械装置，并能在－65～300℃可靠地工作。

② 作驱动器　利用形状记忆合金弹簧可以制作热敏驱动元件用于自动控制。图 12-4 是美国和日本生产的育苗室、温室等天窗自动控制器。它是一种典型单程记忆合金簧和偏置压缩弹簧构成的驱动器。用 Cu-Zn-Al 合金制成螺旋簧，当室温高于 18℃时，形状记忆合金簧就压迫偏压弹簧，驱动天窗开始打开，到 25℃时天窗全部打开通风。当温度低于 18℃，则偏压弹簧压缩记忆合金簧，驱动天窗全部关闭。这种形状记忆元件的特点是它同时起到温度传感器和驱动器两种功能。将形状记忆合金制作成一个可打开和关闭快门的弹簧，用于保护雾灯免于飞行碎片的击坏。用于制造精密仪器或精密车床，一旦由于震动、碰撞等原因变形，只需加热即可排除故

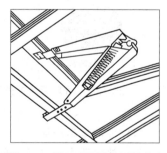

图 12-4　用 Cu 及形状记忆合金簧制作的天窗开闭装置

障。类似功能的器件，还有空调器阀门、取暖温度调节器、恒温器及电水壶、电饭锅等。

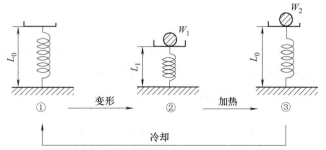

图 12-5　应用形状记忆效应制作热力发动机的原理示意图

③ 作能量转换器　利用形状记忆合金的双向记忆功能可制造机器人部件，还可制造热机，实现热能-机械能的转换。利用形状记忆效应制作热力发动机是能量转换器最典型的实例，其作用原理如图 12-5 所示，在温度达 T_{Mf} 点以下，长为 L_0 的形状记忆合金簧，由于载荷 W_1 作用而收缩为 L_1，再添加更重的载荷 W_2 并加热到 T_{Af} 点以上，螺旋簧产生逆转变而长到原来长度 L_0。回程的距离为 $L_0 - L_1$，这样一个循环可做功为 $(W_2 + W_1)(L_0 - L_1)$。借助热水和冷水的温差实现循环，使形状记忆合金产生机械运动而做功。

（2）生物医疗上的应用

形状记忆合金在医学上也有应用。以 Ni-Ti 记忆合金应用最有成效，由于 Ni-Ti 记忆合金具有良好的生物相容性，而且在各种生理溶液或介质中有良好的抗腐蚀性。我国已将其用于齿形矫正用丝、脊椎侧弯矫正棒、骨折固定板、妇女避孕环等，居世界先进水平。例如用超弹性 TiNi 合金作牙齿矫形丝，即使应变高达 10％也不会产生塑性变形，而且应力诱发马氏体相变（stress-induced martensite）使弹性模量呈现非线型特性，即应变增大时矫正力波动很少。这种材料不仅操作简单，疗效好，也可减轻患者不适感。利用形状记忆合金还可制作人工心脏瓣膜、血管过滤网、防止血栓的静脉过滤器等。

（3）航空航天工业中的应用

形状记忆合金已应用到航空和太空装置。如用于制造探索宇宙奥秘的月球天线（如图 12-6 所示），人们利用形状记忆合金在高温环境下将呈马氏体状态的 NiTi 丝制作好天线，再在低温下把它压缩成一个小铁球，使它的体积缩小到原来的千分之一，这样很容易运上月球，太阳的强烈的辐射使它恢复原来的形状，成为通讯的天线。按照需求向地球发回宝贵的宇宙信息。

另外，在卫星中使用一种可打开容器的形状记忆释放装置，该容器用于保护灵敏的锗探测器免受装配和发射期间的污染。

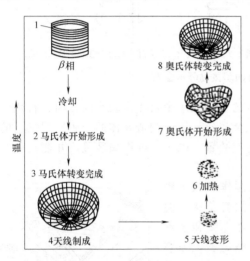

图 12-6　月球天线工作原理示意图

（4）日常生活应用

在日常生活中，已开发的形状记忆阀可用来防止洗涤槽中、浴盆和浴室的热水意外烫伤。如果水龙头流出的水温达到可能烫伤人的温度（约 48℃）时，形状记忆合金驱动阀门关闭，直到水温降到安全温度，阀门才重新打开。此外，用超弹性 TiNi 合金丝做眼镜框架，即使镜片热膨胀，该形状记忆合金丝也能靠超弹性的恒定力夹牢镜片。

12.2　非晶态合金

非晶态是指原子呈长程无序排列的状态。具有非晶态结构的合金称非晶态合金，非晶态合金又称金属玻璃。通常认为，非晶态仅存在于玻璃、聚合物等非金属领域，而传统的金属材料都是以晶态形式出现的。现在大量的实验证明，在一定条件下，许多金属合金都能形成玻璃态。

早在 20 世纪 50 年代，人们就从电镀膜上了解到非晶态合金的存在。60 年代发现用激光法从液态获得非晶态的 Au-Si 合金，70 年代后开始采用熔体旋辊急冷法制备非晶薄带。

目前非晶态合金应用正逐步扩大，其中非晶态软磁材料发展较快，已能成批生产。

由于金属玻璃的化学成分不同于普通玻璃，虽然二者的结构组态相似，它们的基本性质却是完全不同的，例如与普通玻璃相反，金属玻璃是韧而不透明的。与晶态金属相比，虽然二者的化学成分相似，甚至相同，但非晶态金属由于其结构的特殊性而使其性能不同于通常的晶态金属，具有一系列突出的性能。有的金属玻璃具有显著的高强度、高韧性、高抗腐蚀性等可贵的力学性能和化学性能，有的具有高电阻率、高磁导率、低铁电损耗等优良的电学和磁学性能，其应用前景非常广阔。美国的金属专家卢博尔斯基曾估算过，仅美国使用的电力变压器和电动机一项，如将目前使用的硅钢片换成金属玻璃后，由于降低能量损耗，能耗费用就可由每年 18 亿美元降为 8 亿美元，节约达 10 亿美元之巨。因此，近些年来非晶态合金的出现引起人们的极大兴趣，成为金属材料的一个新领域。

非晶态金属合金按组成元素的不同分为以下两大类。

① 金属＋金属型非晶态合金 这类非晶态合金主要是含锆，如 Cu-Zr、Ni-Zr（或 Nb、Ta、Ti）、Fe-Zr、Pd-Zr、Ni-Co-Zr（或 Nb、Ta、Ti）、Ni（或/和 Co）-Pt 族等。

② 金属＋类金属型非晶态合金 这类非晶态合金主要是由过渡金属与 B 或/和 P 等类金属组成的二元和三元，甚至多元的非晶态合金，如 $Fe_{72}Cr_8P_{13}C_7$、$Ni_{40}B_{43}$ 等。由于类金属的加入，显著增加了金属形成非晶态结构的稳定性。如少量稀土金属的加入使 Ni-P 合金的热稳定性提高。

12.2.1 非晶态金属的结构特点

（1）非晶态金属的结构

非晶态金属的主要特点是其内部原子排列短程有序而长程无序。为了区别非晶与微晶，定义非晶态金属的短程有序区应小于 $(1.5±0.1)nm$。在非晶态金属中，金属键是其结构特征。原子的主要运动是在平衡位置附近做运动距离远小于其原子间距的热振动，它的结构无序性是在非晶态形成过程中保留下来的。在非晶态金属中，最近邻原子间距与晶体的差别很小，配位数也接近。但是，在次近邻原子的关系上就可能有显著的差别。

均匀性是非晶态金属的一个显著特点。非晶态金属的均匀性包含 2 种含义。一是结构均匀、各向同性，它是单相无定形结构，没有像晶体那样的结构缺陷，如晶界、孪晶、晶格缺陷、位错、层错等。二是成分均匀性，在非晶态金属的形成过程中，无晶体那样的异相、析出物、偏析以及其它成分起伏。

非晶态结构是热力学不稳定的，这是非晶态金属的又一特征。非晶态金属表面原子的无序排列导致了表面当量的原子处于一种配位未饱和状态，体系的自由能较高，因而，非晶态金属总有近一步转变为稳定晶态的倾向，在热力学上是不稳定的。

（2）非晶态的结构模型

目前，非晶态的结构测定技术还不能得出原子排布情况的细节。所以根据原子间互作用的知识和已经认识的长程无序、短程有序等结构特点，建立理想化的原子排布的具体模型。常见的非晶态模型可分为微晶模型、拓扑无序模型。

① 微晶模型 这类模型认为非晶态材料是由晶粒非常细小的微晶组成，如图 12-7（a）所示。这样晶粒内的短程有序与晶体的完全相同，而长程无序是各晶粒的取向杂乱分布的结果。这种短程有序，长程无序的非晶态结构模型用于 Pd-Ni-P 非晶系相当成功。但是目前一般认为，微晶模型与实际非晶结构存在许多不相符之处。例如：微晶模型无法解释非晶态金属的密度只比同成分的晶态小 1%～2% 的实验事实。

② 拓扑无序模型 这类模型认为非晶态金属结构的主要特征是原子排列的混乱和无规，

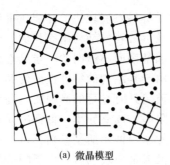 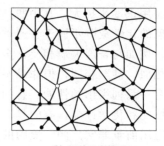

(a) 微晶模型　　　　　　　　　(b) 拓扑无序模型

图 12-7　非晶态结构模型

即原子间的距离或各对原子间的夹角，都没有明显的规律性，如图 12-7（b）所示。这类模型强调的是无序，把非晶中实际存在的短程有序看作是无规堆积中附带产生的结果。两种具有代表性的模型是硬球无规密堆模型和连续无规网络模型。

非晶态金属和合金的许多性质都直接取决于它的原子结构组态。然而在实验上，至今还没有一种实验手段可以准确地确定非晶态结构，既给出全部原子的坐标。因此。借助于理论模型来讨论非晶态结构就具有特别重要的意义。目前，虽然还不能由结构模型来回答非晶态合金与成分有关的许多问题，但是，这些模型已能用来解释非晶态合金的某些结构与性能及成分的关系，诸如弹性、磁性等。反过来，又将进一步促进人们对非晶态结构的深入认识。

12.2.2　非晶态金属性能特点及应用

由于非晶态金属在原子排布上完全不同于晶态金属，微观结构决定了它具有一系列新的特点，如优异的磁性、电性、化学及力学性能等，因而被认为是金属材料科学中的一次革命。非晶材料具有晶态材料所无法比拟的优异性能，具有潜在的广阔的应用前景。具体通过以下各方面阐述。

（1）磁学性能

非晶态合金磁性材料具有高磁导率、高磁感、低铁损和低矫顽力等特性，而且无磁各向异性，是目前非晶态金属获得广泛应用的重要原因，也是研究得最多的重要领域。但非晶合金也有饱和磁感应强度低、热处理后材质发脆、成本较高等缺点。

高磁感、低铁损的非晶磁性材料，多为铁基非晶态合金。该类合金主要用来做变压器及电动机铁心材料。非晶变压器的铁损值为现行硅钢变压器的 1/3～1/4。如果把我国现在的配电变压器全部换成非晶态合金变压器，每年可为国家节约电 90 亿千瓦小时，这就意味着每年可以建一座 100 万千瓦火力发电厂，减少燃煤 3643t，减少二氧化碳等废气排放 900 多万立方米。从这个意义上讲，非晶态合金被人们誉为"绿色材料"。

利用非晶合金的磁滞伸缩特性可制作各种传感器。利用 Fe 基非晶合金的高伸缩特性可制作防盗传感器、转数传感器等。以 Co 基合金为代表，利用具零磁滞伸缩效应，可以制作磁头、电流传感器、位移传感器等。钴基非晶态金属除了具有较高的磁导率、很低的矫顽力和损耗外，还具有良好的高频性能，适合做电子器件，如电子变压器、磁放大器、磁记录头等。

此外非晶态金属还可作为非晶开关电源、非晶合金磁屏蔽、安全可靠的非晶漏电保护器以及磁分离用的理想材料。

（2）力学性能

非晶态合金力学性能的特点是具有高的强度、硬度和韧性。非晶态合金由于其结构中不存在位错，没有晶体那样的滑移面，因而不易发生滑移，具有很高的强度。例如非晶态铝合金的抗拉强度（1140MPa）是超硬铝抗拉强度（520MPa）的两倍。非晶态合金 Fe80B20 抗拉强度达 3630MPa，而晶态超高强度钢的抗拉强度仅为 1820～2000MPa。非晶合金的硬度高，有些合金的硬度可达 HV1400。非晶态金属还具有较高塑性和冲击韧性，在变形时无加工硬化现象，例如非晶薄带可以反复弯曲 180°而不断裂，并可以冷轧，有些合金的冷轧压下率可达 50%。表 12-2 列举了几种非晶态合金的力学性能。

表 12-2　几种非晶态合金的力学性能

合　　金		硬度 HV	抗拉强度/MPa	断后伸长率/%	弹性模量/MPa
非晶态合金	Pd83Fe7Si10	4018	1860	0.1	66640
	Cu57Zr43	5292	1960	0.1	74480
	Co75Si15B10	8918	3000	0.2	53900
	Fe80P13C7	7448	3040	0.03	121520
	Ni75Si8B17	8408	2650	0.14	78400
晶态	18Ni-9Co-5Mo		1810～2130	10～12	

利用非晶态合金的高强度、高韧性以及工艺上可以制成条带或薄片，目前已用它来制作轮胎、传送带、水泥制品及高压管道的增强纤维。还可用来制作各种切削刀具和保安刀片。

用非晶态合金纤维代替硼纤维和碳纤维制造复合材料，可进一步提高复合材料的适应性。如采用非晶态金属制备的高耐磨音频、视频磁头在高档录音、录像机中广泛应用；而采用非晶丝复合强化的高尔夫球杆、钓鱼竿已经面市；非晶态金属纤维对水泥有强化作用，仅仅加入 1% 体积的非晶纤维就可以使水泥的断裂强度提高 200 倍；非晶态合金纤维还用于飞机构架和发动机元件的研制中。

（3）化学性能

① 耐蚀性　非晶态金属比晶态合金更加耐腐蚀，特别是在氯化物和硫酸盐中的抗腐蚀性大大超过不锈钢，获得了"超不锈钢"的名称。非晶态合金的高耐腐蚀性能是由于它的结构和化学上高度均匀的单相特点。它没有晶态合金的晶粒、晶界、位错、杂质偏析等缺陷。在晶态金属中，这些缺陷密集处具有高活性，起着腐蚀成核的作用，引起局部腐蚀。非晶态合金不发生局部腐蚀而形成均匀的钝化膜，因而具有很高的抗腐蚀能力。例如，不锈钢在含有氯离子的溶液中，一般都要发生点腐蚀、晶间腐蚀，甚至应力腐蚀和氢脆，而非晶态的 Fe-Cr 合金可以弥补不锈钢的这些不足。Cr 可显著改善非晶态合金的耐蚀性，能迅速形成致密、均匀、稳定的高纯度 Cr_2O_3 钝化膜。非晶态金属 Fe72Cr8P13C7 合金已成为化工、海洋和医学方面等一些易腐蚀环境中应用设备的首选材料。如制造海上军用飞机电缆，鱼雷，化学滤器，反应容器等。

② 催化性能　非晶态金属表面能高，展现出较高的活性中心密度和较强的活化能力，可连续改变成分，具有明显的催化性能。非晶态金属催化剂主要应用于催化剂加氢、催化脱氢、催化氧化及电催化反应等。

③ 贮氢性能　非晶态金属还具有优良的贮氢性能。某些非晶态金属通过化学反应可以吸收和释放出氢，可以用作贮氢材料。

（4）电性能

非晶态合金在室温下具有很高的电阻率，比晶态合金高 2～3 倍。在温度为 0K 时，剩余电阻率远远大于晶态合金。非晶态合金的电阻温度系数比晶态合金的小。多数非晶态合金具有负的电阻温度系数，即随温度升高电阻率连续下降。电阻率最小和温度系数为零的非晶态合金，在一些仪表测量中具有广阔的应用前景。

（5）光学性能

金属材料的光学特性受其金属原子的电子状态所支配，某些非晶态金属由于其特殊的电子状态而具有十分优异的对太阳光能的吸收能力。所以利用某些非晶态材料能够制造出相当理想的高效率的太阳能吸收器。非晶态金属具有良好的抗辐射（中子、γ射线等）能力，使其在火箭、宇航、核反应堆、受控热核反应等领域具有特殊的应用前景。

总之，非晶态合金因其优异的力学、磁学、电学和化学性能，具有十分广泛应用。而且大部分非晶态合金是直接按液态急冷而成，不需要一般晶态金属带材和丝材所需经过的铸造、锻造、轧制或拉拔等多种工序，因而工艺简单。加上非晶态合金的组分有许多是较便宜的原料。因此，非晶态合金是一种有广阔应用前景的新型材料。

12.3 超导材料

1911年荷兰物理学家昂尼斯在研究水银低温电阻时发现：当温度降到4.2K时，水银的电阻急剧下降，以致完全消失（即零电阻）。我们把某些金属、合金和化合物在冷却到某一温度点以下电阻为零的现象称为超导电性，相应物质称为超导体。超导体由正常态转变为超导态的温度称为这种物质的转变温度（或临界温度）T_c。现已发现大多数金属元素以及数以千计的合金、化合物都在不同条件下显示出超导性。如钨的转变温度为0.012K，锌为0.75K，铝为1.196K，铅为7.193K。

超导现象的发现，引起了各国科学家的高度重视、并寄予很大期望。但由于早期的超导体存在于液氦极低温度条件下，极大地限制了超导材料的应用。为了使超导材料有实用性，人们一直在探索高温超导体。二十几年来，高温超导材料的发展已经经历了四代：第一代镧系，如La-Cu-Ba氧化物，$T_c=91$K；第二代钇系，如Y-Ba-Cu氧化物，我国已研制出$T_c=92.3$K的钇系超导薄膜；第三代铋系，如Bi-Ca-Cu，$T_c=114\sim120$K；第四代铊系，如Tl-Ca-Ba-Cu氧化物，$T_c=122\sim125$K。1990年发现的一种不含铜的钒系复合氧化物T_c已达132K。T_c还在进一步不断提高，得到干冰温度（240K）甚至室温的超导体都是可能的。

12.3.1 超导现象及超导材料的基本性质

（1）超导体基本物理现象

① 零电阻效应 当材料温度T降至某一数值T_c时，超导体的电阻突然变为零，这就是超导体的零电阻效应。电阻突然消失的温度称为超导体的临界温度T_c。

② 迈斯纳效应 这一现象是1933年德国物理学家迈斯纳等人在实验中发现的，只要超导材料的温度低于临界温度而进入超导态以后，超导材料就会将磁力线完全排斥于体外，因此其体内的磁感应强度总是零，这种现象称为"迈斯纳效应"（见图12-8）。即在超导状态下，超导体内磁感应强度$B=0$。

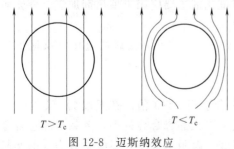

图12-8 迈斯纳效应

迈斯纳效应指明了超导态是一个热力学平衡状态，与如何进入超导态的途径无关，超导态的零电阻现象和迈斯纳效应是超导态的两个相互独立，又相互联系的基本属性。单纯的零电阻并不能保证迈斯纳效应的存在，但零电阻效应又是迈斯纳效应的必要条件。因此，衡量一种材料是否是超导体，必须看是否同时具备零电阻和迈斯纳效应。

（2）超导体的临界参数

超导体有 3 个基本临界参数：临界温度 T_c、临界磁场 H_c 和临界电流 I_c。

① 临界温度 T_c　超导体从常导态转变为超导态的温度就叫做临界温度，以 T_c 表示。即临界温度就是电阻突然变为零时的温度。目前已知的金属超导材料中铑的临界温度最低，为 $0.0002K$，$Nb3Ge$ 最高，为 $23.3K$。为了便于超导材料的使用。希望临界温度越高越好。在实际情况中，由于材料的组织结构不同，导致临界温度不是一个特定的数值。

② 临界磁场 H_c　对于处于超导态的物质，若外加足够强的磁场，则可以破坏其超导性，使其由超导态转变为常导态。一般将可以破坏超导态所需的最小磁场强度叫做临界磁场，以 H_c 表示。H_c 是温度的函数。当 $T = T_c$ 时，$H_c = 0$。随着温度的下降，H_c 升高，到绝对零度时达到最高。可见在绝对零度附近超导材料并没有实用意义，超导材料的使用都要在临界温度以下的较低温度使用。

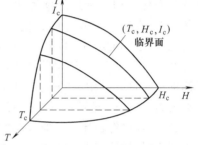

③ 临界电流 I_c　产生临界磁场的电流，也就是超导态允许流动的最大电流，叫做临界电流，即破坏超导电性所需的最小极限电流，以 I_c 表示。

④ 三个临界参数的关系　要使超导体处于超导状态，必须将其置于三个临界值 T_c、H_c 和 I_c 之下。三者缺一不可，任何一个条件遭到破坏，超导状态随即消失。三者关系可用图 12-9 所示曲面来表示。在临界界面以下的状态为超导态，其余均为常导态。

图 12-9　三个临界参数之间的关系

12.3.2　超导材料的分类及性能

超导材料主要可分为超导元素、超导合金、陶瓷超导体和聚合物超导体四大类。

超导材料按其化学组成可分为元素超导体、合金超导体、化合物超导体和氧化物超导体。近年来，由于具有较高临界温度的氧化物超导体的出现，有人把临界温度 T_c 达到液氮温度（$77K$）以上的超导材料称为高温超导体。超导元素、合金超导体、化合物超导体均属低温超导材料。

（1）低温超导体

① 元素超导体　在常压下，在目前所能达到的低温范围内，已有 28 种超导元素。其中过渡族元素 18 种，如 Ti、V、Zr、Nb、Mo、Ta、W、Re 等；非过渡元素 10 种，如 Bi、Al、Sn、Cd、Pd 等。超导元素中，除钒（V）、铌（Ni）、钽（Tc）外，其余元素超导体由于临界磁场很低，其超导状态很容易受磁场影响而遭受破坏，因此很难实用化，技术上实用价值不高。

② 合金超导体　超导元素加入某些其它元素作合金成分，可以使超导材料的全部性能提高。与元素超导体相比，超导合金材料具有机械强度高、磁场强度低、塑性好、易于大量生产、成本低等优点，如最先应用的铌锆合金（$Nb-75Zr$），但由于工艺较麻烦，制造成本高，且与铜的结合性能较差，近年来在应用上 Nb-Zr 合金逐渐被淘汰。后发展了 Nb-Ti 合金合金，Nb-Ti 合金线材虽然不是当前最佳的超导材料，但由于这种线材的制造技术比较成熟，性能也比较稳定，生产成本低，所以目前 Nb-Ti 系超导合金仍是实用线材中的主导。铌钛合金再加入钽、锆等元素的三元合金，性能进一步提高。如 Nb-60Ti-4Ta 的 $T_c = 9.9K$，$H_c = 12.4T（4.2K）$；Nb-70Ti-5Ta 的性能是，$T_c = 9.8K$，$H_c = 12.8T$。它们是制造磁流体发电机大型磁体的理想材料。

③ 化合物超导体 超导化合物的超导临界参量（T_c、H_c 和 I_c）均较高，是性能良好的强磁场超导材料。目前较成熟的是 Nb_3Sn，V_3Ga 两种超导化合物，其它化合物由于加工成线材较困难，尚不能实用。日本开发的用加 Ti 的 Nb_3Sn 线材制成的超导磁体已投入使用。

（2）高温超导体

1986 年人类在超导体研究领域取得了一次历史性的突破，发现了一些复杂的氧化物陶瓷具有高的临界转变温度，其 T_c 超过了 77K，即可在液氮的温度下工作，故称为高温超导体。高温超导体主要由氧化物超导体与非氧化物超导体组成。

① 氧化物超导体 氧化物超导材料的发现既有重要的理论意义又有应用前景，打破了人们认为高电阻的氧化物不能显示超导电性的认识，并使超导临界温度达到 132K。氧化物超导体化学成分和晶体结构都相当复杂，已发现的氧化物超导体结构基本是 ABO_4 钙钛矿结构的变形。相继发现的这类超导体有近百种。主要有：镧锶铜氧化物（La-Sr-Cu-O）超导体，T_c 在 20～40K 之间；钇钡铜氧化物（Y-Ba-Cu-O）超导体，其 $T_c \geqslant 90K$；铊钡钙铜氧化物（Tl-Ba-Ca-Cu-O）Tc＝125K；汞钡钙铜氧化物（Hg-Ba-Ca-Cu-O）超导体和钕铈铜氧化物（Nd-Ce-Cu-O）超导体。其中汞钡钙铜氧化物超导体是目前所发现的超导转变温度最高的超导体，其中 $Tl_2Ba_2Ca_2Cu_3O_{10}$ 的 T_c＝125K，Ag 系的 T_c 已达 132K，若在高压下合成材料，其 T_c 还可进一步提高，如在 10GPa 高压下合成的超导体 T_c 可达 150K。

② 非氧化物超导体 非氧化物高温超导体主要是 C60 化合物。1991 年贝尔实验室合成出 K3C60 超导体（T_c＝18K）以来，已进行了许多这方面的研究工作。C60 及其衍生物具有巨大的应用前景，如作为实用超导材料和新型半导体材料已经在许多领域获得重要的应用。2001 年 1 月，日本科学家发现了临界转变温度为 39K 的 MgB_2 超导体，引起了全世界的广泛关注。综合制冷成本和材料成本，MgB_2 超导体在 20～30K，低场条件下应用具有明显的价格优势，尤其是在工作磁场 1～2T 的核磁共振成像 MRI 磁体领域。

12.3.3 超导材料的应用

超导材料的用途非常广阔，大致可分为三类：大电流应用（强电应用）、电子学应用（弱电应用）和抗磁性应用。大电流应用即超导发电、输电和储能；电子学应用包括超导计算机、超导天线、超导微波器件等；抗磁性应用则是利用材料的完全抗磁性制作无摩擦陀螺仪和轴承，还可应用于磁悬浮列车和热核聚变反应堆等。

（1）发电、输电和储能

超导材料最诱人的应用是发电、输电和储能。由于超导材料在超导状态下具有零电阻和完全的抗磁性，因此只需消耗极少的电能，就可以获得 10 万高斯以上的稳态强磁场。而用常规导体做磁体，要产生这么大的磁场，需要消耗 3.5MW 的电能及大量的冷却水，投资巨大。超导磁体可用于制作交流超导发电机、磁流体发电机和超导输电线路等。

（2）超导计算机

高速计算机要求集成电路芯片上的元件和连接线密集排列，但密集排列的电路在工作时会发生大量的热，而散热是超大规模集成电路面临的难题。超导计算机中的超大规模集成电路，其元件间的互连线用接近零电阻和超微发热的超导器件来制作，不存在散热问题，同时计算机的运算速度大大提高。此外，科学家正研究用半导体和超导体来制造晶体管，其至完全用超导体来制作晶体管。

（3）超导磁悬浮列车

利用超导材料的抗磁性，将超导材料放在一块永久磁体的上方，由于磁体的磁力线不能穿过超导体，磁体和超导体之间会产生排斥力，使超导体悬浮在磁体上方。利用这种磁悬浮效应可以制作高速超导磁悬浮列车。

（4）核聚变反应堆"磁封闭体"

核聚变反应时，内部温度高达 1 亿～2 亿摄氏度，没有任何常规材料可以包容这些物质。而超导体产生的强磁场可以作为"磁封闭体"，将热核反应堆中的超高温等离子体包围、约束起来，然后慢慢释放，从而使受控核聚变能源成为 21 世纪前景广阔的新能源。

超导材料具有的优异特性使它从被发现之日起，就向人类展示了诱人的应用前景。随着近年来研究工作的深入，超导体的某些特性已具有实用价值，例如超导磁悬浮列车已在某些国家进行试验，超导量子干涉器也研制成功，超导船、用约瑟夫森器件制成的超级计算机等正在研制过程中。采用超导磁体后，可以使现有设备的能量消耗降低到原来的十分之一到百分之一。从实际应用观点，超导体磁-电的壁垒已被冲破，但要实际应用超导材料又受到一系列因素的制约，主要障碍在于温度的壁垒，提高 T_c 是人们最执著的目标，其次还有材料制作的工艺等问题，如脆性的超导陶瓷如何制成柔细的线材，超低温用结构材料的检测技术，制冷及冷却技术等。从超导技术发展的历程来看，新的更高转变温度材料的发现和制造工艺技术突破都有可能。目前高温超导材料正从研究阶段向应用发展阶段转变，超导技术作为一类有重大发展潜力的应用技术，已经进入实际应用开发与应用基础性研究相互推动，逐步发展为高技术产业的阶段。

12.4 贮氢合金

氢能源是未来社会的新能源和清洁能源之一，如用氢气取代汽油作汽车燃料不仅对环保十分有利，而且氢发动机的热效率比汽油高。然而使用氢能源的关键技术之一就是如何安全而经济地贮存和输送。最有前景的贮运氢气的方式是用金属氢化物贮氢材料进行贮运。

金属氢化物储氢材料通常称为储氢合金。在一定的温度和压力条件下，这些金属能够大量"吸收"氢气，反应生成金属氢化物，同时放出热量，其后将这些金属氢化物加热，它们又会分解，将储存在其中的氢释放出来。

储氢合金的储氢能力很强。单位体积储氢的密度，是相同温度、压力条件下气态氢的1000 倍，也即相当于储存了 1000 个大气压的高压氢气。由于储氢合金都是固体，既不用储存高压氢气所需的大而笨重的钢瓶，又不需存放液态氢那样极低的温度条件，需要储氢时使合金与氢反应生成金属氢化物并放出热量，需要用氢时通过加热或减压使储存于其中的氢释放出来，如同蓄电池的充、放电，不易爆炸，安全程度高。因此储氢合金是一种极其简便易行的理想储氢方法。

目前研究发展中的储氢合金，主要有钛系储氢合金、锆系储氢合金、铁系储氢合金及稀土系储氢合金。值得注意的是一些新的储氢材料性能正引起广泛的注意，例如：包括 C60、碳纳米管等碳材料。本节将重点论述金属氢化物的贮氢原理、贮氢合金材料及其重要应用。

12.4.1 金属氢化物贮氢技术原理

称得上"贮氢合金"的材料应具有像海绵吸收水那样能可逆地吸放大量氢气的特性。原则上说，这种合金大都属金属氢化合物，其特征是由一种吸氢元素或与氢有很强亲和力的元素（A）和另一种吸氢量小或根本不吸氢的元素（B）共同组成。在一定温度和压力下，贮氢合金与气态 H_2 可逆反应生成金属固溶体 MH_x 和氢化物 MH_y。反应分三步进行，依次如下。

第一步：先吸收少量氢，形成含氢固溶体（MH_x/α 相），此时合金结构保持不变，其固溶度 $[H]_M$ 与固溶体平衡氢压 P_{H_2} 的平方根成正比。

$$P_{H_2}^{\frac{1}{2}} \propto [H]_M \qquad (12-1)$$

第二步：固溶体进一步与氢反应，产生相变，生成氢化物相（MH_y/β 相）。

$$2/(y-x)MH_x + H_2 \leftrightarrow 2/(y-x)MH_y + Q \qquad (12-2)$$

式中，x 是固溶体中的氢平衡浓度；y 是合金氢化物中氢的浓度。一般 $y \geq x$。

第三步：再提高氢压，金属中的氢含量略有增加。

金属与氢的反应是一个可逆过程。正向反应吸氢、放热，逆向反应释氢、吸热。改变温度和压力条件可使反应按正向、逆向反复进行，实现材料的吸氢/放氢功能。合金的吸气反应机理如图 12-10 所示。氢分子与合金接触时，就吸附于合金表面上，氢的 H—H 键解离、成为原子状的氢（H）、原子状氢从合金表面向内部扩散，侵入比氢原子半径大得多的金属原子与金属的间隙中（晶格间位置）形成固溶体 α 相。随着氢压的增加，固溶于金属中的氢再向内部扩散，固溶体一旦被氢饱和，过剩氢原子与固溶体反应生成氢化物 β 相，氢压进一步增加，吸氢量增加缓慢。

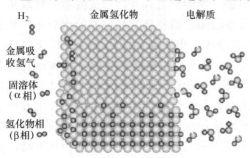

图 12-10 合金的吸氢反应机理

12.4.2 金属氢化物贮氢材料应具备的条件

为满足应用的要求贮氢合金一般应满足以下几方面的要求。

① 易活化 储氢合金常常需要经过活化处理（在纯氢气氛下使合金处于高压，然后在加热条件下减压排气的循环过程）才能正常吸氢/放氢。易活化才便于应用。

② 储氢量 单位质量、单位体积吸氢量大（电化学容量高），一般应不低于液态储氢方式。

③ 吸/放氢压力和温度 储氢合金应能按应用的要求在适当的温度和压力下吸氢或放氢。

④ 动力学特性 储氢合金应能较迅速的吸氢、放氢。

⑤ 寿命长，耐中毒 储氢合金在吸氢/放氢的反复循环中，不可避免地会接触到杂质气体等并导致合金储氢能力降低，甚至丧失的现象称为储氢合金的中毒。储氢合金应有强的耐中毒能力，长的使用寿命。

⑥ 抗粉化 储氢合金吸氢时体积会膨胀，放氢时又会收缩，反复的吸氢、放氢，会使合金中产生裂纹，直至破碎、粉化，这对储氢合金的应用是有害的。

⑦ 滞后小 即吸收、分解过程中的平衡氢压差要小。

此外，储氢合金还应满足价格低、安全等要求。每种金属氢化物都有各自的特性，可根据不同的使用目的进行选择评价。

12.4.3 贮氢合金分类及开发现状

自从 20 世纪 60 年代二元金属氢化物问世以来，人们已在二元合金的基础上，开发出三元及三元以上多元合金。但不论哪种合金，都离不开 AB 两类元素。其中，A 类元素是容易形成稳定氢化物的发热型金属，如 Ti、Zr、La、Mg、Ca、Mm（混合稀土金属）等；B 类元素是难于形成氢化物的吸热型金属，如 Ni、Fe、Co、Mn、Cu、Al 等。按照其原子比的不同，它们构成四大系列储氢材料。

① 稀土系（AB$_5$ 型）贮氢合金　主要是镧镍合金，其吸氢性好，容易活化，在 40℃ 以上放氢速度好，但成本高。

② 钛系（AB 型及 AB$_2$ 型）贮氢合金　有钛锰、铁钛、铁钛锰、钛铬、钛镍、钛铌、钛锆、钛铜及钛锰氮、钛锰铬、钛锆铬锰等合金。其成本低，吸氢量大，室温下易活化，适于大量应用。

③ 镁系（A$_2$B 型）贮氢合金　主要有镁镍、镁铜、镁铁、镁钛等合金。具有贮氢能力大（可达材料自重的 5.1%～5.8%）、价廉等优点，缺点是放氢时需要 250℃ 以上高温。

④ 锆系（AB$_2$ 型）贮氢合金　有锆铬、锆锰等二元合金和锆铬铁锰、锆铬铁镍等多元合金。在高温下（100℃ 以上）具有很好的贮氢特性，能大量、快速和高效率地吸收和释放氢气，同时具有较低的热含量，适于在高温下使用。目前开发的几种基本型 AB 合金及其氢化物的性质见表 12-3。

表 12-3　主要吸氢合金及其氢化物的性质

类　型	合　金	氢化物	吸氢量（质量）/%	放氢压（温度）/MPa(℃)	氢化物生成焓/kJ·mol^{-1}
AB$_5$	LaNi$_5$	LaNi$_5$H$_{6.0}$	1.4	0.4(50)	−30.1
	LaNi$_{4.6}$Al$_{0.4}$	LaNi$_{4.6}$Al$_{0.4}$H$_{5.5}$	1.3	0.2(50)	−38.1
	MmNi$_5$	MmNi$_5$H$_{6.3}$	1.4	3.4(50)	−26.4
	MmNi$_{4.5}$Mn$_{0.5}$	MmNi$_{4.5}$Mn$_{0.5}$H$_{6.6}$	1.5	0.4(50)	−17.6
	MmNi$_{4.5}$Al$_{0.5}$	MmNi$_{4.5}$Al$_{0.5}$H$_{4.9}$	1.2	0.5(50)	−29.7
	CaNi$_5$	CaNi$_5$H$_4$	1.2	0.04(50)	−33.5
AB$_2$	Ti$_{1.2}$Mn$_{1.8}$	Ti$_{1.2}$Mn$_{1.8}$H$_{2.47}$	0.8	0.7(20)	−28.5
	TiCr$_{1.8}$	TiCr$_{1.8}$H$_{3.6}$	0.4	0.2～5(−78)	—
	ZrMn$_2$	ZrMn$_2$H$_{3.46}$	0.7	0.1(210)	−38.9
	ZrV$_2$	ZrV$_2$H$_{4.8}$	2.0	10^{-9}(50)	−200.8
AB	TiFe	TiFeH$_{1.95}$	1.8	1.0(50)	−23.0
	TiFe$_{0.8}$Mn$_{0.2}$	TiFe$_{0.8}$Mn$_{0.2}$H$_{1.9}$	1.9	0.9(80)	−31.8
A$_2$B	Mg$_2$Ni	Mg$_2$NiH$_{4.0}$	3.6	0.1(253)	−64.4

12.4.4　储氢合金的应用

在现今人类对环境和资源保护愈加重视的时代，金属氢化物作为能源转换与储存材料有着十分重要的应用价值。目前已涉及的应用领域包括氢的贮存与输送、氢的提纯、氢的分离与回收、氢的压缩、氢及其同位素的吸收与分离、电化学（二次电池、燃料电池）、化工催化、能量转换（蓄热、制冷、空调、取暖、热机）以及燃氢汽车等许多领域。但储氢合金能否真正得到应用还取决于它是否满足性能、经济、安全等方面的要求。目前储氢合金应用最成功的领域是 Ni-MH 电池。下面简要介绍储氢合金在几个方面应用及其原理。

（1）在电池上的应用

随着大量的电器、通信、电子设备的广泛使用，可充电池的用量急增，传统的 Ni-Cd 电池容量低，有记忆效应，而且镉有毒不利于环保。20 世纪 70 年代初，研究人员发现 Ti-Ni 及 LaNi$_5$ 等合金不仅具有阴极贮氢能力，对氢的阳极氧化也有良好的电催化活性，于是发展了用贮氢合金取代镉做负极材料的 Ni-MH 电池。1990 年，Ni-MH 电池首先由日本商业化。这种电池的能量密度为 Ni-Cd 电池的 1.5 倍，不污染环境，充放电速度快，记忆效应少，可与 Ni-Cd 电池互换，加之各种便携式电器的日益小型、轻质化，要求小型高容量电池配套，以及人们对环保意识的不断增加，从而使 Ni-MH 电池发展更加迅猛。

Ni-MH 电池的充放电机理非常简单，仅仅是氢在金属氢化物（MH）电极和氢氧化镍电极之间在碱性电解液中的运动。Ni-MH 电池以储氢合金 M 为负极，以 Ni（OH）$_2$ 为正极，以氢氧化钾水溶液为电解液。其工作原理可用以下反应说明。

充电过程　正极：$Ni(OH)_2 + OH^- \longrightarrow NiOOH + H_2O + e^-$

　　　　　负极：$M + H_2O + e^- \longrightarrow MH + OH^-$

放电过程　正极：$NiOOH + H_2O + e^- \longrightarrow Ni(OH)_2 + OH^-$

　　　　　负极：$MH + OH^- \longrightarrow M + H_2O + e^-$

充电时由于水的电化学反应生成的氢原子（H），立刻扩散进入合金中，形成氢化物，实现负极贮氢，而放电时氢化物分解出的氢原子又在合金表面氧化为水，不存在气体状的氢分子（H_2）。电池反应的最大特点是无论是正极还是负极，都是在氢原子进入到固体内进行的反应，不存在传统 Ni-Cd 和 Pb-酸电池所共有的溶解、析出反应的问题。

（2）氢分离、回收与净化

化工厂排出的一些废气中含有较高比例的氢气，同时化工和半导体工业又需要大量的高纯氢，利用贮氢材料选择性吸氢的特性，将之收集，不但可以回收废气中的氢，还可以使氢纯度达 99.9999% 以上，价格便宜、安全，具有十分重要的社会效应和经济意义。

利用贮氢材料分离净化氢的原理基本上是两方面：一是金属与氢反应生成金属氢化物，加热后放氢的可逆反应；二是贮氢材料对氢原子有特殊的亲和力，对氢有选择性吸收作用，而对其它气体杂质则有排斥作用。因此，可利用合金的这一特性有效分离净化氢。

贮氢合金分离、精制氢气装置原理图如图 12-11 所示。首先将含有杂质的氢气通入精制塔 A 中，塔 A 中的储氢合金与氢反应吸收氢气，完成吸氢后打开阀门将残留的杂质气体抽出，这样 A 中的氢气纯度得到提高。然后使塔 A 中的储氢合金放氢并将之输入精制塔 B 重复在塔 A 中的过程，氢气纯度得到进一步提高。反复进行多段精制可得到纯度极高的氢气。

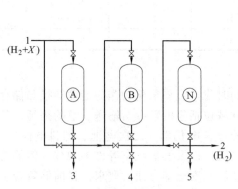 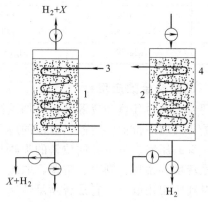

(a) 用金属氢化物精致氢的系统示意图　　　(b) 氢精制塔A、B、N(充填吸氢合金)

1—含杂质X的粗精制氢；2—高纯度氢；　　1—氢的分离过程；2—氢的精制过程

3,4,5—分离杂质　　　　　　　　　　　（吸氢合金层）　　　（金属氢化物层）；

　　　　　　　　　　　　　　　　　　　3—冷水；4—温水

图 12-11　贮氢合金分离、精制氢气装置原理图

作为净化氢气用的合金要求与贮氢用合金一样，需要贮氢量大、易活化、反应迅速、耐毒化、抗粉化、成本低等。日前常用的合金有：$LaNi_5$、$LaCu_4Ni$、$MmNi_{4.5}Al_{0.5}$、$TiFe_{0.85}Mn_{0.15}$、$LaNi_{4.7}Al_{0.3}$、$TiFe_{0.85}Ni_{0.15}$、Mg_2Ni、$TiMm_{1.5}$、$CaNi_5$、$Ti_{0.8}Zr_{0.2}Cr_{0.8}Mn_{1.2}$、$MmNi_5$。

（3）金属氢化物作催化剂

金属间化合物如 $LaNi_5$、Mg_2Ni、Zr_2Ni、$TiFe$ 等能迅速吸收大量的氢，而且反应是可逆的。反应时由于氢是分解后被吸收的、故氢以单原子形式存在于表面（至少短时间内是这样），使金属间化合物的表面具有相当大的活性。有氢参与的反应，可产生高的活性和特殊性。有关用贮氢合金作为催化剂的催化原理、目前尚未建立起成熟的理论。但大量研究结果表明，未经预处理的贮氢合金，没有或具有较低的活性，只有经过适当预处理改变表面活性中心的电子状态，增加活性中心数目，才能显示出高的活性。

12.5　纳米材料

纳米材料是指在 3 维空间中至少有 1 维处于纳米尺度范围或由它们作为基本单元构成的材料。纳米材料的晶粒尺寸为纳米级（$10^{-9}m$），它的微粒尺寸大于原子簇，小于通常的微粒，一般为 1～100nm。纳米材料包括体积分数近似相等的两个部分：一是直径为几个或几十纳米的粒子；二是粒子间的界面。前者具有长程有序的晶状结构，后者是既没有长程有序也没有短程有序的无序结构。

在纳米材料中，纳米晶粒和由此而产生的高浓度晶界是它的两个重要特征。纳米晶粒中的原子排列已不能处理成无限长程有序，通常大晶体的连续能带分裂成接近分子轨道的能级，高浓度晶界及晶界原子的特殊结构导致材料的力学性能、磁性、介电性、超导性、光学乃至热力学性能的改变。

12.5.1　纳米粒子的特性

当微粒尺寸为纳米量级（1～100nm）时，微粒和它们构成的纳米固体具有一些特殊的特性。

（1）纳米材料的小尺寸效应

随着颗粒尺寸的量变，当微粒尺寸相当或小于光波波长、传导电子的德布罗意波长、超导态的相干长度或透射深度等特征尺寸时，周期性的边界条件将被破坏，会引起颗粒性质的质变，由于颗粒尺寸变小所引起的宏观物理性质的变化称为小尺寸效应。纳米颗粒尺寸小，表面积大，在熔点，磁性，热阻，电学性能，光学性能，化学活性和催化性等都较大尺度颗粒发生了变化，产生一系列奇特的性质。例如，金属纳米颗粒对光的吸收效果显著增加，并产生吸收峰的等离子共振频率偏移；出现磁有序态向磁无序，超导相向正常相的转变等。

（2）纳米材料的表面效应

纳米微粒尺寸小，表面能高，位于表面的原子占相当大的比例。纳米材料的表面效应是指纳米粒子的表面原子数与总原子数之比随粒径的变小而急剧增大后所引起的性质上的变化。表 12-4 列出纳米微粒尺寸与表面原子数的关系。表面原子数占全部原子数的比例和粒径之间的关系见图 12-12。

表 12-4　纳米微粒尺寸与表面原子数的关系

纳微粒米尺寸 d/nm	包含总原子数	表面原子所占比例 /%
10	3×10^4	20
4	4×10^3	40
2	2.5×10^2	80
1	30	99

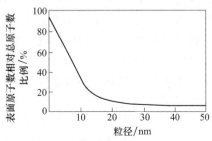

图 12-12　表面原子数占全部原子数的比例和粒径之间的关系

从表 12-4 和图 12-12 中可以看出，粒径在 10nm 以下，表面原子的比例迅速增加。当粒径降到 1nm 时，表面原子数比例达到约 90% 以上，原子几乎全部集中到纳米粒子的表面。由于纳米粒子表面原子数增多，表面原子配位数不足和高的表面能，使这些原子易与其它原子相结合而稳定下来，故具有很高的化学活性。例如无机的纳米粒子暴露在空气中会吸附气体，并与气体进行反应；金属的纳米粒子在空气中会燃烧。利用表面活性，金属超微颗粒可望成为新一代的高效催化剂和贮气材料以及低熔点材料。

（3）量子尺寸效应

各种元素的原子具有特定的光谱线，如钠原子具有黄色的光谱线。原子模型与量子力学已用能级的概念进行了合理的解释，由无数的原子构成固体时，单独原子的能级就合并成能带，由于电子数目很多，能带中能级的间距很小，因此可以看作是连续的，从能带理论出发成功地解释了大块金属、半导体、绝缘体之间的联系与区别，对介于原子、分子与大块固体之间的超微颗粒而言，大块材料中连续的能带将分裂为分立的能级；能级间的间距随颗粒尺寸减小而增大，当热能、电场能或者磁场能比平均的能级间距还小时，就会呈现一系列与宏观物体截然不同的反常特性，称之为量子尺寸效应。例如，导电的金属在超微颗粒时可以变成绝缘体，磁矩的大小和颗粒中电子是奇数还是偶数有关，比热亦会反常变化，光谱线会产生向短波长方向的移动，介电常数变化，催化性质不同等，这就是量子尺寸效应的宏观表现。因此，对超微颗粒在低温条件下必须考虑量子效应，原有宏观规律已不再成立。

（4）宏观量子隧道效应

微观粒子具有贯穿势垒的能力称为隧道效应。电子具有粒子性又具有波动性，因此存在隧道效应。近年来，人们发现一些宏观物理量，如微颗粒的磁化强度、量子相干器件中的磁通量等亦显示出隧道效应，称之为宏观的量子隧道效应。宏观量子隧道效应的研究对基础研究及实用都有着重要意义，它限定了磁带，磁盘进行储存的极限。量子尺寸效应、宏观量子隧道效应将会是未来微电子、光电子器件的基础，或者它确立了现存微电子器件进一步微型化的极限，当微电子器件进一步微型化时必须要考虑上述的量子效应。例如，在制造半导体集成电路时，当电路的尺寸接近电子波长时，电子就通过隧道效应而溢出器件，使器件无法正常工作，经典电路的极限尺寸大概在 $0.25\mu m$。目前研制的量子共振隧穿晶体管就是利用量子效应制成的新一代器件。

上述的表面界面效应、小尺寸效应、量子尺寸效应和宏观量子隧道效应都是纳米微粒与纳米固体的基本特性。它使纳米材料呈现许多既不同于宏观物体，也不同于微观的原子和分子的奇异物理、化学性质。当组成材料的尺寸达到纳米量级时，纳米材料表现出的性质与体材料有很大的不同。例如：金属为导体，但纳米金属微粒在低温时由于量子尺寸效应会呈现电绝缘性；一般 $PbTiO_3$，$BaTiO_3$，$SrTiO_3$ 等是典型铁电体，但其尺寸进入纳米数量级就会变成顺磁体；铁磁性的物质进入纳米级（约 5nm），由于由多畴变成单畴，于是显示极强的顺磁效应；当直径为十几纳米的氮化硅微粒组成纳米陶瓷时，已不具有典型的共价键特征，界面键结构出现部分极性，在交流电下电阻很小；化学惰性的金属铂制成纳米微粒后却成为活性极好的催化剂；金属的纳米微粒的光反射能力可降至 1%，具有极强的光吸收能力；由于纳米粒子细化，晶界数量大幅度的增加，可使材料的强度、韧性和超塑性大为提高，纳米相铜强度比普通铜高 5 倍，纳米相陶瓷是摔不碎的，这与大颗粒组成的普通陶瓷完全不一样。纳米材料从根本上改变了材料的结构，可望得到诸如高强度金属和合金、塑性陶瓷、金属间化合物以及性能特异的原子规模复合材料等新一代材料，为克服材料科学研究领域中长期未能解决的问题开拓了新的途径。

12.5.2 纳米材料分类

按化学组成纳米材料可分为：纳米金属、纳米晶体、纳米陶瓷、纳米玻璃、纳米高分子和纳米复合材料；按材料物性可分为：纳米半导体、纳米磁性材料、纳米非线性光学材料、纳米铁电体、纳米超导材料、纳米热电材料等；按应用可分为纳米电子材料、纳米光电子材料、纳米生物医用材料、纳米敏感材料、纳米储能材料等。

根据不同的结构，纳米材料可分为四类，即：纳米结构晶体或三维纳米结构；二维纳米结构或层状纳米结构；一维纳米结构或纤维状纳米结构和零维原子簇或簇组装。

（1）纳米粉体

纳米粉体也称为超微粒子，是一类介于固体和分子之间的、具有极小粒径（1～100nm）的亚稳态中间物质。它可分为金属、高分子、陶瓷超细粉末等。纳米粉体表面原子数比例高，具有独特的小尺寸效应、表面效应、量子尺寸效应，已在许多领域得到了越来越广泛的应用。

在纳米制备科学中纳米粉体的制备由于其显著的应用前景发展得较快。纳米粒子的制备方法很多，现常用方法包括物理方法和化学方法。评价某种粉体制备方法的优劣主要有以下几条标准：粒子纯度及表面的清洁度高；粒子粒径及粒度可控分布；粒子几何形状规则，晶向稳定性好；粉体无团聚或团聚程度低。

（2）纳米固体材料

纳米固体是由纳米微粒构成的体相材料。包括三维纳米块体和二维纳米薄膜。纳米固体按组成它的颗粒尺寸及原子排列形态可分为纳米晶体（纳米微粒为晶态）和纳米非晶体（为短程有序非晶态）。纳米固体由颗粒组元和界面组元构成。由于颗粒尺寸小，因此界面组元在材料中占的体积百分数比在普通材料中大得多，例如在平均晶粒尺寸为 5nm 的纳米陶瓷中，晶界密度达 $10^{-9}/cm^3$，晶界原子数超过 50%。高浓度晶界及晶界原子的特殊结构导致材料的力学性能、磁性、电学性能、光学性能的改变。

① 纳米薄膜 纳米薄膜可分为两类，一是由纳米粒子组成的或堆砌而成的薄膜，另一类薄膜是在纳米粒子间有较多的孔隙或无序原子或另一种材料。纳米粒子镶嵌在另一种基体材料中的颗粒膜就属于第二类纳米薄膜。由于纳米薄膜在光学、电学、催化、敏感等方面具有很多特性，因此具有广阔的应用前景。纳米薄膜的制备方法主要有液相法和气相法。

② 纳米块体材料 纳米块体材料通常是由表面清洁的纳米微粒经高压形成的人工凝聚体，然后将粉体坯进行烧结。例如纳米氧化物、氮化物块状材料都要经过烧结处理。由于纳米粉体具有巨大的比表面积，使作为粉体烧结驱动力的表面能剧增，扩散速率增大，扩散路径变短，烧结活化能降低，烧结速率加快，这就降低了材料烧结所需的温度，缩短了材料的烧结时间。

（3）纳米复合材料

纳米复合材料是由两种或两种以上的固相至少在一维以纳米级大小（1～100nm）复合而成的复合材料。这些固相可以是非晶质、半晶质、晶质或者兼而有之，而且可以是无机物、有机物或二者兼有。纳米复合材料也可以是指分散相尺寸有一维小于 100nm 的复合材料，分散相的组成可以是金属、无机化合物，也可以是有机化合物。

纳米复合材料大致包括三种类型：①0-0 复合：即由不同成分、不同相或不同种类的纳米粒子复合而成的固体；②0-2 复合：即把纳米粒子分散到二维的薄膜材料中；③0-3 复合：即把纳米粒子分散到常规的三维固体中。此外，有人把纳米层状结构也归结为纳米材料，由不同材质构成的多层膜也称为纳米复合材料。这一类材料在性能上比传统材料也有极大改善，已在有些方面获得了应用。

纳米复合物在润滑剂、高级涂料、人工肾脏、多种传感器及多功能电极材料方面均起重要作用。例如在 Fe 的超微颗粒外覆盖一层厚为 $5\sim20$nm 的聚合物后，可以固定大量蛋白质或酶，以控制生化反应，这在生物技术、酶工程中大有用处。

12.5.3 纳米材料的性能及应用

纳米材料由于其独特的力学、热学、光学、电学、磁学、化学和生物医学等性质，使纳米材料可广泛地用于高力学性能环境、光热吸收、非线性光学、磁记录、特殊导体、分子筛、超微复合材料、催化剂、热交换材料、敏感元件、烧结助剂、润滑剂等领域。

（1）力学方面的应用

高韧、高硬、高强是结构材料开发应用的经典主题。纳米材料在力学方面可以作为高温、高强、高韧性、耐磨、耐腐蚀的结构材料。例如，金属陶瓷作为刀具材料已有 50 多年历史，由于金属陶瓷的混合烧结和晶粒粗大的原因其力学强度一直难以有大的提高。应用纳米技术制成超细或纳米晶粒材料时，其韧性、强度、硬度大幅提高，使其在难加工材料刀具等领域占据了主导地位。使用纳米技术制成的陶瓷、纤维广泛地应用于航空、航天、航海、石油钻探等恶劣环境下使用。

（2）磁学方面的应用

纳米磁性材料具有十分特别的磁学性质。纳米微粒尺寸小，具有单磁畴结构和矫顽力很高的特性。用它制成的磁记录材料不仅音质、图像和信噪比较好，而且记录密度比 $\gamma\text{-}Fe_2O_3$ 高几十倍。此外，超顺磁的强磁性纳米颗粒还可以制成磁性液体，广泛应用于电声器件、阻尼器件、旋转密封、润滑、选矿、医疗器械、光显示等领域。

（3）光学方面的应用

纳米微粒由于小尺寸效应，使它具有常规材料不具备的光学特性，如光学非线性、光吸收、光反射、光传输过程中小的能量损耗等都与纳米微粒尺寸有很强的依赖关系。利用这些性质制得的光学材料在日常生活中和高科技领域中有广泛用途。由于量子尺寸效应，纳米半导体微粒的吸收光谱一般存在蓝移现象，其光吸收率很大，可应用于红外线感测器材料。利用某些纳米材料的光致发电现象制作发光材料，如利用纳米非晶氮化硅在紫外光到可见光范围的光致发光现象，锐钛矿型纳米二氧化钛的光致发光现象等来制作发光材料。用二氧化硅纳米微粒制成的光纤对波长大于 600nm 光的传输损耗小于 10dB/km。

（4）热学方面的应用

纳米材料的比热和热膨胀系数都大于同类粗晶材料和非晶体材料，这是由于界面原子排列较为混乱、原子密度低、界面原子耦合作用变弱的结果。因此在储热材料、纳米复合材料的机械耦合性能应用方面有其广泛的应用前景。例如 $Cr\text{-}Cr_2O_3$ 颗粒膜对太阳光有强烈的吸收作用，从而有效地将太阳光能转换为热能；纳米金属材料显著的特点是熔点低，如纳米银粉的熔点低至 $100℃$。这一优点使纳米金属在低温下烧结成合金制品成为现实，而且可望将一般不可互熔的金属冶炼成合金，制造诸如质量轻、韧性好的"超流"钢等特种合金。

（5）电学方面的应用

纳米材料在电学方面主要可以作为导电材料、超导材料、电介质材料、电容器材料、压电材料等。利用纳米粒子的隧道量子效应和库仑堵塞效应制成的纳米电子器件具有超高速、超容量、超微型、低能耗的特点，有可能在不久的将来全面取代目前的常规半导体器件。用纳米粉末辅加适当工艺，能制造出具有巨大表面积的电极，可大幅度提高放电效率的高性能电极材料。纳米导电浆料（导电胶、导磁胶等）可广泛应用于微电子工业中的布、封装、连接等，对微电子器件的小型化起着重要用。纳米金属粉末对电磁波有特殊的吸收作用，可作为军用高性能毫米波隐形材料、可见光-红外线隐形材料和结构式隐形材料、手机辐射屏蔽材料。

（6）化工环保方面的应用

纳米材料在橡胶、塑料、涂料等精细化工领域都能发挥重要作用。如纳米 Al_2O_3 和 SiO_2，加入到普通橡胶中，可以提高橡胶的耐磨性和介电特性，而且弹性也明显优于用白炭黑作填料的橡胶。塑料中添加一定的纳米材料，可以提高塑料的强度和韧性，而且致密性和防水性也相应提高。此外，在有机玻璃中加入经过表面修饰处理的 SiO_2，可使有机玻璃抗紫外线辐射而达到抗老化的目的；而加入 Al_2O_3，不仅不影响玻璃的透明度，而且还会提高玻璃的高温冲击韧性。纳米 TiO_2，能够强烈吸收太阳光中的紫外线，产生很强的光化学活性，可以用光催化降解工业废水中的有机污染物，具有除净度高，无二次污染，适用性广泛等优点，在环保水处理中有着很好的应用前景。在环境科学领域，除了利用纳米材料作为催化剂来处理工业生产过程中排放的废料外，还将出现功能独特的纳米膜。这种膜能探测到由化学和生物制剂造成的污染，并能对这些制剂进行过滤，从而消除污染。

（7）医药方面的应用

纳米粒子比红血细胞（6～9nm）小得多，可以在血液中自由运动，纳米粒子药物在人体内的传输更为方便，还可以用来检查和治疗身体各部位的病变。用数层纳米粒子包裹的智能药物进入人体，可主动搜索并攻击癌细胞或修补损伤组织；使用纳米技术的新型诊断仪器，只需检测少量血液就能通过其中的蛋白质和 DNA 诊断出各种疾病。银具有预防溃烂和加速伤口愈合的作用，通过纳米技术将银制成尺寸在纳米级的超细小微粒，然后使之附着在棉织物上，杀菌能力提高 200 倍左右，对临床常见的外科感染细菌都有较好的抑制作用。矿物中药制成纳米粉末后，药效大幅度提高，并具有高吸收率、剂量小的特点；还可利用纳米粉末的强渗透性将矿物中药制成贴剂或含服剂，避开胃肠吸收时体液环境与药物反应引起不良反应或造成吸收不稳定；也可将难溶矿物中药制成针剂，提高吸收率。

由于纳米材料的奇特性质，其应用领域极为广泛，可以说它已经渗透到了方方面面。利用纳米微粒巨大的比表面积还可以制成气敏、湿敏、光敏、温敏等多种传感器。纳米材料研究是目前材料科学研究的一个热点，其相应发展起来的纳米技术被公认为是 21 世纪最具有前途的科研领域。

思 考 题

1. 简单介绍几种新型材料及它的新型功能和用途。
2. 什么叫形状记忆效应？形状记忆合金应具备什么条件？
3. 纳米材料有哪些特征？试评价纳米材料的应用前景。
4. 非晶态合金具有哪些特性？

参 考 文 献

[1] 李松瑞. 金属热处理. 长沙：中南大学出版社，2003.
[2] 崔忠圻等. 金属学与热处理. 北京：机械工业出版社，2007.
[3] 王建安. 金属学与热处理. 北京：机械工业出版社，1980.
[4] 单丽云等. 金属材料及热处理. 北京：中国矿业大学出版社，1994.
[5] 王英杰等. 金属材料及热处理. 北京：中国铁道出版社，1999.
[6] G. 克劳斯. 钢的热处理原理. 北京：冶金工业出版社，1987.
[7] 王世洪. 铝及铝合金热处理. 北京：机械工业出版社，1980.
[8] 有色金属及其热处理编写组. 有色金属及其热处理. 北京：国防工业出版社，1981.
[9] 张鸿庆等. 金属学热处理. 北京：机械工业出版社，1989.
[10] 朱张校. 工程材料. 第3版. 北京：清华大学出版社，2001.
[11] 于永泗. 机械工程材料. 第5版. 大连：大连理工大学出版社，2003.
[12] 王笑天. 金属材料学. 北京：机械工业出版社，1987.
[13] 王晓敏. 工程材料学. 哈尔滨：哈尔滨工业大学，2005.
[14] 吴承建等. 金属材料学. 北京：冶金工业出版社，2001.
[15] 李云凯. 金属材料学. 北京：北京理工大学出版社，2006.
[16] 刘宗昌等. 金属材料工程概论. 北京：冶金工业出版社，2007.
[17] 戴起勋. 金属材料学. 北京：化学工业出版社，2005.
[18] 左汝林等. 金属材料学. 重庆：重庆大学出版社，2008.
[19] 徐进等. 模具钢. 北京：冶金工业出版社，1998.
[20] 王英杰. 金属材料及热处理. 北京：中国铁道出版社，2007.
[21] 谭树松. 有色金属材料学. 北京：冶金工业出版社，1993.
[22] 司乃潮等. 有色金属材料及制备. 北京：化学工业出版社，2006.
[23] 周达飞. 材料概论. 北京：化学工艺出版社，2001.
[24] 王高潮. 材料科学与工程导论. 北京：机械工业出版社，2006.
[25] 郭瑞松. 工程结构陶瓷. 天津：天津大学出版社，2002.
[26] 杨明波等. 材料工程基础. 北京：化学工业出版社，2008.
[27] 谢希文等. 材料工程基础. 北京：北京航空航天大学出版社，1996.
[28] 王善琦. 高分子化学原理. 北京：北京航空航天大学出版社，1993.
[29] 张留成等. 高分子材料基础. 北京：化学工业出版社，2002.
[30] 周美玲等. 材料工程基础. 北京：北京工业大学出版社，2001.
[31] 王正品等. 金属功能材料. 北京：化学工业出版社，2004.